JN037448

ファーストスター

宇宙最初の星の光

First Light
Switching on Stars at the Dawn of Time
Emma Chapman

エマ・チャップマン
熊谷玲美＝訳

河出書房新社

左：2017 年の皆既日食中の太陽コロナ

左：1925 年の皆既日食中の太陽コロナ。ハワード・バトラー画

下：ケンタウルス座 A 銀河を可視光波長で見た画像（左）と、広大な電波ローブを重ねた画像（右）

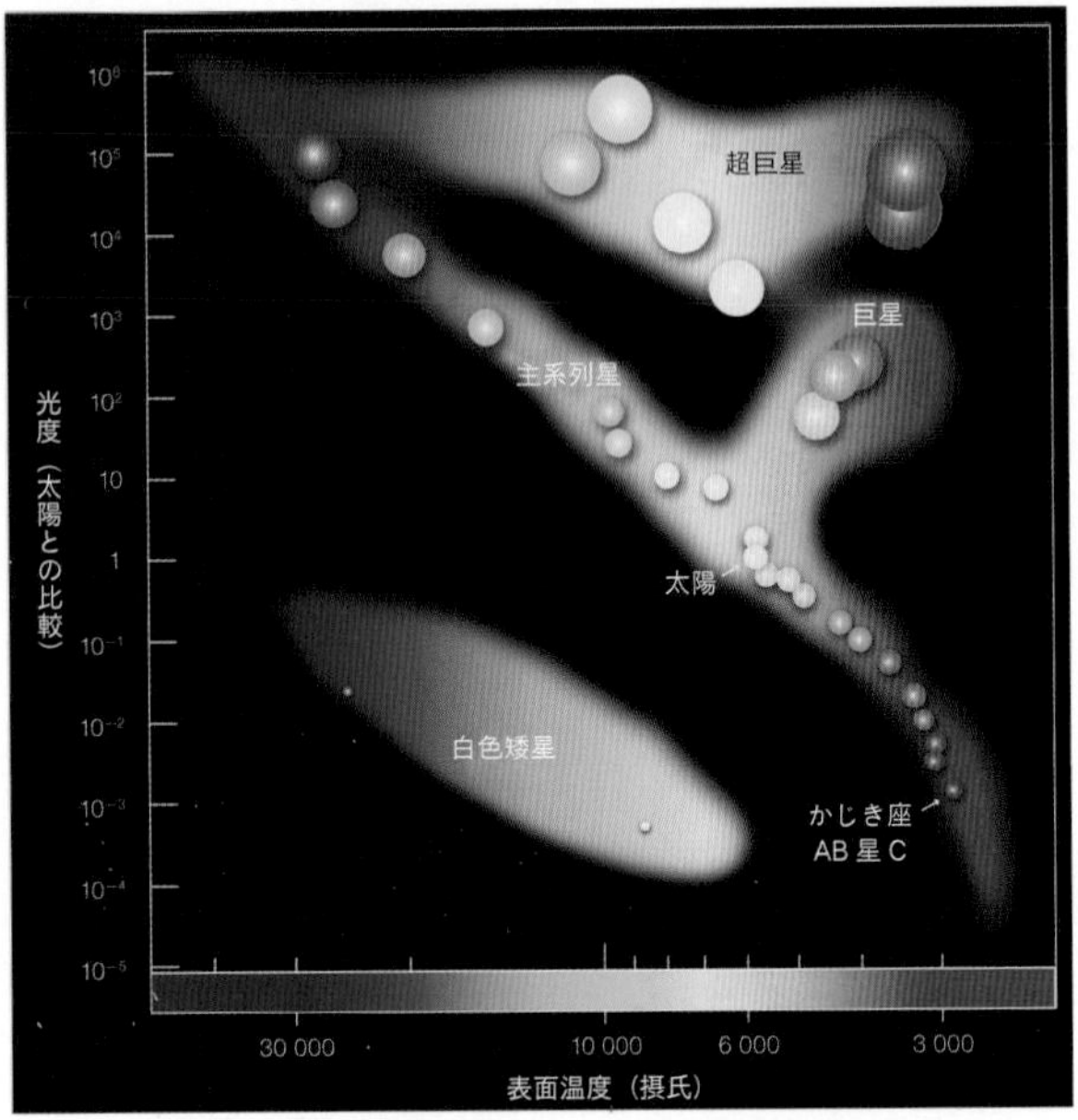

上：ヘルツシュプルング・ラッセル図（HR 図）

下：アンドロメダ銀河。天の川銀河に最も近い銀河の１つ

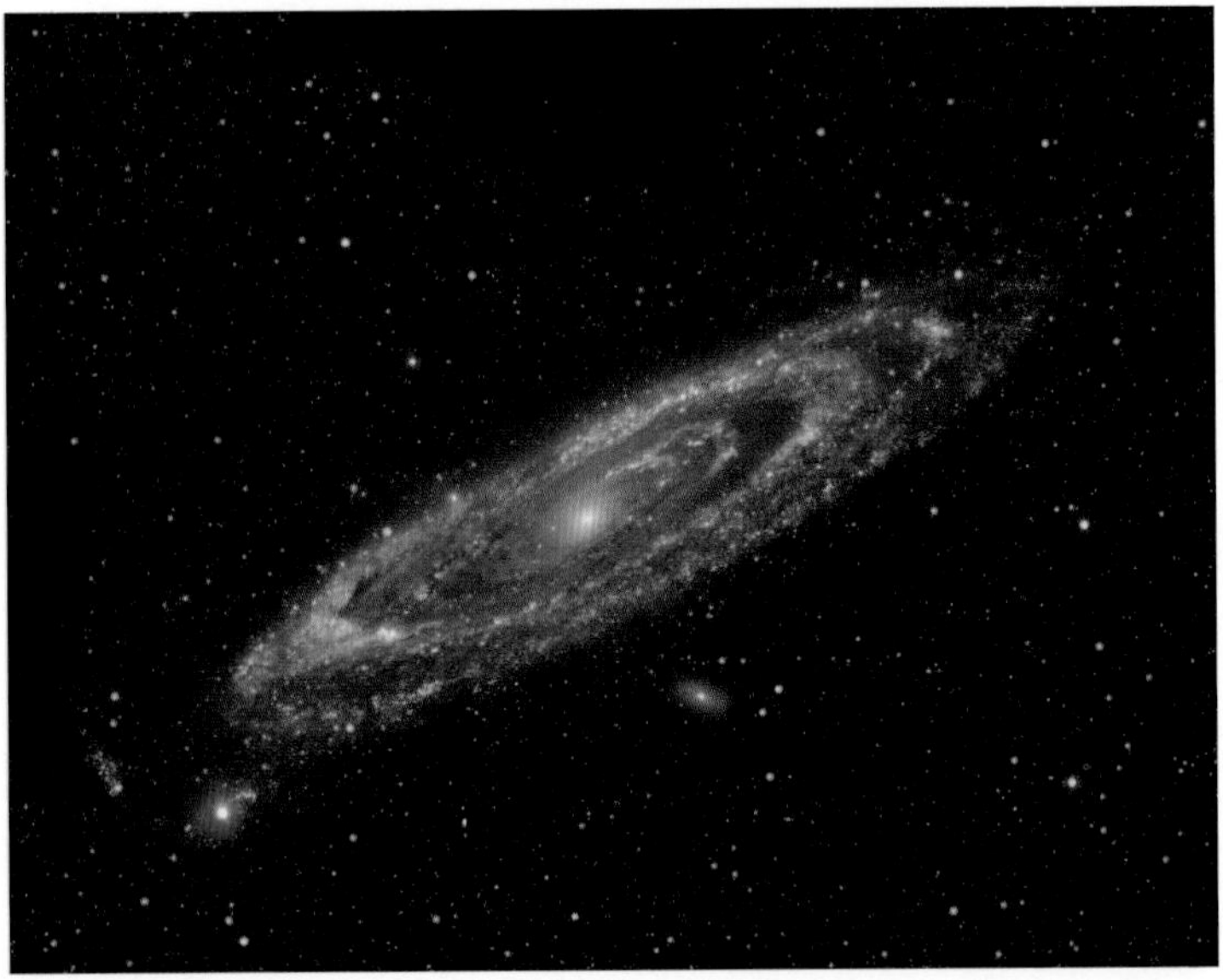

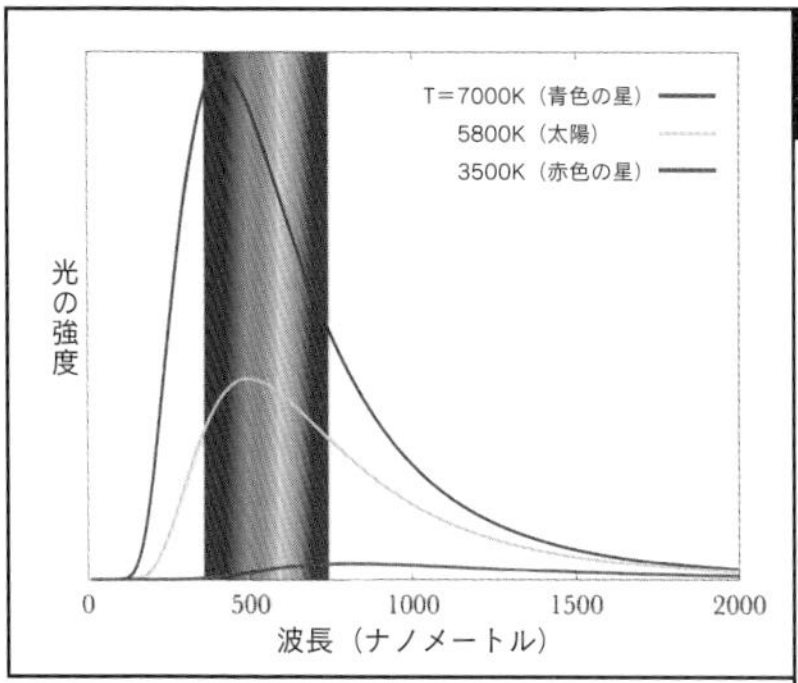

上：恒星の黒体放射曲線の例

下：可視光波長での太陽スペクトル

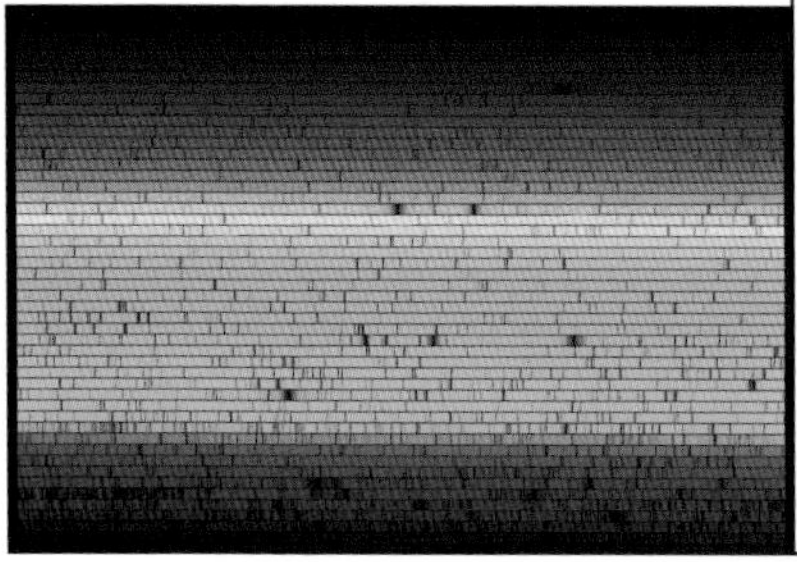

下：矮小銀河の中からファーストスターを探す（第８章を参照）

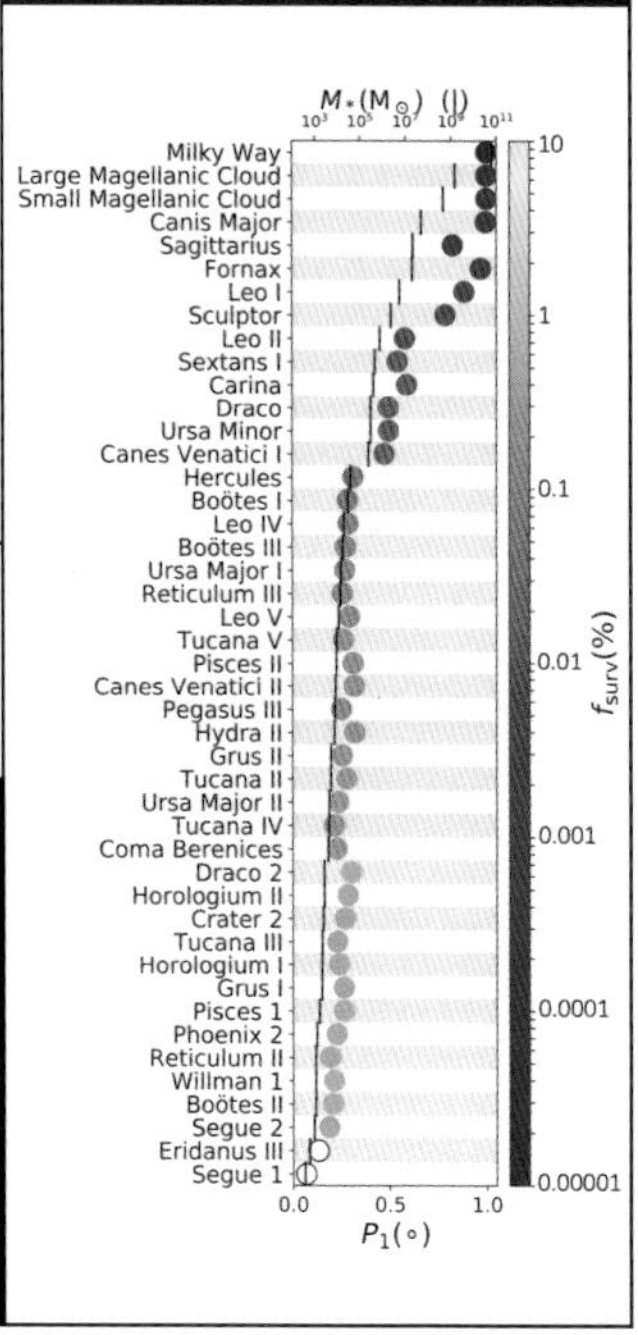

下：ハーバード天文台の恒星分類システム。O型星の平均表面温度は 30,000K 以上。M型星は 3,000K 程度

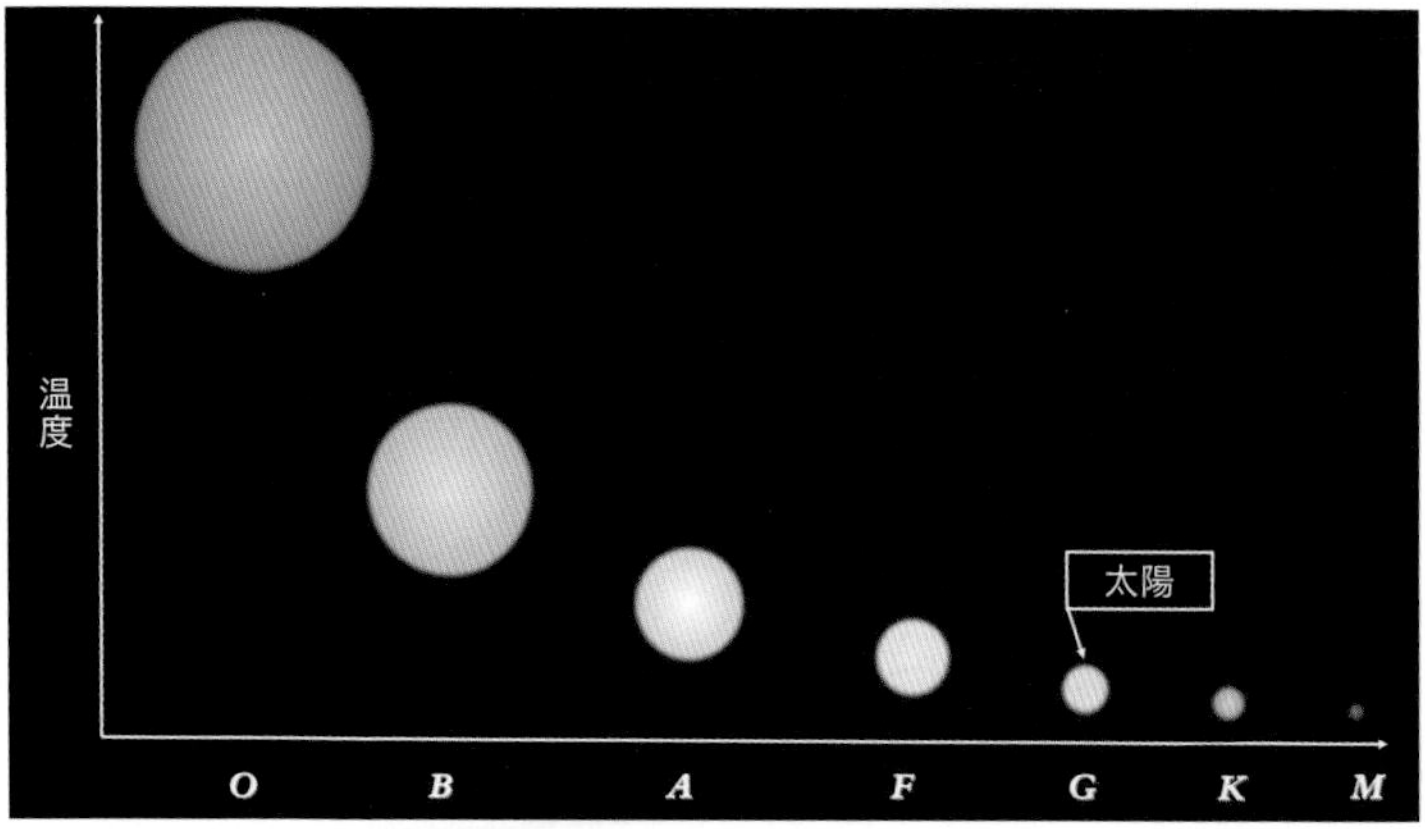

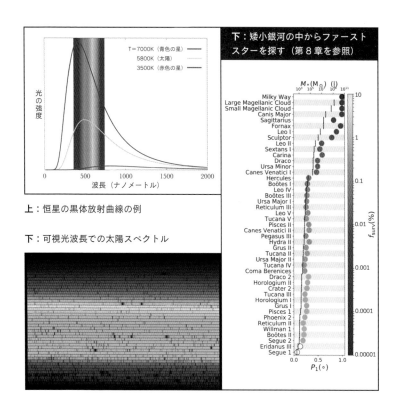

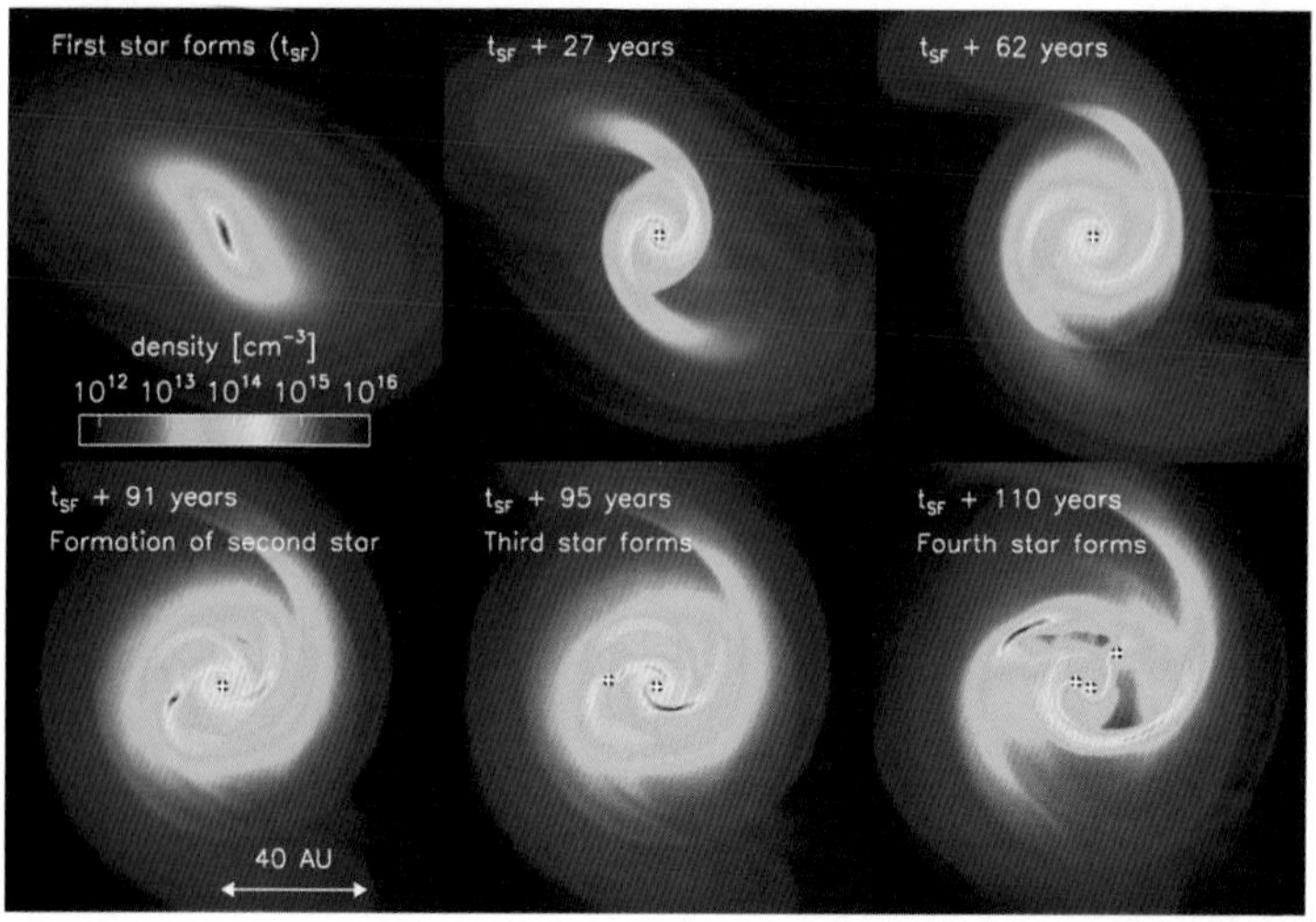

上：わずか 100 年という短いタイムスケールで、ガス円盤が 4 個の種族III原始星に分裂する様子

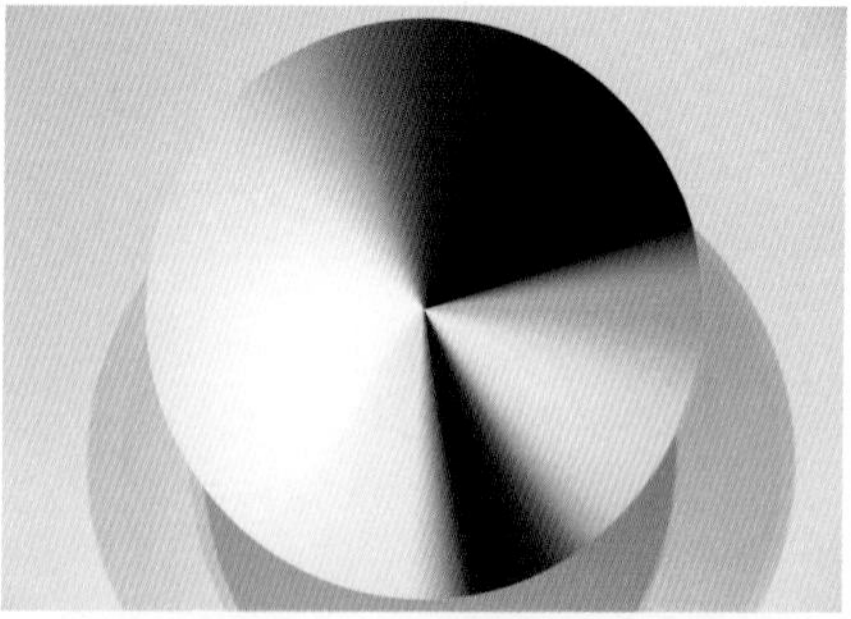

左：ケイティ・パターソンの作品《コズミック・スペクトラム》。撮影：マヌ・パロメケ

左：セシリア・ペイン゠ガポーシュキン

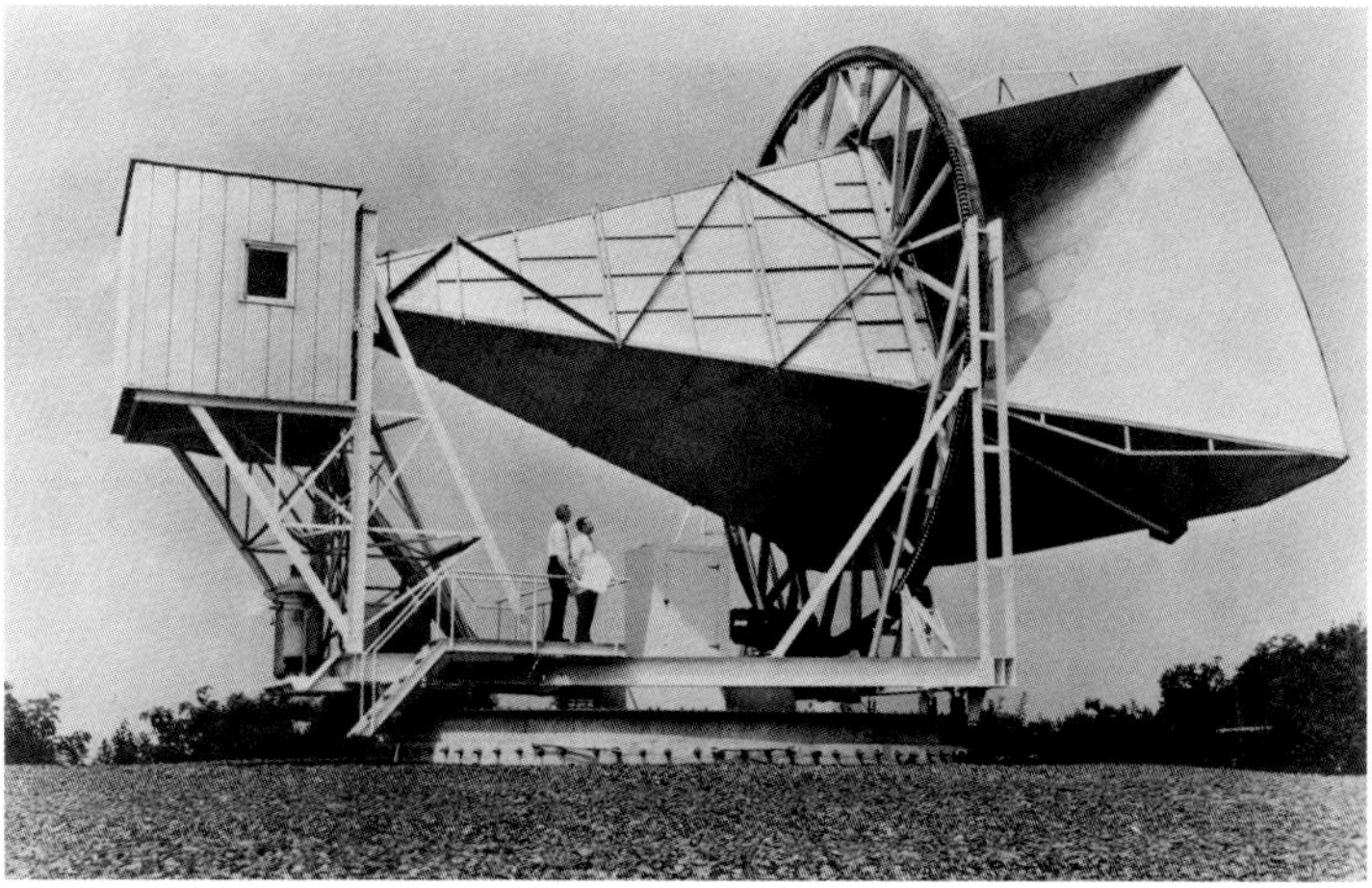

上：ベル電話研究所でホルムデルホーンアンテナを眺めるペンジアスとウィルソン

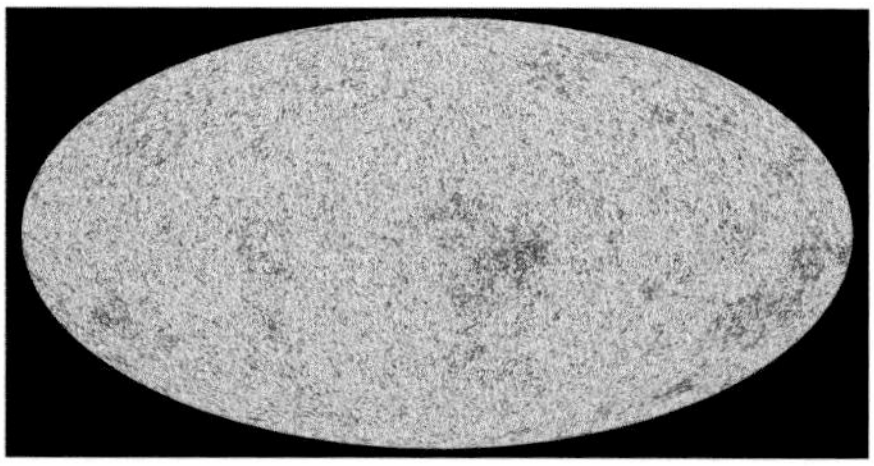

右：プランク衛星による宇宙マイクロ波背景放射マップ

右：西オーストラリア州シャーク湾のストロマトライト

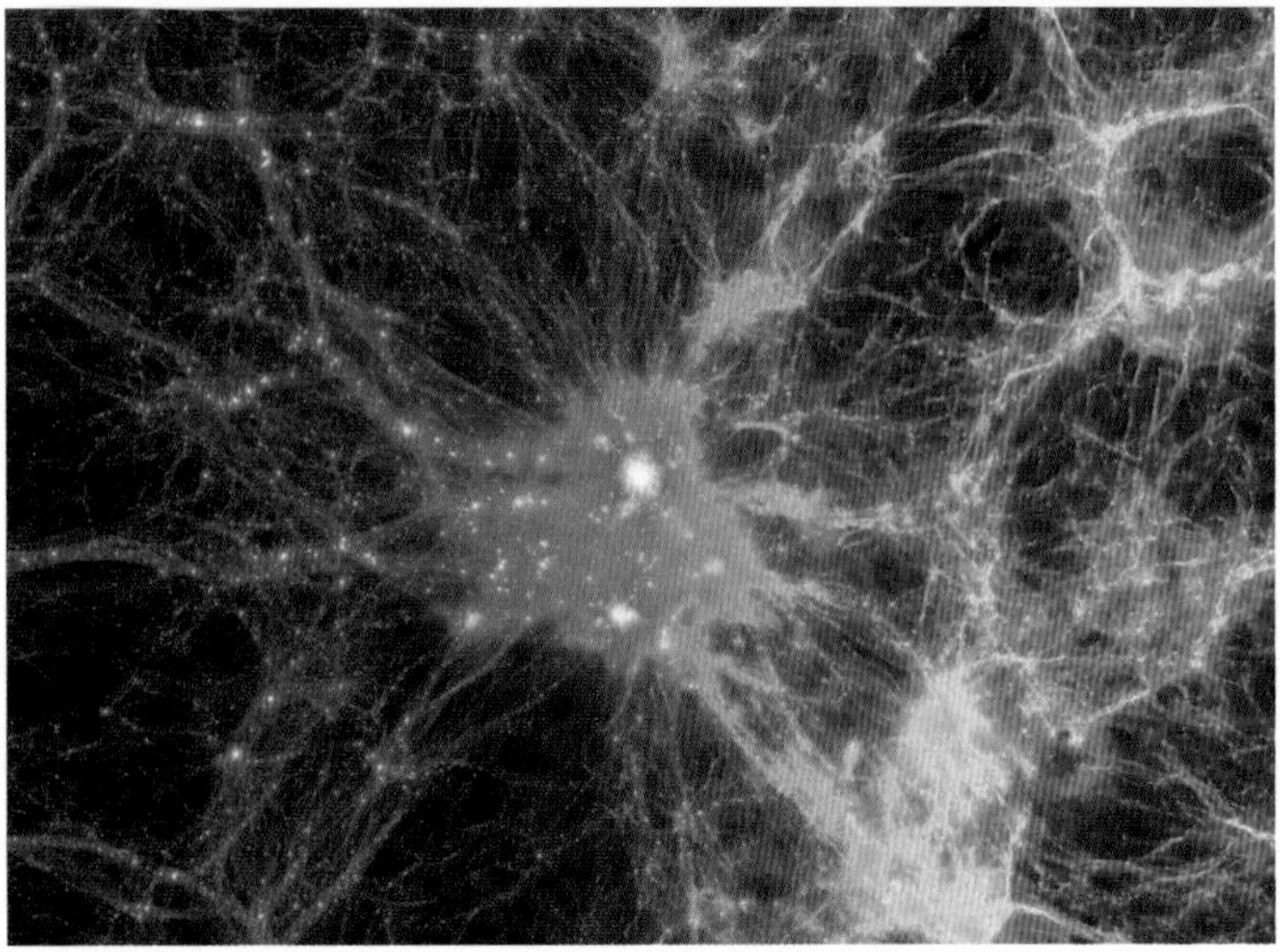

上：宇宙のクモの巣構造。イラストリス宇宙論銀河形成シミュレーションによる、ダークマター分布（左）とガス分布（右）のイメージ図

下：ハッブル・ウルトラ・ディープ・フィールド

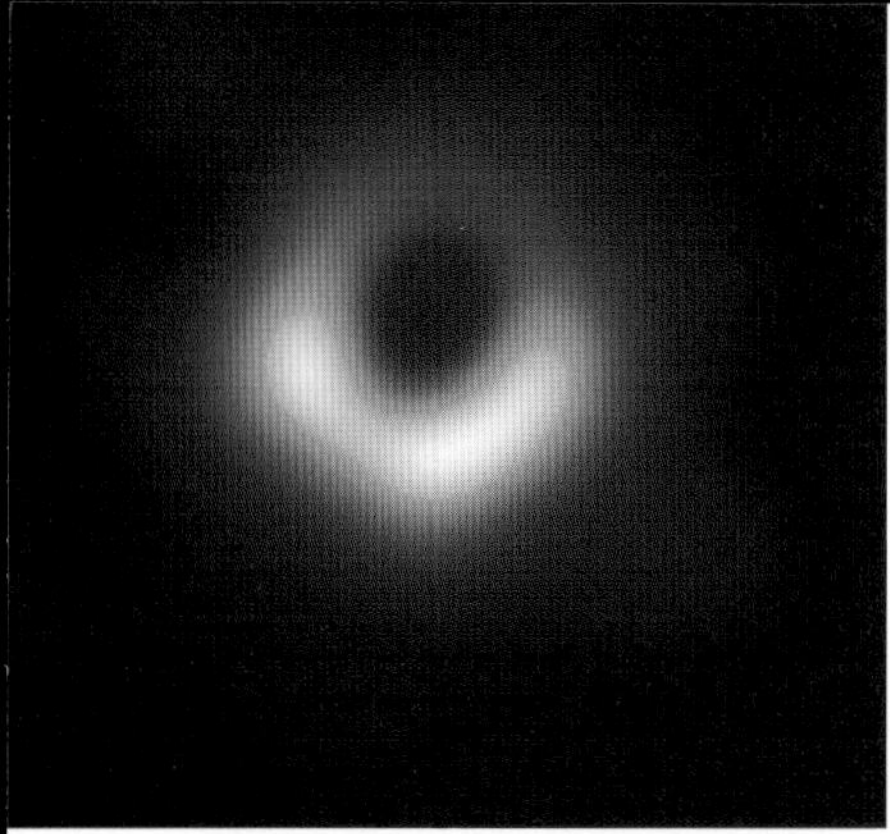

左：イベント・ホライズン・テレスコープ（EHT）で撮影した、M87 超大質量ブラックホールの事象の地平線

左：マウス銀河は長期にわたる衝突と合体のプロセスの最中だ

左：触角銀河では、激しい合体によって新たな星形成プロセスが始まっている

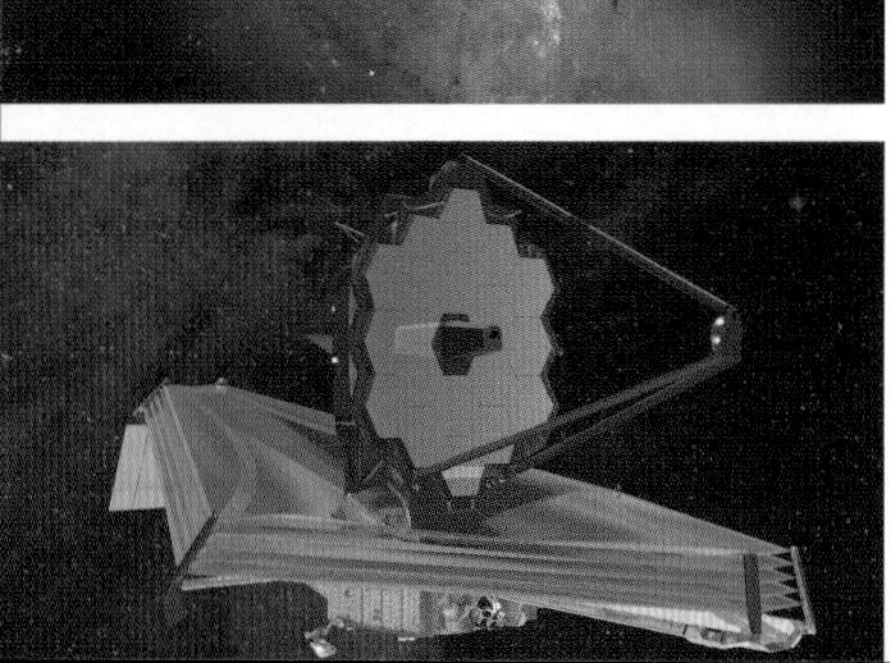

左：ジェイムズ・ウェッブ宇宙望遠鏡のイメージ図

上：SKA で使用される技術を試験する開口アレイ検証システム。上空には天の川が見える

左：オランダのエクスロー近郊にある、LOFAR の中核である「スーパータープ」内の LOFAR ステーションで、とても誇らしげな様子の筆者

下：グリーンバンク電波望遠鏡。1988 年 11 月 15 日（左）と 1988 年 11 月 16 日（右）に撮影

ファーストスター　宇宙最初の星の光――目　次

ファーストスター　宇宙最初の星の光

ライラ、キャシー、オリーヴへ。
疑問を抱くことを決してやめないで。

はじめに

気持ちを聞かせておくれ、辛抱強い星たちよ
いにしえより変わらぬ空に夜ごと昇り
虚空に陰ひとつ、傷ひとつ残さない
老いの形跡もなく、死ぬことも恐れない

――ラルフ・ウォルドー・エマソン

粒子加速器と宇宙望遠鏡のある時代に暮らしていると、空を見上げるだけで、宇宙についての途方もなく大きな謎を解き明かせた時代があったとは想像しにくい。夜空を見上げたとして、そこに何が見えるだろう。運良く光害の少ない地域に住んでいれば、空全体に広がる天の川を目にすることができる。満月が出ているかもしれない。とはいえ全体的に言えば、夜空の大きな特徴は暗いことだ。なぜだろう？　これはとても短いが、何より大きな意味を持つ問いである。

なぜ夜空は暗いのか。その疑問は何百年もの間、自然哲学者や物理学者、天文学者、さらには詩人の頭を悩ませてきた。宇宙は無限に古く、無限に広いと彼らは信じていた。そうではない証拠がなかったからだ。宇宙が無限に古く、不動ならば、どの方向を見てもその先には必ず星があるはずだという考え方は、

「オルバースのパラドックス」と呼ばれる（ドイツの天文学者ハインリヒ・ヴィルヘルム・オルバースにちなむ）。この問題は多くの人の想像力をとらえた。エドガー・アラン・ポーが一八四八年に書いた『ユリイカ』という作品にも、こんな一節がある。「星がどこまでも無限に存在するとするならば、空の背景は、銀河の背景の場合のように、一様に輝いてみえるはずである――なぜなら、その背景の全域にわたって、星が存在しない地点は絶対にありえないからである」（ポオ『ユリイカ』、八木敏雄訳、岩波文庫、二〇〇八年）

夜空は、どの方向を見ても太陽と同じくらい明るいはずなのだ。もちろん、実際にはそうではない。もしそうだったら街灯はいらなくなる。そのため私たちは何世代にもわたって、なぜ夜空は暗いのかと考えてきた。パラドックスを解決するには、そのパラドックスの前提が間違いであることを確かめなければならないが、この場合には「宇宙は無限に古い」と「宇宙は不動である」という二つの前提の両方が間違っている。私たちの宇宙はビッグバンからスタートし、そこから時空が拡張し始めた。ビッグバンがあればそれだけで、宇宙が始まること（無限に古くはない）と膨張すること（不動ではない）が必要になる。そしてビッグバンから一四〇億年近くたっているのに、これまでに誕生した星の数が、どの方向を見ても星にたどりつく状態には十分ではないことから、オルバースのパラドックスは解決できる。ハッブル宇宙望遠鏡で撮影した最も深い〔訳注：地球から最も遠い〕宇宙の画像でさえ、銀河は画像全体のほんの一部しか占めていない。そしてそれぞれの銀河にある星の数は数十億個だ。宇宙が無限に古いという前提を否定することの意味は大きい。宇宙には始まりがあった。ただの星だけでなく、初代星（ファーストスター）もあったし、もっといえば二代目、三代目の星もあった。私たちが今体験していることは、壮大な宇宙の一生の一ステージにすぎない（図1）。私たちはその宇宙の一生を理解していると自負している。若い星や年

宇宙の進化

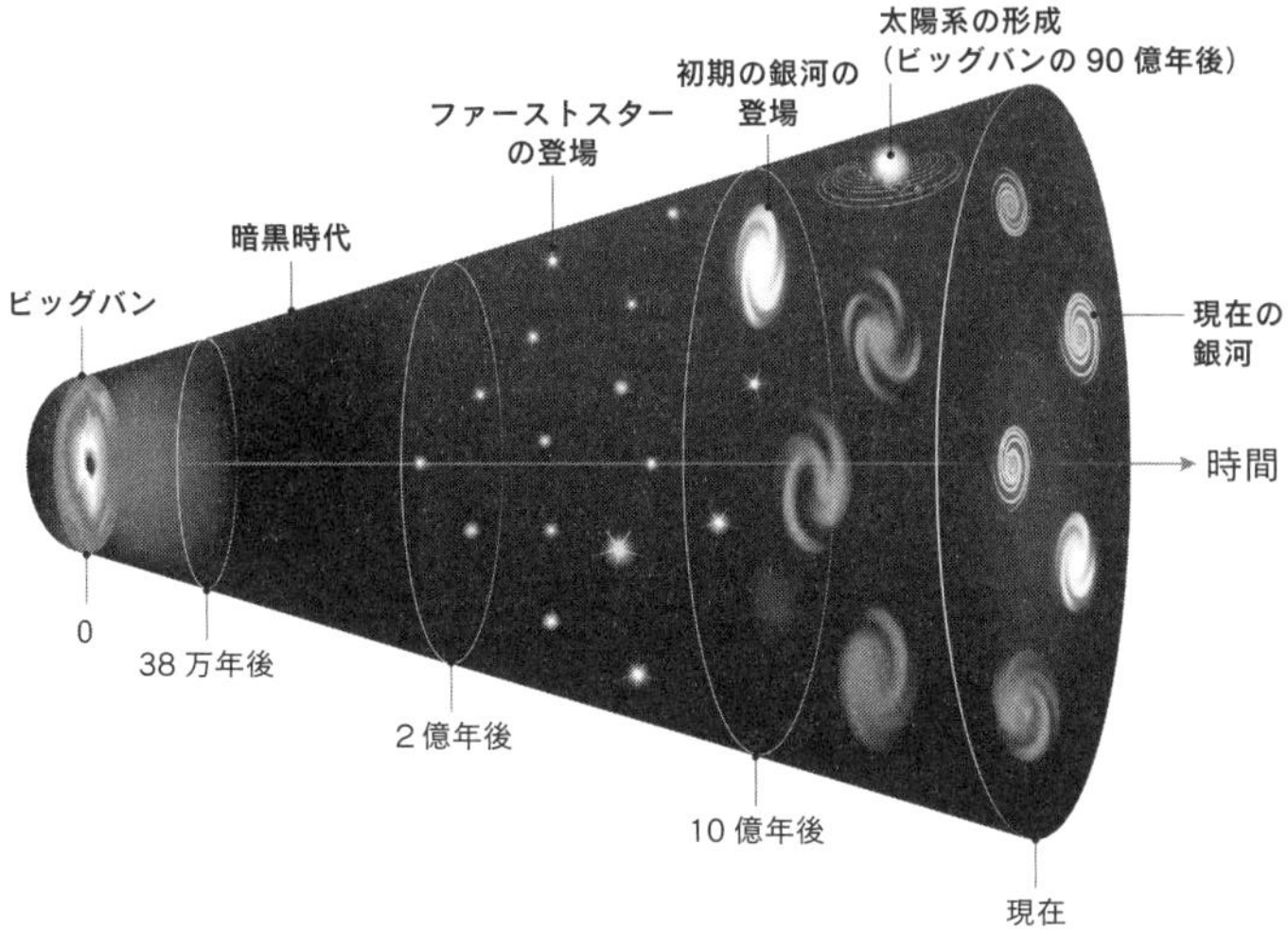

図 1　ビッグバンの 38 万年後から 10 億年後までの観測データが欠けている。

老いた星、古い銀河や形成直後の銀河をすでに観測している。現在のように宇宙とその歴史にアクセスできた時代はこれまでになかった。そして、私たちが知識の空白を埋める力はおそろしい勢いで向上してきた。古代文明では不可欠な知識という位置づけだった天文学は、やがて金持ちの風変わりな趣味になり、今では経験的な科学として広く普及している。天文学はそこまで日常生活に溶け込んでいるので、かつて私たちは新しい星や新しい銀河の発見を喜んだものだが、今では新しい系外惑星が見つかっても片方の眉を上げてみせるくらいで、さほど驚かない。宇宙の一生は理解されていて、宇宙誕生の物語、つまりビッグバンの瞬間までさかのぼることができる。観測データもたくさんある。ただし十分とはいえない。技術が急成長し、大きく前進しているのに、宇宙のある時代については、最近までまったく観測がおこなわれていなかったのだ。ビッグバンの三八万年後から二億年後まで、宇宙は「暗黒時代」にあった

（本書第5章）。ファーストスターは、ビッグバンから二億年たたないうちに登場し始めた。それ以前は暗く、何も見えなかった宇宙に、単純な形の星が輝き始めたのだ。その星の内部では連続的な核反応が始まり、周囲の不毛な空間に光と熱をもたらした。星が一つ、また一つと点火していき、やがて空に夜明けの最初の光が点々と広がっていった。惑星が生まれるのはずっとあとの時代なので、そうした初期の急激な星形成を目撃したり、あっという間に訪れた星の死を悼んだりした生物はいなかった。やがて第二世代の星が登場すると、ファーストスターはすぐに忘れられた存在になってしまった。しかしこの宇宙に、現在見られるような途方もなく多様な構造や生命を生み出すための下地ができたのは、何よりそうした星の介在があったからだ。このようなファーストスターの時代が十分に観測されていない現状を、世界中の天体物理学者が危惧している理由は二つある。

理由その一　不完全なデータ＝間違った結論だから

まず、これほどの規模で観測データが欠如していること自体が大きな問題だ。どんな状況であれ、データが足りないのは心配の種になる。何かを決断するときや、理解を深めようとするとき、私たちはデータを参考にするからだ。データの欠如は不安や考え違い、あるいは失敗につながりかねない。銀河系に近いアンドロメダ銀河に異星人がいて、人間のライフサイクルを理解しようとしていると考えてみよう。この異星人科学者が地球上の科学者と同じだったら、彼らは働き過ぎで、与えられる研究の資金や時間は、研究資金提供機関の気まぐれで決まる。三〇年がかりで地球の人間全体をじっくりと調べられるようなリソースは持ち合わせていないので、彼らは代わりに、地球の科学者がかなり大きな集団を研究する場合に必ず使う方法を採用する。サンプルを集めるのだ。たとえば保育所や老人ホーム、あるいはオーストラリアのビーチやラスベガスのカジノの写真を撮る。異星人科学者が最近、研究予算を削られてひどく金に困っているところだったら、観察場所をランダムに一カ所選ぶことになって、結果としてウォルト・ディズニー・ワールドでスペース・マウンテンに並ぶ人の列が選ばれるかもしれない。彼らはデータを集めて観測をおしまいにするが、そのデータには、社会の大きな割合を占めるグループ、つまり妊娠中の女性と七歳以下の人間が含まれていないことには気づかないままだ。社会に存在するこうしたグループが含まれていなければ、人間のライフサイクルを理解するのは難しいし、間違った結論にいたりやすい。ひょっとすると、異星人科学者は文献に大急ぎで目を通しているときに、コウノトリが赤ちゃんを運んでくる物語を見つけるかもしれない。その話は彼らの観測データとぴったり一致するので、「そうか、わかったぞ！」と叫ぶ。これでは大失敗だ。不完全なデータは、間違った結論とイコールなのだ。

宇宙論にみられる観測データの欠落は、人間に置き換えてみれば、妊娠の瞬間から小学校入学までのあらゆる出来事の記録がないのと同じことだ。まあ、もしかしたら超音波診断の画像が一枚くらいあるかもしれないが。人生全体でみると短い期間だとはいえ、この幼少期は人間にとって人格形成の時期にあたる。そう考えれば、宇宙の歴史の話になったときに、データがここだけ欠けていることに天体物理学者が恐怖を感じるのは当然といえるだろう。こうしたデータの欠如のせいで、周りにある星について、あるいは現在の宇宙のふるまいについて、いったいどんな間違った結論にいたるだろうか。

地球の天体物理学者たちが観測データの欠如を問題視する理由はもう一つある。

理由その二　ファーストスター時代は独特だから

ファーストスターはハリー・ポッターの初版本とはわけが違う。それは印刷物としては古いがストーリーは同じだ。一方、ファーストスターはそれ自体が一つの種《しゅ》であり、今では完全に絶滅してしまっていて、進化上のミッシングリンクになっている生物のような天体である。とはいえ、まさか星はどれも同じではないとでもいうのだろうか？　地球のとても近くに星が一つあるのだから、その星を調べるだけで済むのなら、ずいぶん手間が省ける。夜空を見上げたときに見えるのは、天の川銀河にある数千億個の恒星のうち、わずか数千個だ。宇宙全体でみれば、太陽はごく普通の星である。しかし一番近くにある星を調べた結果から宇宙の星すべてに共通する結論を導くのは、異星人科学者が一人の人間だけを勝手に選んで観察し、その結果から、すべての人間は名前がエルヴィスで、身長は一八〇センチ、好きな食べ物はピーナッツバター入りのサンドイッチである、と結論するのと同じようなものだ。星がすべて太陽と同じとはかぎらない（実際のところ、ほとんどの星は太陽と同じではない）とわかったのは、わずか二五〇年前のことだ。

星は、水素とヘリウムを主成分とするが、含まれる金属の量によって三つの「種族」に分類できる。天文学で「金属」というとき、それは金や銀、プラチナなどだけをいうわけではない。宇宙の元素存在量をみると、水素とヘリウムが圧倒的に多い。さらにいうと、天体物理学者には、天文学上の距離や時間スケールを切りのよい数にまとめる習慣があって、元素周期表も大雑把にまとめてしまっている。私は天体物理学者なので、この本では水素とヘリウム以外の元素をすべて金属と呼ぶことにする。わかりやすいように、天体物理学者版の元素周期表を作成して、それを化学者の元素周期表に重ねてみた（図２）。

星の種族に話を戻そう。宇宙は、始まりの段階では主に水素とヘリウムで満たされていた。この二つよりも重い元素はすべて、星内部の高温のかまどの中や、星の一生を終わらせる激しい爆発で生成される必要があった。星が世代を重ねるにつれ、宇宙を満たすガスには金属が増え、そのガスから形成された次の

天体物理学者版の元素周期表

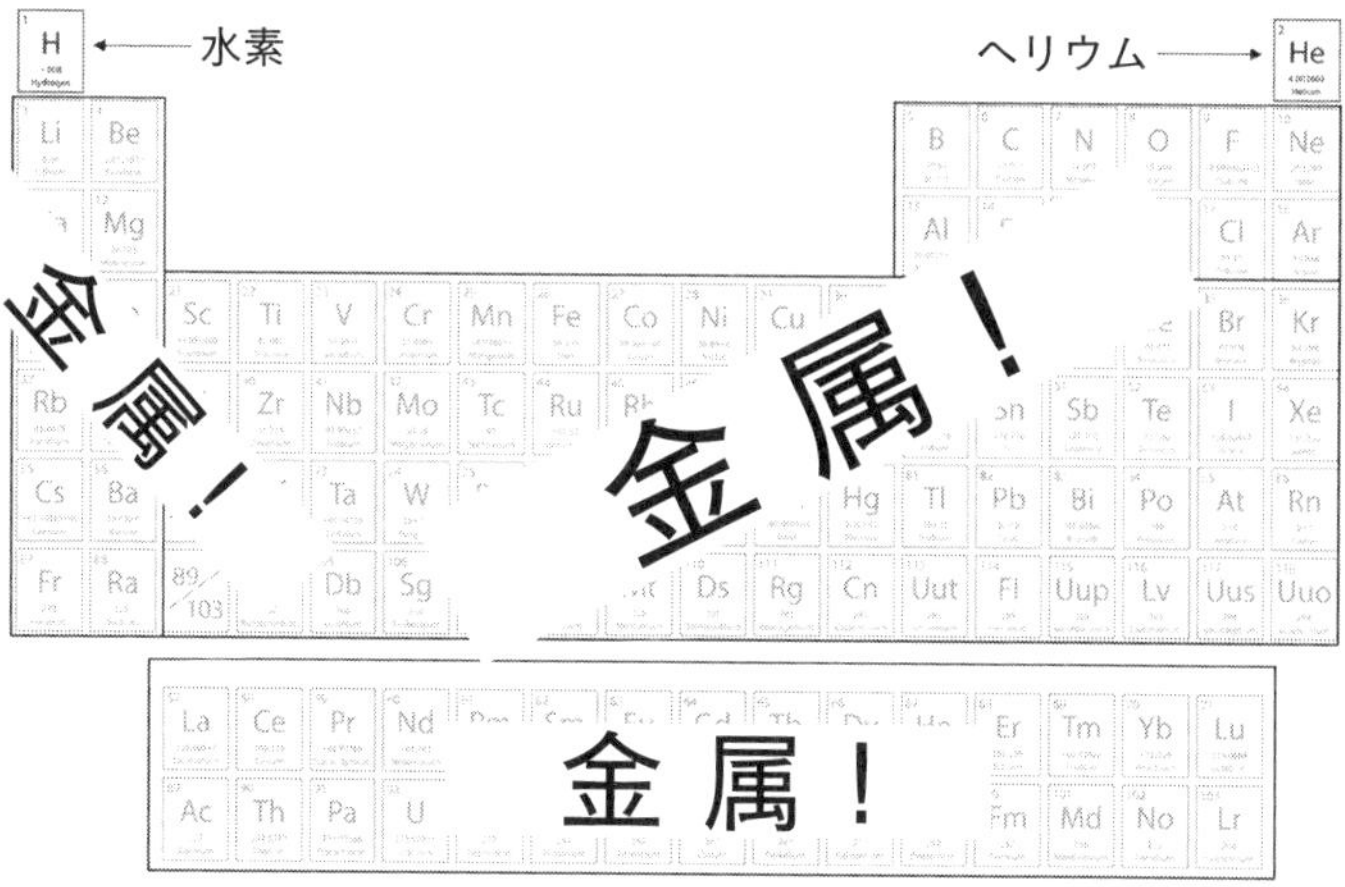

図2 化学者の元素周期表に、天体物理学者版の元素周期表を重ねた。

世代の星の内部には、前の世代より多くの金属が存在するようになった。最も新しい世代である種族Ⅰの星は、多くの金属を含む若い星だ。種族Ⅰの星は明るく、高温で、銀河の円盤部分にある。種族Ⅱの星はそれよりも古く、金属が少ない。そうした星は銀河の中心部か、銀河の外側のハロー〔訳注：円盤部分を取り囲む星がまばらな領域〕にある。想像力をそれほど使わなくても、このままいけば、最も古い星はどうなっているのかという疑問を抱くだろう。つまり金属をまったく含まない、すべての始まりになった星だ。そういう星はどこにあるのだろうか？　ファーストスターは最初に金属を作り出し、それを宇宙にまいて、銀河が形成できるようにした。そのような金属を含まない状態で誕生した星を種族Ⅲの星という。[*1]

種族Ⅲの星は、マンモスのような体型をした太古の獣で、質量は最大で太陽の数百倍になる。太陽のような、より質量の小さい星の寿命が一〇〇億年であるのに対し、種族Ⅲの星の寿命はわずか数百万年と、駆け足で一生を終える。これと同じような寿命の多様性を人類学の世界に置き換えてみると、わずか生後三日で老化して死亡する初期人類が発見されるようなものだ。しかし種族Ⅲの星とは、そんな短い一生のうちに、宇宙を変える最も大きな原因となった星である。種族Ⅲの星は輝き始めると、宇宙を明るくし、放射線を放ち、金属をまきちらした。その金属がやがて恒星や惑星、そして私たちのような生命になったのである。

＊＊＊

私がこの本の執筆中にツイッターへ投稿した写真には、生後五週間の娘を抱っこしながら、険しい顔をして、ある章を書いている私の姿が写っている。その写真を撮ったのが午前九時だった。午後四時には、ちょっと具合が悪くなってきて、子どもの宿題を手伝いながら一桁の数字の計算を何度も間違えた。午後五時には最寄りの病院の救急外来にいて、呼吸さえ苦しい状態だった。私は敗血症にかかっていた。それは命にかかわる病気で、感染症が免疫システムを打ち負かしてしまった状態だ。多臓器不全につながり、イングランドでは患者の二〇パーセントが死亡する。どうしてこんな話をするかって？　一つには、書店で立ち読み中のあなたがこの話に後ろめたさを感じて、同情からこの本を買ってくれたらいいなと思うからだ。なにしろ、死にそうになりながら書いた本なのだ。さあさあ、お財布を開いて！　しかし私がこの話をしている本当の理由は、健康を害した要因の一つが、星の光を十分に浴びなかったことだったからだ。星の光と言ったが、私たちは一番近くにあるその星を親しみをこめて太陽と呼んでいるので、つまりは太陽光のことだ。数カ月かけて回復を目指しつつ、いろいろな検査をした結果わかったのは、私がビタミンD不足だったことだ。ビタミンDは、太陽光の紫外線B波（ＵＶＢ）の助けを借りながら、体内で作られるビタミンだ。太陽光を浴びると、日焼けや皮膚がん、熱中症のリスクがあるとされ、どれも大きな問題だが、太陽光をまったく浴びなくてもやはり健康をそこなうことがある。極端なビタミンD不足は、骨が弱くなる大きな要因であり、免疫システムの抑制にも関連している。ところで、私は科学者だから、科学者らしい見方をするなら、ビタミンD不足が私の症状に与えた影響の大きさを数値化できないのはわかっている。それでも、私個人のドラマチックな話をここに無理やり持ってくることで、もっと重要なメッセージを伝えることを許してほしい。人間という種が太陽に頼って生きているのは、物理的な生息環境を手に入れ、維持するためだけではない。生物学的な生息環境、つまり私たちの体を存続させるという観点でも必要なことなのだ。私たちの体は、ファーストスターそのものや、その後の何世代にもわたる星の内部で作られた金属からできている。私たちは、死にゆく星の爆発によって作られたマシンであり、そのマシンを動かし続けるには太陽が必要なのだ。

私たちを取り囲んでいる宇宙を解釈することが重要な理由はいくつもある。そしてファーストスターの時代は、誕生直後の宇宙を明らかにするだけでなく、天体物理学者が最近向き合っている、現在の宇宙の謎をも解き明かす可能性を秘めている。悩みを抱える一〇代の若者を理解するには、彼らの幼児期に何があったかを考える必要があるのと同じだ。もしかしたら、初期の銀河が抱えていた成長痛のことがわかれば、現在の天の川銀河をたくさんの矮小《わいしょう》銀河が公転している理由を説明できるようになるかもしれない。

＊　＊　＊

＊1　種族につけられている数字が時系列に反するのは、種族が発見されて、分類されてきた歴史の遺物だ。

科学で重要なのは疑問を持つことなので、この「はじめに」を読んできて、みなさんの疑問が読む前よりずっと多くなっていることを私は期待している。願わくは、この本を読み終えたときに、そうした疑問の多くに答えが見つかっていればいいが、疑問が減るどころか増えてしまう可能性があるのも、科学ではありがちなことだ。そうなると、科学的な問いかけがフラクタルのようにどこまでも続いていくことになる。私たちはいまだに暗がりをつまずきながら歩いている段階だが、宇宙最初の星の光を探すスタート地点となるような、重要な事実もいくつか明らかになっている。ファーストスターが存在したのは間違いない。宇宙がビッグバンから始まったとすれば、何にでも最初のものが存在するはずだからだ。ビッグバン以降の宇宙の歴史についてはは多くのことがわかっているが、ファーストスターの時代はその歴史年表に生じた、ビッグバンの二億年後から一〇億年後までの空白にあたる。私たちがその空白を埋めたいと思うのは、年表を完成させるためだけではない。天体物理学的にみて風変わりで、調べる価値のある時代だからだ。ファーストスターは、高温で、質量が大きく、気まぐれにふるまうという独特な性質を持つ。ファーストスターで作り出された金属（ヘリウムよりも重い元素）は、現在の宇宙全体にばらまかれており、私たちが住む地球などの天体の材料になっている。宇宙の幼年期について知ることは、天の川銀河の中心にあるブラックホールが非常に大きくなった理由など、現在の宇宙をめぐる不可解な謎の理解にも役立つだろう。

この本では、ファーストスターや、宇宙初期のブラックホール、初代銀河などについてわかっていることを紹介していく。恒星考古学と呼ばれる研究手法と、はるか昔の種族Ⅲの星が死ぬときに発したシグナルを探す手法のどちらかで進められている、種族Ⅲ星発見競争も取り上げる。天体物理学者は今後、ビッグバンが残した手がかりを解読し、宇宙に存在する最も古い銀河の化石に注目するようになるだろう。そのためには、宇宙に浮かぶ赤外線望遠鏡から、世界中の砂漠や草原にある、もっと地に足の着いたタイプの電波望遠鏡まで、数え切れないほどの望遠鏡が必要になる。しかし、一つの時代を闇に閉じ込めてきた蓋をあれこれとつついてこじ開けるには、何よりも好奇心が必要だ。そのときに何が見えてくるだろうか。どんな驚きの事実が明らかになるだろうか。それではどうかくつろいで、肩肘をはらずに、宇宙の夜明けを目撃する準備をしてほしい。

第1章　虹の彼方へ

一九二五年一月、米国海軍航空士のアルヴィン・ピーターソンは、飛行船の船室に戻ったとき、頬やあご、指が凍傷になっているのに気づいた[1]。そのときまで気づかなかったのは、世界初の日食の映像を撮影するために、全長二〇〇メートルの飛行船の上に立ち、映画用カメラを回し続けるのに必死だったからだ。USSロサンゼルス号は当時、史上最大の飛行船で、第一次世界大戦の賠償の一環としてドイツで製造されたものだった。このときの飛行は特別で、科学者たちがこの飛行船を借り上げていた。

一方、USSロサンゼルス号のはるか下方、ニューヨークのマンハッタンでは、エジソン社の社員が数人ずつのグループになって、数棟のアパートの屋根に立っていた[2]。写真の中の彼らは、ロングコートを着込んで中折れ帽をかぶり、集中するあまり表情がかたく、かなり不気味な雰囲気だ。グループごとに、一人が日食を観測して、月が太陽をどのくらい隠しているか、そして皆既が始まったかどうかを記録した。さらに二重のチェックとして、別の社員が地面を見て、自分たちが月の影の中にいるかどうかを確認するようになっていた。地上では、あちこちの通りでアマチュア天文家や児童たちが質問票に観察結果を細かく書き込んでいた[3]。この日食観測には大変な規模のリソースが投入されていて、陸軍の車両がチャーターされていた一方で、一般市民も市民科学者としてかり出されていた。これだけ幅広い観測が計画されたのは、月の運動を予測するモデルを改良するためであり、さらに日食中にしか姿を見せない太陽の一部分を、できるかぎり多くの人の目で観察するためだった。

太陽の円盤部分の前に月が移動してくると、ひとりの人物が飛行船の上に立ち上がり、太陽の最も近くにいる人類になった。ひとりきりで暗がりの中にいたアルヴィン・ピーターソンは、太陽の最外層であるコロナが急に姿を現すところを誰よりもよく見ることができた。ラテン語で「冠」を意味するコロナがふだんは見えないのは、太陽の円盤部分がコロナよりはるかに明るく輝いているからだ。以前の日食で、コロナに「コロニウム」という新元素が含まれていることが指摘されており(4)、一九二五年の日食はその点をさらに研究するチャンスだった。しかし、二一世紀の周期表を見ても、コロニウムは載っていない。いったい何があったのだろうか。

日食と新たな事実

皆既日食を見るには、観察者から見て、月が太陽と地球の間のちょうどよい位置になければならない(図3)。月の軌道面(月が地球の周りを回る面)は、黄道面《こうどうめん》(地球が太陽の周りを回る面)に対して約五度傾いている。もし軌道面と黄道面の角度が同じなら、皆既日食は地球上のどの観察者から見ても、一カ月に一回起こることになるだろう。実際には、月が太陽と地球の間で黄道面を通過するのは、年に二回だけだ。さらに話を複雑にしているのは、軌道上での月の位置だ。それは月の軌道が円ではなく楕円《だえん》だからである。親指を突き立て、それを片目で見てみよう。立てた親指を自分から遠ざけると、親指で隠れる背景の面積が小さくなる。同じように、月が公転軌道の長く伸びた部分にあるタイミングで太陽の前を横切ると、月の見かけの大きさが小さすぎるため、日食は光の輪が残る金環日食になり、皆既日食にはならな

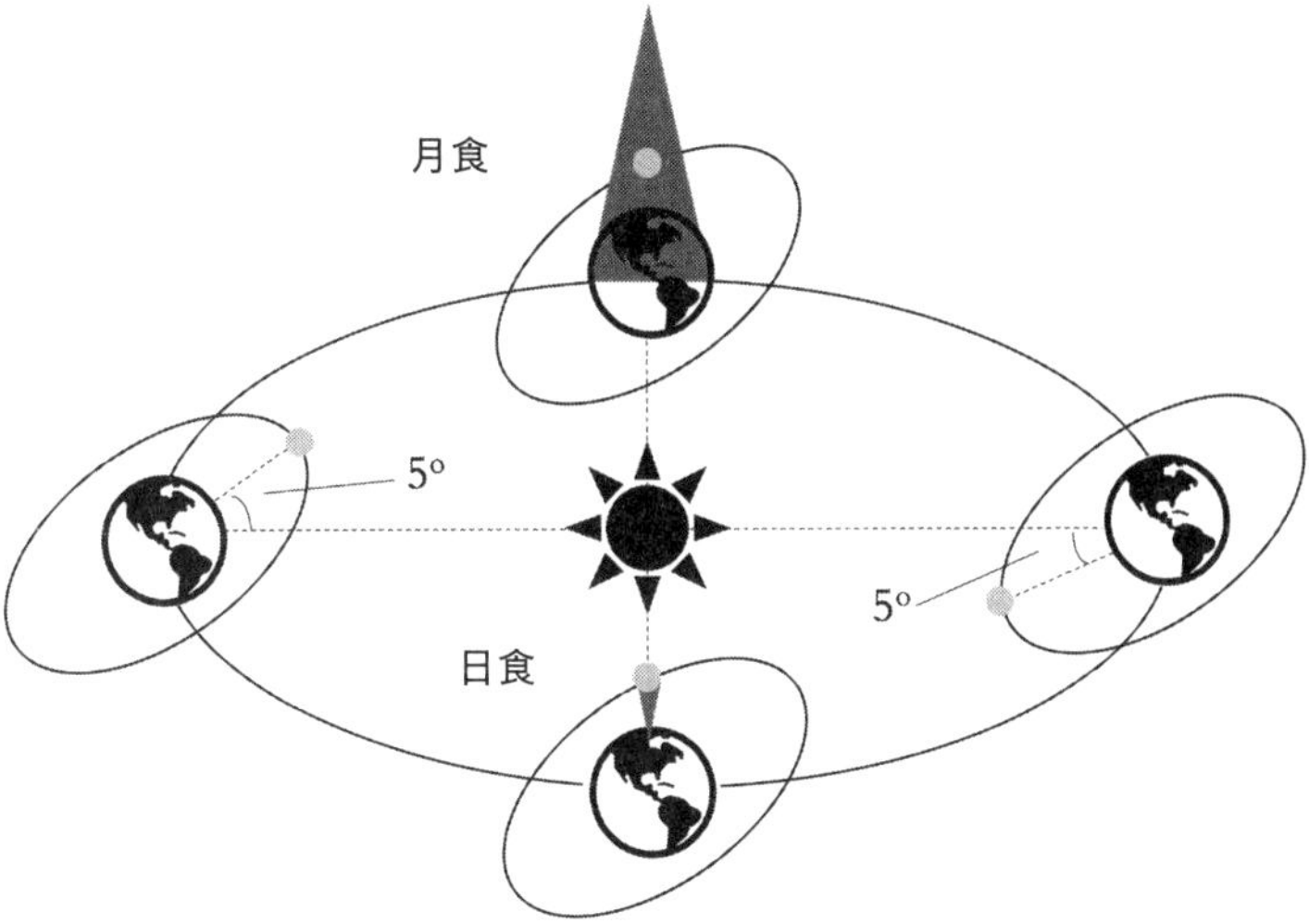

図３　食のしくみ。月の軌道が楕円で、傾いているせいで、地球上の同じある１点で皆既日食が観測される頻度はとても少ない。

い。

皆既日食が起こるのは、月が太陽と地球の間で黄道面を通過しつつあり、なおかつ見かけの大きさが太陽を隠すのにちょうどよい場合だ。そのときに月の影は、地球の自転に合わせて地球上の細長い地域をゆっくり動いていく。こうした点を考えあわせると、皆既日食は地球上のどこかでおよそ一八カ月おきに起こる。地球上の同じ場所で皆既日食が見られるのは、約三七五年に一度だ[5]。一方、月食は月が地球の影の中を通過するときに起こる現象で、この場合、地球は太陽と月の間に位置することになる。毎回の月食はかなり多くの人が見ることができる。月食のときに月に落ちる地球の影は、皆既日食で地球に落ちる月の影よりも大きいので、月食が起こったときには地球の夜側にいる人全員がそれを見られるのだ。

かつて日食や月食は恐怖をもって迎えられ、その珍しさのせいで不自然な、あるいは超自然的な説明がされがちだった。確かに日食や月食は珍しい現象かもしれないが、地球と月のダンスは古くから一部の人にはよく知られていて、食の予測は何世紀も前から可能になっている。一五〇四年、ジャマイカに到達したイタリアの探検家クリストファー・コロンブスの船では、地元住民に食料や必需品の提供を強いていたが、やがてそれを拒否され、そこへさらに乗組員の反乱が起こった(6)。そこでコロンブスは地元住民の指導者に、神はお前たちが協力的でないことに怒っていると告げ、すぐに憤怒に満ちた月が昇るだろうと予言した（これには自分の天体暦を使った）。予言通りに月食が起こると、ふたたび食料が届くようになった。

　食を予測しようという試みのなかでもとりわけ意欲的で、私たちの心を強くとらえるのが、二〇〇〇年以上前の古代ギリシャ時代に作られた「アンティキティラ島の機械」だ(7)。三〇個の歯車からなるこの装置は、人類初のアナログコンピューターと考えられている。歯車がかみ合うことで月と地球の運動を模し、この二天体が並ぶことで食が起こる時期を予測するしくみだった。この機械は完璧なものではない。現在のような高精度の予測には、複雑な重力のはたらきを理解している必要があるためだ。それでも当時としては驚くような試みだった。考えてみてほしい。装置を組み立てたら、答えを確かめるために食が起こるのを待たねばならず、実際に起こった食の結果によって、歯車を一個追加して調節してから、また次の食を待つという、骨の折れる作業だ。食を理解するというのは持久戦である。天文学者の長年にわたる研究により、月と地球、太陽、そして太陽系のほかの惑星の運動を表す数学モデルは複雑さを増していった。遠くにある木星の小さな引力さえ、日食のタイミングに影響を与えかねない。英国の天文学者エドモンド・ハレーが一七一五年におこなった日食予測の研究は、文献として残っている最も古い研究の一つだ(8)。最近では、ハレーはニュートンの万有引力の法則を使って、その名を冠した彗星《すいせい》（ハレー彗星）の周期性を計算したという業績のほうが知られている。しかし一七一五年にハレーは同じ法則を使って、日食が起こる時刻をたった四分以内の精度で予測したのである。一九世紀末から二〇世紀初頭の時期には、科学者は日食予測の誤差をわずか三〇秒まで縮めることに成功していた。

そして一九二五年。エジソン社の社員はマンハッタンのアパートの屋根から下りてくると、日食の観測結果をイェール大学のアーネスト・ブラウン教授に報告した。[9] ブラウン教授の分析によって、マンハッタンの九六丁目より北にいた人たちは皆既日食を観測していたが、それより南にいた人は観測していないことがわかった。つまり、月の影の縁の位置をストリート間の距離の範囲内で正確に決めることができたのだ〔訳注：ストリートはマンハッタンを東西に走る道路で、ストリート間は約八〇メートル〕。ブラウン教授はさらに、月の影の移動速度を測定する準備もしていた。月の影が進む経路上にいる、電報を素早く送れる通信員に、皆既日食が始まったと判断したらすぐさまマンハッタンのベル電話研究所に電報で知らせるように頼んでいた。州のあちこちの電話局から電報が届くと、ブラウンはそのタイミングを利用して、月の影が時速五六三三キロメートルというびっくりするような速度で動いていることを確かめた。ヒル・ブラウン理論〔訳注：ジョージ・W・ヒルが基礎を作り、ブラウンが完成させた月運動論〕はその時点で最も複雑な計算方法であり、一九二五年の日食の時刻を四秒以内の精度で予測した。おかしなことに、それでもニューヨーク・タイムズ紙はその成功を、「日食、予測より四秒遅れるも見事な眺め」と否定的に報じている。[10]

現在では太陽系の複雑さについての理解が進んで、コンピューターを使って食の開始時刻を一秒以内の精度で予測できるまでになっている。そしてこの精度がこれ以上向上することはなさそうだ。壁にぶつかっているのは、もっと高性能のコンピューターや別の複雑な理論を用意したり、屋根の上に不気味ないでたちの男たちをまた立たせたりする必要があるからではない。地球は約二三時間五六分四秒かけて一回自転しているが、月の引力が地球の自転にブレーキをかけるため、自転速度が遅くなってきている。そのため将来の一日の長さは今より長くなるが、自転が遅くなるペースが不規則なので、一日が実際にどのくらい長くなるかは正確に予測できないのだ。とはいえ、自転速度の変化のペースがゆっくりであることを考えると、今後一〇〇〇年ほどは、食の予測精度は一秒以内という状況が続くだろう。

どんな人にとっても皆既日食はなかなか見られないものだから、私たちがいつになっても皆既日食を見るたびに感動するのは当然のことだ。皆既日食を見るために世界中を飛行機で飛び回る皆既日食マニアもいる。そして科学コミュニティーにも皆既日食に夢中になっている人々がいる。ただしそういう科学者が関心を持っているのは、月が隠すものというよりも、月が明らかにするもののほうだ。

アルヴィン・ピーターソンが凍えながら飛行船の上に立っていたときから九二年後の二〇一七年、天体物理学者は暖かい場所に腰をおろして、米国航空宇宙局（ＮＡＳＡ）の二機のジェット機が月の影を追って飛行しながら撮影した動画を見た。飛行機を使って日食を追いかけるというのは目新しいことではない。一九二五年の皆既日食でも、二五機の飛行機がＵＳＳロサンゼルス号とともに飛び立った。ただし機内の機械的振動がひどくて、研究に使えるような動画を撮影できなかった。代わりに、この皆既日食で最も参考になったコロナの記録は、画家のハワード・バトラーによるものだった（本書のカラー口絵）。コネチカット州にいたバトラーは、屋根の上でコロナやプロミネンス（太陽から外側にのびるガスの構造）をスケッチし、色を記録しておいて、それを参考にしてあとからできるかぎり正確な絵画を描いたのだ。当時と比べると、現在は航空技術も撮影技術も進歩しており、それは悪天候を好まない天体物理学者にはうれしい話である。

二〇一七年八月二一日の「グレート・アメリカン・エクリプス（アメリカ大皆既日食）」は、ほぼ一〇〇年ぶりに米国本土を横断する皆既日食だった。二機のＮＡＳＡのジェット機は、民間航空機の通常の飛行高度の一・五倍にあたる一万五〇〇〇メートル以上の高さに到達した(11)。それは水蒸気を避けるためだ。霧やもやのかかった風景を写すとぼやけた写真になるように、天体撮影でも水蒸気があると像が歪《ゆが》んでしまう。そして月が地球を公転する速度と、地球が太陽を公転する速度はどちらも、軌道上の位置によって変化するので、月の影の移動速度や、皆既食の始まりから終わりまでの時間は毎回異なる。二〇一七年のグレート・アメリカン・エクリプスでは、地上に静止している観察者は約二分半にわたって皆既を経験できただろう。*1 NASAの二機のジェット機は、できるだけ多くのデータを取得することを目指して、ミズーリ州からテネシー州、イリノイ州へと動いていく月の影を追いかけた。これによってコロナを八分近くにわたり調べることが可能になった。

ただし二〇一七年の科学者たちの目的は、コロニウムの発見ではなく、太陽をめぐる直感に反した現象を理解することだった。ぼんやりしていて観測しにくいコロナは、太陽そのものの表面よりも高温なのである。それもはるかに高い。核融合反応（本書第4章を参照）が起こっている太陽中心部の温度は約一五〇〇万℃だ。そこから外側に向かうにつれて温度が下がり、太陽の表面として見える「光球」では約五五〇〇℃になる。それが太陽表面から約二〇〇〇キロメートル上空のコロナの中では、温度は一〇〇万℃以

＊1　この皆既食の継続時間は、実は一九二五年の日食と同じ長さだ。二一世紀では、二〇〇九年七月二二日に東南アジアで起こった皆既日食の継続時間が最も長く、約六分半だった。とはいえ、継続時間が最も短い皆既日食にも、見た人を唖然とさせるだけの力がある。たとえばヴァージニア・ウルフは、一九二七年六月二九日にイングランド北部で起こった継続時間が二四秒の日食について、そのときの驚きを次のように日記に書いている。「するとその時とつぜん光が消えてしまった。私たちは力を失ったのだ。もう色は全然なかった。地球は死んでいた(12)」（ヴァージニア・ウルフ『ある作家の日記』、神谷美恵子訳、みすず書房、新装版二〇二〇年）

上に上昇する。なぜ、どんなしくみで？　これは、ニューヨークでオーブンを二〇〇℃に設定したら、アラバマ州の誰かの飼い猫を焼死させることになるようなものだ。この「コロナ加熱問題」[13][14]はいまだ解決をみておらず、二〇一七年の日食は科学者にとって、コロナを高分解能で長時間観測できるめったにないチャンスだった。彼らの先輩科学者たちがアルヴィン・ピーターソンの映像を見て、コロニウムの正体を知ろうとしていたのと同じように、科学者はこの加熱の原因がわかるのではと期待していたのである。日食は昔も今も、太陽科学で最も大きな障害になるものを回避する機会である。その障害とは、太陽それ自体だ。

光の波長

太陽の絵を描いてくださいといわれたら、あなたはどんな絵を描くだろうか。きっと間違いなく、子どものときに描いたような、丸が一つあって、そこから何本もの線が放射している絵を描いたり、想像したりするはずだ。太陽は私たちが最初に絵に描けるようになるものの一つだが、それほどうまく描けるようにはならない。失明の危険をおかさないと太陽を直接見ることができないのだから、それは当然だといえる。私たちはそうした絵を描くとき、中央の円盤から広がる何本もの線で太陽の存在と作用を示し、自分たちに重要であることを表している。世界最古の文明も、ごく幼い子どもも、太陽が光と暖かさ、そして結局は命を与えてくれていることを理解している。

光は私たちが世界を知覚するための基本的な手段だが、それが何かをはっきりと言い表すのは難しい。光は、波のように伝わる性質を持つ放射と考えることができ、その波の山と山の間の距離を波長という。異なる光の波長が連続的に並んだものは「電磁スペクトル」と呼ばれる。

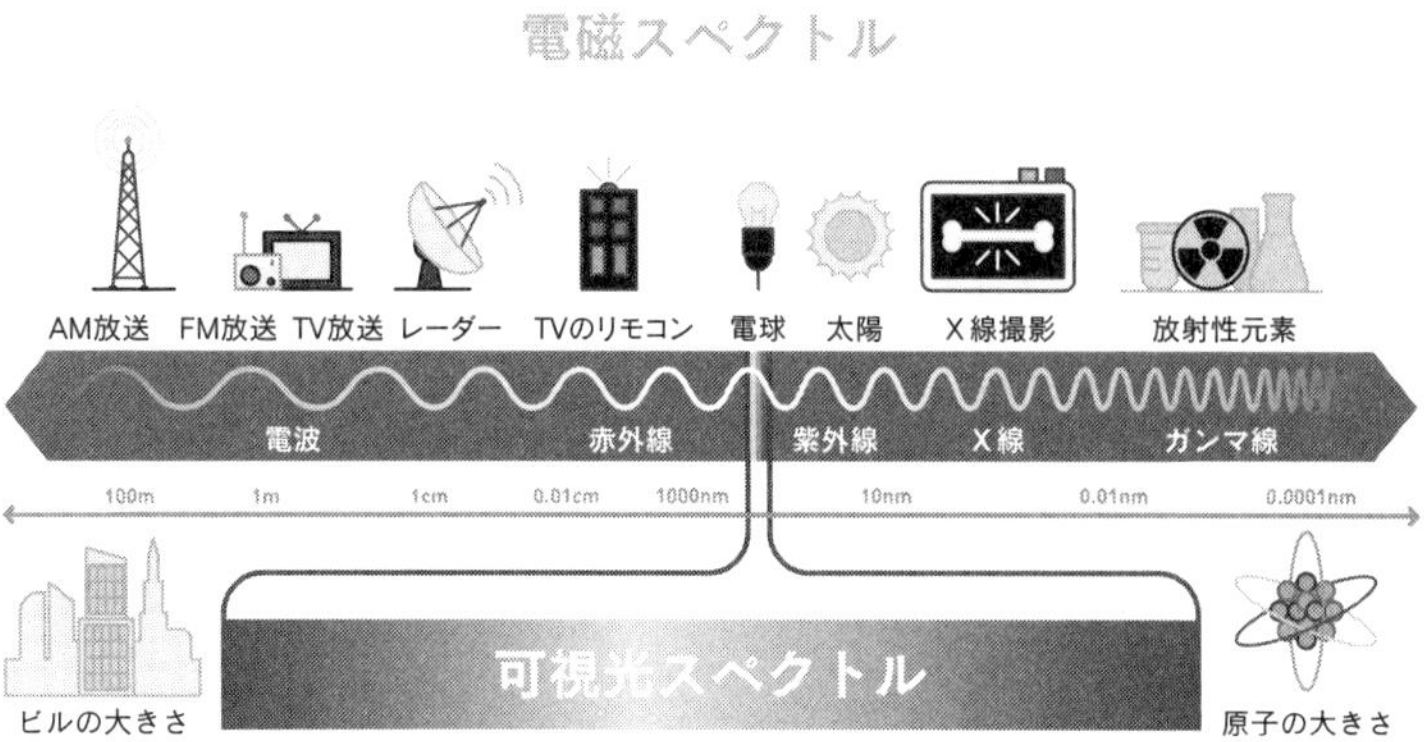

図4　電磁スペクトル。

私たちはさまざまな波長の光を日常的な場面で使うことに慣れているが、必ずしもそれを光と認識してはいないかもしれない。きわめて波長の長い光である「電波」は、遠い場所に情報を送信するのに便利だ。たとえば、ラジオで全国ニュースを聞いたりできるのは電波のおかげだ。そして、軽いランチを電子レンジで温めるときには「マイクロ波」（電波の一種）を使っている。あるいは、動物園からトラが逃げ出したと聞いてテレビをつけたら、警察のヘリコプターからの中継映像で、私の家の庭にゆうゆうと侵入するトラを警察が「赤外線」ライトで追跡する様子が映るかもしれない。中庭に面したドアを閉めようと急いだせいで激しく転んだら、骨折が疑われる部分を「X線」で検査してもらいたいと考える。「可視光」を使っているランプの下でちらっと診てもらうのではだめなのだ。日常的に「光」と呼ばれているのは電磁スペクトルの一部で、私たちの目が適応している可視光部分にすぎない。そして私たちは、その小さな部分の特定の波長を言い表すために「色」という言葉を使っている。

光がさまざまな色からなることを最初に理解したのは、英国の物理学者アイザック・ニュートンだ。一六六六年に、ニュートートンは太陽光線が進む先にガラスのプリズムを置き、そのプリズムの反対側から虹が出るのを観察した。[15]その図を載せたいのだが、スペースが不足気味なので、とりあえずはピンク・フロイドのアルバム『狂気』のジャケットを探してほしい。ガラスの破片やプリズムを太陽光にかざすと、そのときどきで異なる色が生じることは、以前からわかっていた。驚くのは、その光を壁に投影してみると、さまざまな色が並ぶ虹色の帯ができることだった。この時点までは、この虹色の帯は、プリズムが何かの方法で色を生み出すことで生じていると考えられていた。ニュートンは、プリズムを通った光から単色光を取り出して、それを別のプリズムに通してみた。別のプリズムから出てきた光は入ってきた色と同じであり、プリズムが作るとされていた虹の色はなかった。この実験からニュートンは、プリズムがただ虹を作るだけではないことを確かめた。ニュートンは、光をさまざまな色に分けられることを証明したのだ。

プリズムのような実験装置で分けられるのは可視光だけではない。ドイツ生まれの英国の天文学者ウィリアム・ハーシェル[*2]はニュートンの実験以前に、色がついた光の温度を測定するために同じようなプリズム実験装置を準備していたが、実験をしてみると、プリズムで生じる赤色光より上の、虹色を外れた位置の温度が最も高くなった。ハーシェルはこの目に見えない光線を「熱線（calorific ray）」と命名したが、[17]今では赤外線という名のほうがよく知られている。

ここまでは、光を波として説明してきたが、これは半分しか正しくない。光を粒子と考えるほうが理解しやすいこともある。これは奇妙に思えるが、粒子と波動の二重性として知られる現象で、量子力学の産物だ。光の構成要素である粒子を「光子」と呼ぶ。ドイツの物理学者アルベルト・アインシュタインは、光の波長は、ある量のエネルギーを運ぶ光子に相当することを示した。[18]波長が短いほど、光子が運ぶエネルギーは高い。ニュートンがこのことを知ったら興奮したのではないか。ニュートンは研究生活の間、光は「粒子的」である、つまり粒子でできていると主張していた。ニュートンがあげた論拠は大部分が間違っていたが、それでも彼は自らの勝利を宣言したはずだ。

私たちが可視光を見られるように適応したのは、進化の観点で有利だった。そうすることで、生命の維持に適した環境かどうか、あるいは危険が迫っているかどうかを判断できるようになったからだ。赤外線を見ることができれば、茂みの中のトラの動きを追うのに便利だっただろうが、私たちが進化する必要があった時期には、その遺伝子変異（遺伝子のアップグレード版）はまだ登場していなかった。ほかの動物では、スーパーマンのX線ビジョンさながらに、視覚がもっと変わった適応をしている例がある。たとえば、ヘビのなかには頭部に「ピット器官」という、赤外線放射を検知可能な膜のある器官を持つものがいる[19]。この器官があるヘビは、目で可視光を見ることができ、さらに夜間は獲物の赤外線画像を得られる。ほかには、トナカイの目が紫外線を処理できるように適応している例がある[20]。北極では、可視光の量は少ないが、雪が大量の紫外線を反射するので、トナカイはそれを利用して、捕食者や獲物の尿を追跡したり、主な食料である地衣類を見つけたりしている。*3

天体物理学では、宇宙にある構造のコントラストをはっきりと示すために、さまざまな波長を使っている。可視光は銀河の素晴らしい画像を生み出すのに適しているが、X線や電波は隠れたブラックホールの

＊2　ついでに、寒さをものともしなかった天文学者をもうひとり紹介したい。ハーシェルの妹のカロライン・ハーシェルは、もとは兄に頼まれてしぶしぶ助手になったのだが、仕事をしているうちに、いつのまにかスカートが凍って地面に張りついていたと書き残している[16]。カロラインが寒さをひどく気にしたはずがない。自分のしていることに徐々に情熱を抱き始め、女性で初めて科学者として報酬を得るようになり、権威ある王立天文学会のゴールドメダルを一八二八年に受賞したほどなのだから。その当時、女性はこの学会の会合に出席することさえ許されていなかった。

姿を明らかにするのに向いている。本書のカラー口絵にある、ケンタウルス座Aという銀河の画像を例に説明しよう。左の画像は可視光で撮影したものだ。右の画像も同じ銀河のものだが、電波観測の結果を追加した合成画像である。異なる波長で観測することで、この銀河がそれまでの認識よりはるかに大きいことが明らかになった。さらに興奮するのは、中心部から物質が噴出して広がっている巨大な構造が観測され、そこにブラックホールの特徴が見つかったことだ。この電波ローブという構造は、ブラックホールの周囲に落下していくガスの一部が、巨大な粒子ジェットとして放出されるのが原因だ。ケンタウルス座Aを可視光波長だけで見ていたら、ブラックホールの存在はそれほどはっきりしていなかっただろう。一方、電波で見れば、この銀河には矢印で「ブラックホールはこちら」と示す案内板が立っているようなものだ。

恒星の温度を測定する

太陽の絵の色に話を戻そう。太陽は黄色で表されることが多いが、アイザック・ニュートンやウィリアム・ハーシェルの実験や、ピンク・フロイドのアルバムジャケットで知られているとおり、太陽光はさまざまな波長の光を幅広く含んでいる。星が発する光の波長の範囲は、その星に特有のバーコードを作り出す。これは恒星スペクトルと呼ばれ、同じ種類の恒星はスペクトルがよく似ている。太陽スペクトルは、太陽が幅広い波長の光を発していることを示していて、人間の目に見える波長は全体の四〇パーセントしかない。太陽スペクトルでは、電磁スペクトルの青色から緑色にかけての波長の光が特に強く、黄色の光は、太陽から発せられる光の中で最も多いわけではない。空の太陽が緑に見えないのには理由が二つある。第一に、特に強いといっても、太陽から発せられる光は青色から緑色の波長だけではないからだ。私たちが受け取る光は、太陽光に含まれるさまざまな波長の光が混ざったもので、白色光に近くなっているのである。第二に、ゲームセンターのコイン落としゲームに入れられたコインのように、光は地球の大気で「散乱」して、進行方向がランダムに変化しているからだ。その場合には、波長が短い光（より青い光）ほど散乱させられやすい。太陽光でいうと、大気が青色に近い光をあらゆる方向に散乱させるため、私たちの目には青色の光があらゆる方向から届き、空が青く見える。太陽スペクトルの青側の光が散乱させられると、太陽光には赤色と黄色の部分が残り、太陽は黄色に近く見える。日没時には、太陽の高度が低くなり、太陽光が大気中をより長く通過しなければならないので、黄色の光まですっかり散乱させられ、太陽はオレンジっぽい赤色に見える。大気による太陽光の散乱現象は、月食が「ブラッドムーン」（血のように赤い月）と呼ばれることがある理由も説明できる。太陽光が地球の大気を通過するときに、波長の短い光はほぼすべて散乱してしまう。その結果、最も長波長の赤色の光だけが残って、月面で反射し、私たちの目に届いているのだ。

恒星の温度を測定するには、黒体放射スペクトルの全体的な形を使うことができる。星のスペクトルの形は、黒体放射曲線と呼ばれる曲線によってかなりよく近似できる。「黒体」というのは、入射する放射をすべて吸収したうえで、連続スペクトル（コンティニウムともいう）として放射する、実在しない理想的な物体だ。たとえるなら、いろいろな意見に耳を傾けてから、全員を喜ばせようとして、陳腐な言葉をいつまでもとうとうと述べたてる人のようなものだ。太陽は、入射する放射を散乱させる固い表面がない

＊3　つまり、サンタクロースは赤鼻のトナカイの力を借りれば、偽札を発見したり、極微量のコカインやアンフェタミンを検出したりできることになる。サンタクロースにそっちの面でいい子にしていたかどうかを確かめられるとしたら、なんだか気まずい感じがする。

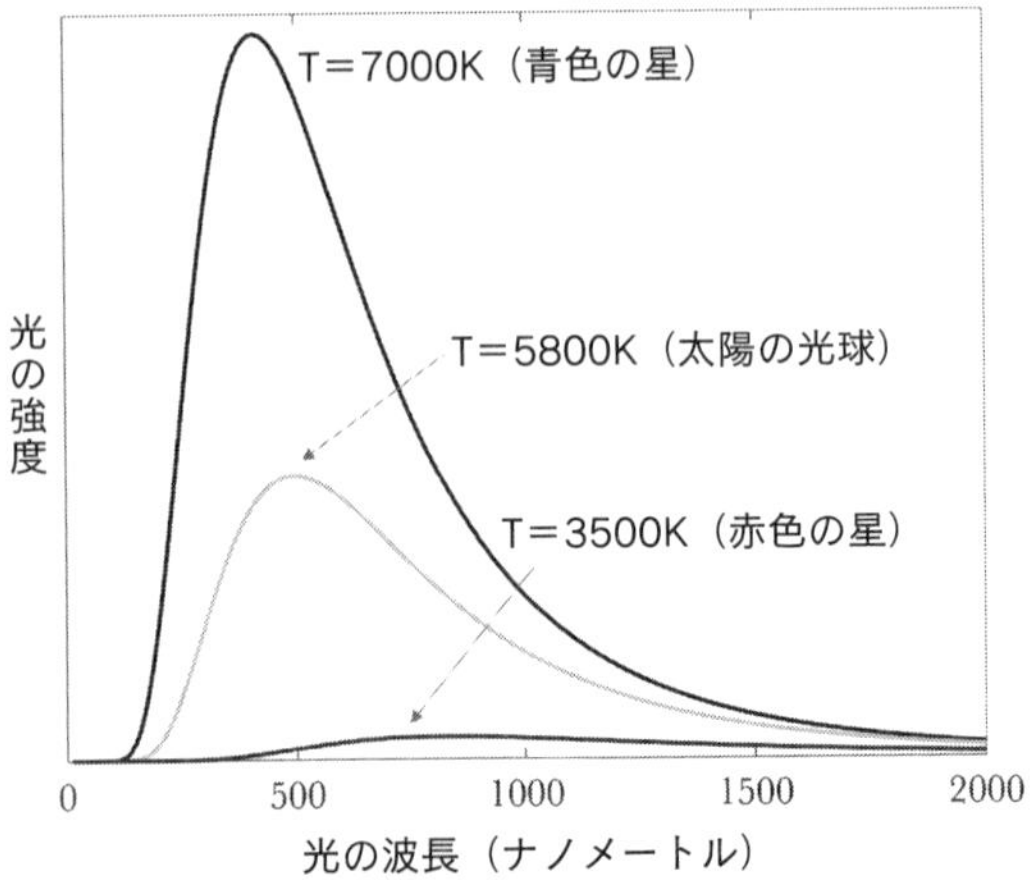

図5　太陽光の連続スペクトル。恒星スペクトル曲線の形と、さまざまな温度の黒体放射曲線を比較することで、恒星の表面温度を推定できる。

ので、そのほとんどを吸収する。そしてすでに見てきたように、電磁スペクトルのほぼ全域にわたる光を発する。太陽を含めたすべての星は黒体であると近似的に考えられるため、「黒体が放射する連続スペクトルは温度によってのみ決まる」という黒体放射の法則を、星にも当てはめることができる。恒星スペクトルを測定して、そのスペクトル曲線をすでにわかっている黒体放射曲線と比べれば、どの温度曲線がそのスペクトルと一致するかがわかる。これを太陽でやってみれば、太陽の光球の温度が約五八〇〇Kであることがわかる[*4]（図5）。

コロニウムの吸収線

太陽スペクトルは連続的な途切れのない曲線に見えるが、よく見ると、実はとてもたくさんの点からなることがわかる。太陽スペクトルを連続スペクトルとして表すのは、黒体放射曲線との比較で恒星の表面温度を推定するのには適している。ただし、スペクトルを調べる方法としてそれよりもよく使われるのが、いわばスペクトル曲線を上方から見下ろすような方法で、そうするとバーコードのような画像になる。カラー口絵にある太陽スペクトルの見事な画像は、太陽スペクトルの可視光部分を高い波長分解能で観測したものだ。いくつもある黒い線は「吸収線」といい、これはその波長の光が太陽深部から出てきたときに、太陽外層にある原子で吸収されるために生じている。ある元素の原子は決まった波長の光だけを吸収し、その波長は、その原子内で電子が取ることのできるエネルギー準位〔訳注：安定な状態の粒子が持ちうるエネルギーの値〕に関係している。複数あるエネルギー準位の差は元素によって異なるので、吸収される光の波長も異なり、結果として元素に特有の吸収線ができる（図6）。

地球上での実験で、水素などの特定の元素に光を照射すれば、その原子がどの波長を優先的に吸収し、結果としてスペクトル内にどんな吸収線を生じさせるのかを調べることができる。既知の元素すべてについて、こうした実験をあらかじめ実施して結果を集めておき、そのうえで太陽スペクトルではどの波長の光が吸収されているかを調べれば、実験結果と照合することで、太陽にどの元素の原子が存在するかを推定できる。ただし、その元素の存在がすでに知られていることが条件だ。英国の天文学者ノーマン・ロッキャーは一八六八年に、太陽スペクトルに未確認の吸収線があることに気づいて[21]、その吸収線を生じさせている未知の元素を、ギリシャ神話の太陽神ヘリオスにちなんで「ヘリウム」と命名した。地球上でヘリウムが発見されたのは、それから二七年後のことだ。

＊4　ケルビン（K）は、摂氏（℃）と同じような温度の単位だ。天体物理学でこの単位を使うのは、マイナスの温度を使いたくないからだ。可能な温度の下限（絶対零度）をゼロKとしている。これはマイナス二七三・一五℃に相当する。摂氏をケルビンに変換するには、二七三・一五を引くだけでいい。

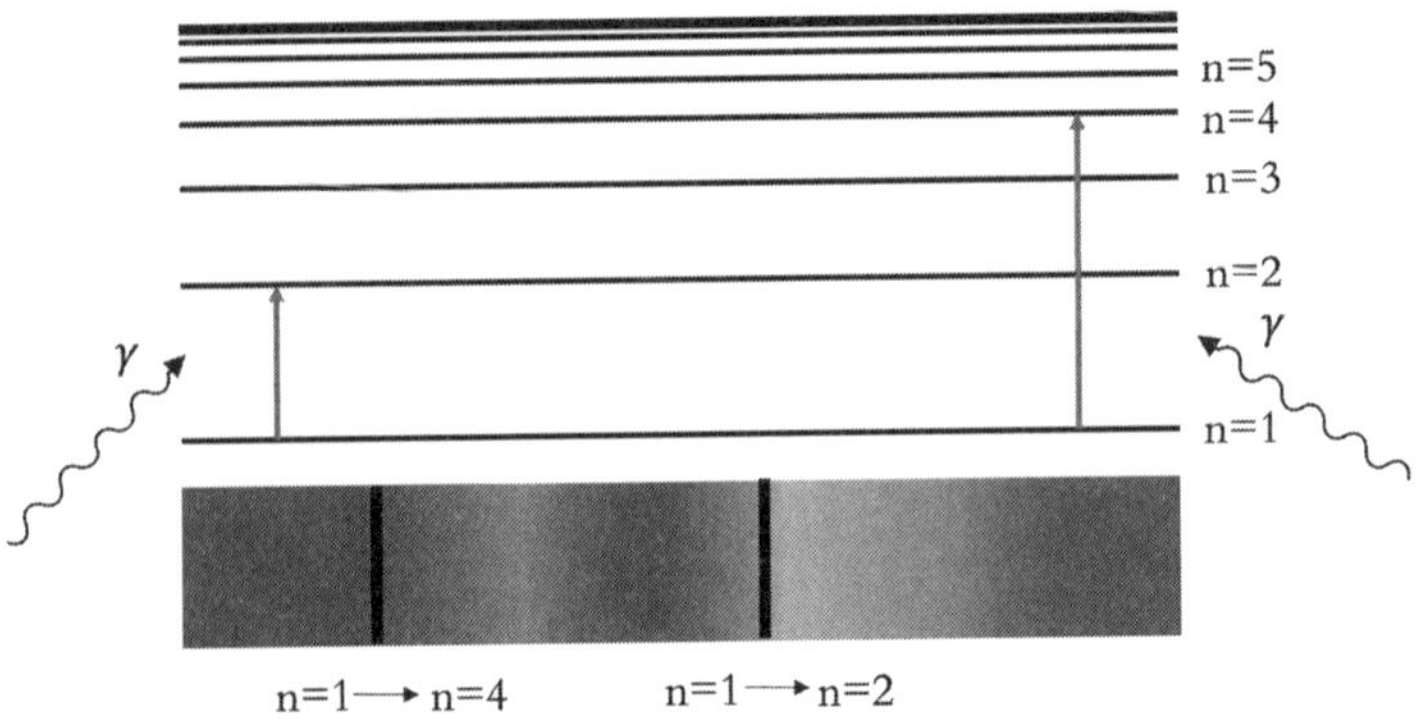

図6　吸収線ができるしくみ。原子は、特定のエネルギー準位と同等のエネルギーを持つ光子（一般的に記号γで表す）のみを吸収し（上図）、スペクトルに明確な吸収線を生み出す（下図）。

日食時に観測される太陽スペクトルは、通常とはまったく違っている。太陽の円盤部分が覆い隠されているので、コロナからの光だけが届くのだ。一八六九年八月七日の皆既日食の最中に、コロナのスペクトルを初めてみた科学者たちは、五三〇・三ナノメートルという波長に強い吸収線を見つけた。これは、それまで地上で実施されていた実験結果のどれにも対応しなかった。つまり、すでに知られていた元素のなかに、その波長の吸収線を生み出すものはなかったのだ。最終的に、これは太陽大気に存在する新元素だとされて、「コロニウム」と命名された。この元素の正体を突き止めようという研究は何十年にもわたって続けられていた。そうした経緯から、アルヴィン・ピーターソンは一九二五年に、飛行船の上に立ち、指に凍傷を作りながら、この新元素の理解を進めようとしていたのである。一九三〇年代になってようやく、この吸収線を生み出していたのは新元素ではなく、すでによく知られていた鉄の原子が通常と異なる形を取っていたためだとわかった。通常の鉄には電子が二六個ある。そして、鉄に対応する吸収線がいくつかあることがよく知られている。鉄の電子の一部を取り去ると（つまり鉄を「電離」すると）、その吸収線が変化する。謎の元素コロニウムによるものとされていた吸収線は、一三個の電子を取り除いた鉄原子が生み出す吸収線と一致していた。電子を取り除くのは簡単なことではなく、電子を移動させられるような高エネルギーの衝突を起こすには、きわめて高い温度が必要になる。電子を一三個取り除くには猛烈な高温が必要で、そうなると、光球の温度が五八〇〇Kと低いのに対して、コロナは数百万Kもあることになる。実際に太陽は、上空のコロナの中に進んでいくにつれて高温になるという、あまりにも直感に反した状況にある。そうした高温の原因は、太陽の複雑な磁場によって、荷電粒子が光球からコロナへと猛烈な速度で運ばれているためかもしれない。または、ナノフレアと呼ばれる爆弾の爆発のような現象が起こって、熱をコロナに運んでいるとも考えられている。そうした説は絞り込まれてきているものの、コロナ加熱問題にはいまだに出口が見えていない。

＊　＊　＊

私がコロナ加熱問題に満足のいくすっきりした説明ができなかったことに、あなたはがっかりするかもしれない。答えがわからないのはいらいらするものだから。それに、私たちが使えるリソースのことを考えると、答えが出ていないのは意外な気もする。私たちが作り上げた惑星探査機ははるか彼方の恒星間宇宙まで飛行しているし、ハッブル宇宙望遠鏡では、天の川銀河のずっと遠くにある非常に多くの銀河を観測している。宇宙がどのように進化したのかもわかっていて、その誕生の瞬間であるビッグバンについて確かな理論を得るところまでいっている。それなのに私たちはいまだに、七分間の皆既食から得られる、ありとあらゆる科学的知識を利用しようと必死だ。その姿は一九二五年の科学者と変わらない。今は当時よりもテクノロジーが進んでいるというのに。ある面での知識が増えたと思ったら（コロナは不思議な元素でできているのではなく、単に温度が高いだけだ!)、別の面での疑問が増えるのだ(待って、そんなに高温なのはどうしてだ?)。正直なところ、グレート・アメリカン・エクリプスの当時、私はそれまで、コロナ加熱問題についてまったく知らなかった。ファーストスターを研究する天体物理学者である私はそれまで、一番近い星に深い注意を払おうとは考えもしなかった。私にとって、太陽はありふれていて予測可能な星だった。近くにあるのだから、問題はすべて解決済みなのだと思いこんでいたのだ。太陽系で起こる究極の幸運《セレンディピティ》な現象である、日食という現象を利用しなければならないような謎が残っているのを知って、私は興味をかき立てられるとともに、うれしい気持ちになった。

日食の間、月が太陽の円盤部分をレンズキャップのように覆い隠すのは、見事な偶然の一致だ。太陽と月は空での見かけの大きさが同じだが、これはあくまでも偶然なのである。天体の見かけの大きさは、実際のサイズと距離で決まる。たとえば、私たちが牛を見ているとしよう。本物の牛と、その一〇分の一サイズのおもちゃの牛がある場合に、そのおもちゃの牛と本物の牛が同じ大きさに見えていたら、本物の牛は一〇倍の距離にいるはずだとわかる。日食の場合、地球から見た太陽と月は、見かけの大きさが同じになっている。地球から太陽までの距離は、月までの距離の四〇〇倍であり、太陽のサイズは月の約四〇〇倍なので、地球からは見かけの大きさが同じになるのだ。日食の価値をさらに高めているのは、それに有効期限があることだ。すでに説明したとおり、月の引力は地球に対してブレーキとして作用する。そのせいで地球の自転は遅くなっているが、遅くなるペースが予測できないため、日食予測に影響を与えている。さらに、自転が遅くなっているせいで、月は地球から毎年約四センチずつ遠ざかりつつある。牛のたとえでいうなら、近くにあったおもちゃの牛がどんどん遠くに移動しているので、もはや同じサイズに見えなくなるということだ。私たちが現在楽しんでいる皆既日食は、永遠に見られるものではない。およそ六億五〇〇〇万年後の地球上に人間が存在していたら、彼らは部分日食しか知らないだろう。とはいえ、それはずっと先の話なので、人間の祖先が地球上に現れたのがわずか数百万年前だということを考えれば、その時代の人間はきっと、X線を見られるように進化して、日食など必要としない方法で宇宙を眺めているだろう。

そして今の時代、私たちにできるのは次の皆既日食を待つことだけではない。たとえば望遠鏡に取り付けて使う、太陽光球の大部分をさえぎる遮光円盤がある。さらにグレート・アメリカン・エクリプスからわずか一年後に、「パーカー・ソーラー・プローブ」という画期的な太陽探査機が打ち上げられた[22]。この探査機は七年かけて少しずつ太陽に接近していき、最終的には太陽表面から約六〇〇万キロメートルの未探査領域まで到達する。これはそれほど近い距離に思えないかもしれないが、すでに説明したとおり、太陽表面はこの星の「外縁」ではない。コロナは宇宙空間まで広がっていて、その終わりを決めるのは難しい。高温で高エネルギーの大気であるコロナは、太陽風という粒子の流れになり、太陽系の八つの惑星を包み込んでいる。つまり、地球上にいる私たちは、太陽の高温のコアからは遠く離れてはいるが、太陽の大気の中で生きているということだ。地球の近くで観測される太陽風は、一億五〇〇〇万キロメートルの距離を数日かけて進んでこなければならず、その経路上にあるほかの粒子の影響を受けたり、性質が変化したりしている。そのため、地球から内部コロナを観測するのは、濃い霧を通して一〇〇メートル先にいる野鳥を観察するようなものだ。パーカー探査機は内部コロナを理解するために、その霧を通り抜けて、野鳥からわずか四メートルの位置に立とうとしているのである。この探査機は、高分解能画像を撮影して、とらえにくいナノフレアや磁力線を観測する予定だ。その結果は、太陽内部の熱源から遠い位置で、コロナがどのようにしてそこまで高温に達することができるのかを理解する助けになるだろう〔訳注：原書刊行後の二〇二一年四月、パーカー探査機は史上初めて太陽コロナ内に突入した)。面白いことに、太陽にそれほど近づくことで、パーカー探査機は太陽で発生するフレアなどの現象を、地球にいる私たちよりも早く見ることになる。パーカー探査機が太陽フレアを観測するのは、フレアが実際に発生してから二〇秒後だが、地球上の私たちに見えるのは発生から八分後になる。光の速度が有限であるためだ。

光の速度は有限

デンマークの天文学者オーレ・レーマーは、日食を観測しているときに、光の速さは無限大ではないことを悟った。レーマーの生きた一七世紀に解決が急がれていた科学的課題の一つが、外洋航海時に経度(地球上の東西の位置を角度で表したもの)をどうやって決めるかということだった。地球が二四時間で三六〇度回転するのはわかっているので、二点間の時差がわかれば、経度の違いも求められる。最近では、世界のどこに旅行しようとも、ノートパソコンの電源を入れれば内蔵時計が自動で同期する。しかし一七世紀に時差を知りたかったらどうすればいいのだろうか。必要だったのは、一日の決まった時間に発生する出来事だ。ディズニー映画『メリー・ポピンズ』には、毎日夕方六時になると隣に住む変わり者の海軍提督が大砲を撃つという、おなじみのシーンがある。チェリー・ツリー・レーンのほど近くに住む人は誰でも、その大砲の音が聞こえたら、少なくとも提督の時計では夕方六時になったのだとわかる。イタリアの天文学者ガリレオ・ガリレイはこれと同じようなアイデアを提案したが、規模ははるかに大きかった。その案では地球上のどこからでも見える現象が必要だったので、ガリレオは空に目を向けて、木星系(木星とその衛星)にそうした現象を見つけた。木星の衛星は木星を公転するとき、木星の後ろを通過する期間には地球から観測されなくなる。衛星は通過しきると、木星の後ろから飛び出てくる。出現という現象

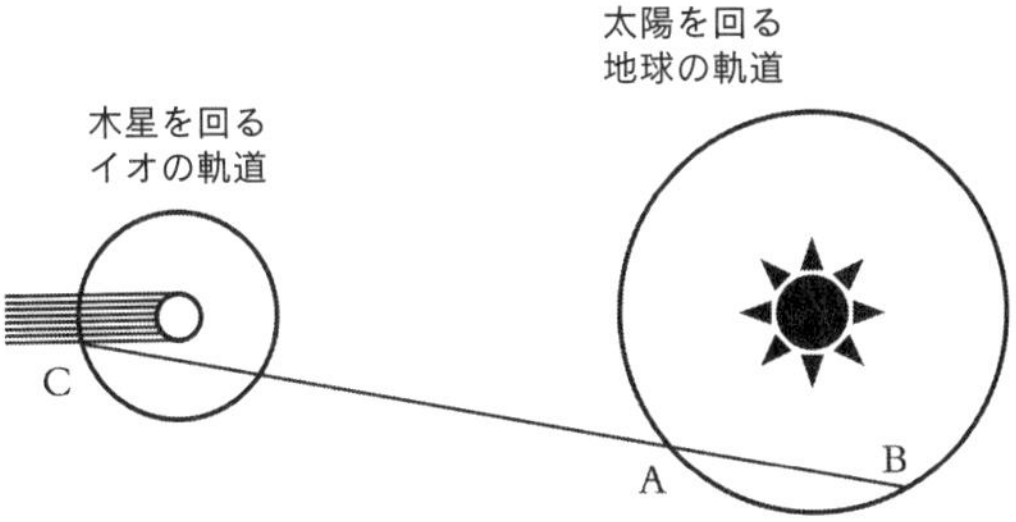

図7　光の有限の速度。1676年のレーマーの著作[24]の図を改変。光は長い経路を進むほど時間がかかることを示している。イオの出現（C）の光が軌道上のB地点にある地球まで進むのにかかる時間は、地球がA地点にある場合より長くなる。

だ。衛星は木星を規則的に公転しているので、出現の時刻を観測すればそれが天体時計[23]になることにガリレオは気がついた。つまり、惑星間に鳴り響く大砲の音だ。このアイデアを揺れる船の上で実行するのは骨の折れる作業だったが、一六六八年にイタリアの天文学者ジョバンニ・ドメニコ・カッシーニが木星の衛星の運行表を発行したので、それを食の予定表として使って時計を合わせられるようになった。たとえば船員がその表の一一月一〇日の欄を見れば、ナポリの正午にあたる時間に衛星イオの出現が起こることが予想できる。そのため、地球上のどこで観測するにしても、イオの出現が起こった時点でナポリでは正午だとわかる。そうすると時差がわかるので、その地方時の正午（太陽の高度が最も高い時刻）と比較すれば経度がわかる。初めのうちは、予想はすべて、少なくとも三〇秒の範囲内でぴたり当たっているように思えたが、何カ月かすると、イオの出現は予想より約一〇分遅く起こるようになった。カッシーニは、これは光の速度が有限であるか、木星の直径が変化しているか、どちらかの理由しか考えられないことに気づいた。カッシーニ自身は後者の考えに落ち着いたか、少なくとも前者の考えには反対していたが、カッシーニの同僚の天文学者だったオーレ・レーマーは、前者の可能性を探った。

レーマーが正しかった理由を考えるために、太陽－地球－木星の関係を図示した（図7）。太陽から見て木星の反対側には影の部分があり、イオは木星の周りを回りながら、この影に出たり入ったりする。A地点から観測すると、ある時刻にイオの出現（C）が見える。たとえばそれが正午だったとしよう。次の日に、出現はやはりほぼ予想通りの、たとえば午後〇時一分に見える〔訳注：実際にはイオの公転周期は四二時間なのでこうはならないが、ここでは説明のため話を簡単にしている〕。しかし少し時間がたって、地球が軌道上をB地点まで移動した時点で観測すると、出現は予想よりも何分も遅れて起こるようにみえる。レーマーは、木星系と地球の距離が長くなったせいで、イオからの光がより遠くから進んでこなければならなかったのだと気づいた。図7でいうと、CからB地点までの距離は、CからA地点までの距離よりずっと長い。もし光の速度が無限大なら、距離が長くても問題ない。光はどんな距離でも即座に進んでこられるからだ。イオの食の遅れが示していたのは、光の進む距離が長いほど長く時間がかかるということだった。といっても、光の速度は有限ではあるが、遅いわけではない。日常生活の範囲では、私たちは光が瞬時に届くとみなしている。レーマーによる木星の衛星の食の研究結果から、光の速度は二億一二〇〇万メートル毎秒とされた[24][25]。これは当時では想像もできないくらい高速だったが（今もそれは変わらない）、現在の実験室内で測定できる値とかなり近い。正確には、光速は二億九九七九万二四五八メートル毎秒だ。通りの向こうで友達が手を振っているのに気づいたら、その友達が迷子になってしまう前に手を振り返すことができるのは、友達との距離が人間スケールの短い距離だからだ。友達が実際に手を振ってから、それが見えるまでには遅れがあるが、その時差はわずか〇・〇〇〇〇〇〇〇〇三秒なので、私たちの目には一瞬に見える。しかし太陽系までスケールを広げて考えると、木星の衛星イオに住んでいる友達が私たちに手を振っても、約三〇分たってからでないと地球にいる私たちには見えない（そのころ友達は私たちのことを、手を振り返さないなんて失礼だと思っているだろう)。

光の進む速度が有限なため、遠くを観測するほど、より遠い過去を見ていることになる。太陽の表面を見ているとき、私たちの目にみえる太陽フレアは八分前のものだ。[*5] 地球に最も近い星の一つであるアルファ・ケンタウリ(ケンタウルス座アルファ星)を見ているときには、その光は四年以上前のものである。このなかなか信じがたい事実から気づくのは、アンドロメダ銀河に異星人の研究者がいて、実際に地球を観察していたら、彼らが現在見ているのは、ディズニー・ワールドのスペース・マウンテンに乗っている私たちではないということだ。彼らは、平均的な星の周りにある三番目の岩は、パラントロプス・エチオピクスやアウストラロピテクス・アフリカヌス(二五〇万年前の地球上にいた初期人類)のすみかになっていると記録することになる。アンドロメダ銀河は非常に遠いので、私たちに見えるのは二五〇万年前の姿であり、それは反対に向こうから地球を見ても同じだ。距離が大きくなると、光は過去を見るための入口になるのである。

実を言えば、これに似たことは日常生活で起こっているので、私たちにもすでになじみがあるものだ。夏の暑い夜に雷がなるたび、聞こえているのは数秒前に起こった大気現象の音だ。雷雲が真上にあるときには、稲光が見えると同時に突然大きな音が響く気がするかもしれない。雷雲が遠ざかるにつれ、音と光はより長い距離を進むことになるが、光のほうが一〇〇万倍近く速いので、稲光が見えてから雷鳴が聞こ

＊5　太陽内部は、激しくかき混ぜられた大量の粒子が沸き立っているような状態なので、光子がそこをどうにか通り抜けて、コアから表面まで出てくるのに何十万年もかかることがある。[26] 光が光球を出発したのは八分前だが、コアを出発したのはもうちょっと前で、五〇〇億八分ほど前だ。

えるまでの遅れが大きくなっていく。光の速度がずっと遅かったらどうなっていたか考えてみることもできる。もし光が数秒間で一メートルしか進まないなら、月を今見上げると、アポロ11号のニール・アームストロング船長が人類で初めて月に降り立つところが見えるだろう。荒唐無稽な話に聞こえるが、私たちはこの性質を宇宙スケールで利用している。現在、一三〇億年もかかって地球に到達したシグナルを観察するための望遠鏡が建設中だ。これは、宇宙で最初に存在した星を探すための方法の一つである。遠い過去を見ることで、そうした星が形成され、誕生し、死ぬのを観察するのだ。

＊＊＊

この章では、光について、そして光がないことについて考えてきた。光にはさまざまな種類があり、電波から可視光をへてガンマ線へと連続的に波長が変化する、電磁スペクトルを形作っている。そうした異なる波長を使うことで、宇宙のさまざまな元素を見つけ出すことができる。それはX線を使って、人間の体内を見るようなものだ。星の内部は、その星が放つ光のパターン、つまり恒星スペクトルからわかる。スペクトルの強度を表すグラフの形は、その恒星の温度を明かしている。スペクトルの中の黒い線のパターンをみれば、恒星大気で光子を吸収し、スペクトルに黒い吸収線を作っている元素の種類がわかる。一方、光が進む速度は速く思えるかも知れないが、天文学的な距離を進む場合には、光の速度が有限なため、時差が生じる。私たちが見ている太陽は、八分前の太陽だ。そのため、ファーストスターを見るには、光が地球まで届くのに一三〇億年もかかるほど遠くを見ることになる。これには太陽系近辺よりもはるかに遠く、天の川銀河のはずれよりもずっと先、天の川銀河が属する局所銀河群よりもさらに遠い、宇宙の奥深くを見る必要がある。

私は少し前、大学の図書館の本に目を通していて、奇妙な献辞を見かけた。その本は天体物理学者のジョージ・ガモフが一九六四年に発表した著書『太陽という名の星』[27]だ。ガモフはその中で、「私の新しい著書を、以前の著書の思い出に捧げるのは、きわめて当然のことだ」と書いている。その「どうしようもなく時代遅れ」な著書が刊行されたのは、そのわずか二四年前だった。この献辞の精神にのっとって、地球に最も近い星の背後にあるものを探り、何についてどんなことがわかっているかを理解したところで、ここからはさらに先に進んで、未知のものと出会うための準備をしよう。

第2章　種族Ⅲの星はどこに？

　それは一九九七年か一九九八年ころだったと思う。私は店の防犯シャッターの下をニンジャのようにくぐり抜けるわざを身につけた。数カ月の間、私は土曜日になると必ず、ほかの大勢の子どもに混じって地元のデパートの前で開店を待った。シャッターが開く音がし始めたとたん、いっせいに駆けより、転がったり、はったりして一番にシャッターをくぐろうと争った。最初の関門を通過すると、飛び起きて、左に向かって店内を全力疾走し、おもちゃ売り場に駆けこむ。レジのすぐそばに大きな籐《とう》のバスケットがあり、その中にビーニーベイビーが山積みになっている。そこから手当たり次第につかみとっては、よくある種類は不要なので放りだし、レアな種類だったら大興奮して歓声をあげた。たとえば「ブリタニア・ビーニーベイビー」は、胸のところに英国国旗の刺繡《ししゅう》がついた、シンプルな茶色い熊のぬいぐるみで、とても価値が高かった。

　私はおかしくなっていた。この時期の自分のことは誇らしくは思えない。すでに持っている熊は同じ熊を買ったときの五倍くらいの値段をつけて青空市場で売り、自分のコレクションにない熊は取っておくという、資本主義に染まったことをしていたのだから、みっともないとさえ思う。ありがたかったのは、両親は熱狂する私に理解を示して、好きなようにお金を使ったり（あるいは稼いだり）するのを許してくれた上に、自分たちはかかわらなかったことだ。「ビーニーベイビー・バブル」は一年かそこらではじけて、私のコレクションは値打ちがなくなった。バブルがはじけても、私はたいした損をしなかったが、このぬいぐるみに数千ドルもつぎこんでいた人たちは違った。ビーニーベイビーに一〇万ドル以上をかけ、利益を大学の授業料にまわそうとしていた家族もいた[1]。ビーニーベイビー・バブルは、メーカー側がいくつかのデザインを人気のピークで「引退」させる戦略をとったせいで、商品が不足して、需要が急増し、価格が高騰して起こった。どんな美術コレクションにも、ほかのものより希少価値があって、秘蔵されている作品があるものだ。あるいは、おばあちゃんの切手帳から珍しい切手が新品状態で出てきたら、五〇万ポンド（約七五〇〇万円）になるかもしれない。とはいえ、投資というのは何かを収集する動機の一つにすぎない。楽しみのためだけに収集しているような人もいる。誰にでも、カエルグッズを収集しているおじとか、棚という棚に販促品のティーポットを並べている祖母がいるはずだ。よく調べてみれば、工事現場のトラフィックコーン、ブリキ製の箱、バービー人形、孫の手など、どんなものにでもコレクターが見つかる。英国南西部のデヴォン州には、数エーカーの森林地帯のあちこちに二〇〇〇体以上の小さな妖精《ノーム》の像が立っていて、入場料を払えばそこを歩き回れるという場所まであったりする。

私たちは何かを所有した瞬間から、それにより高い価値を認めたがるようになる。ものとのつながりがほぼ瞬時に生まれて、それを手放したくなくなるのだ。次のような実験結果がある。被験者のグループを二つに分けて、それぞれに異なるものを与える（与えるものは何でもいい。お金と宝くじとか、チョコレートとマグカップとか、マグカップと別のマグカップとか）。すると被験者はもらったものを大切に保管し、何をもらったかに関係なく、交換するのを嫌がることがわかっている[2]。これは「授かり効果」と呼ばれている。私たちには、ものを分類し、所有し、保管することを求める何かがあるのだ。英国の原子物理学者アーネスト・ラザフォードが、「科学には、物理学と切手収集のどちらかしかない」と述べたのは有名である。これには、たとえば生物学での、動物界や植物界を種や属、科などに分類する習慣をあざ笑う意味合いがある。同じ二〇世紀初頭、米国の天文学者エドウィン・ブラント・フロストは、恒星を門《もん》や綱《こう》といった階級に分けるという、いわば「恒星界」の分類体系を思い描いた。まだ生物の世界のような複雑なものにはなっていないが、分類学の考え方を恒星にあてはめることで、私たちはその構造をめぐってパラダイムシフトをもたらすような結論を出すことに成功している。

星の分類

私たちが身の回りの世界を分類し始めたとき、まずはシンプルな分け方をした。私たちのいる下界と、神々のいる天界だ。天文学が持つ文化的な重要性は、それが神話や伝説で果たしていた役割に根づいている。古代エジプトでは、ほかの何よりも太陽神ラーがあがめられていて、すべての生命の創造者として描かれていた。同じ大陸でも、カラハリ砂漠に住むサン人は太陽を死をもたらすものとして恐れている。彼らは焦げつくような暑さから身を守るために、地面に穴を掘り、その穴に排尿してから、砂をかぶって横たわり、拷問のような暑さが過ぎ去るのをじっと待つ(3)。分類された星々の集まりは、何かを伝えたり、注意をうながしたり、単に楽しませたりするための物語をしまいこむ場所になった。古代ギリシャでは、空のオリオン座は巨人の猟師オリオンであり、プレアデス星団はオリオンが追いかけたプレアデス七姉妹だ。イヌイットの伝説では、オリオンのベルトにあたる部分はそりで、ベテルギウスはそのそりが追いかけている熊だ(4)。オーストラリアでは、オリオンのベルトは片手鍋を表している。ベルトから下がる短剣が片手鍋の持ち手だ。現在でも、何かの出来事や人生の選択を、その人の星座だとか、惑星の配置の影響のせいにする習慣が広くみられる。惑星や恒星の運行が私たち個人の行動に影響している証拠はないことは、かなり昔に明らかになっており、その時点で占星術は科学的探求である天文学から分離している。

科学的探求としての天文学は、人間が抱える二つのニーズから生まれた。時間の測定と航海術である。どんな文化でも、太陽と月は時間の経過を示すために使われた。ヨーロッパ人の船乗りたちがアストラーベや六分儀のような天体観測装置を所有するようになるずっと前から、ポリネシア人は、太陽や月よりも遠くの星々が水平線から昇ったり、また沈んだりするのを使って太平洋を航行していた。そのため、星を絵に描き、分類して、地図にする習慣は何千年も前からあったが、成分や温度、サイズに基づいてグループに分けられるようになるには、「天体分光学」の登場を待つ必要があった。

星を分類しようという最初の試みが始まったのは一八六三年で、イタリアの天文学者アンジェロ・セッキが、星をスペクトルの見た目によって五つのグループに分ける「セッキの分類」を考案した。星は、スペクトルに吸収線が多い、吸収線が少ない、あるいは幅の広い吸収線があるなどの理由でグループ分けされた。これらのグループは星の色とだいたい一致していた。赤色の星は同じスペクトルを持ち、青色の星はそれと異なる種類のスペクトルを持っていた。

一八九〇年代になると、星の分類は工業化の時代を迎えた。ただしそこで使われたのは、私たちが知っているコンピューターではなく、「計算手《コンピューター》」と呼ばれた女性たちだった。女性たちが安い労働力とされたことで、ウィリアミーナ・P・フレミングは、ハーバード天文台の天体物理学者エドワード・C・ピッカリングの助手として職を得ることができた。フレミングは恒星スペクトルを調べて、水素の吸収線の強さによって星にアルファベットをふった。フレミングらはまず、水素が中心の星をA型、水素がそれよりわずかに少ない星をB型とし、アルファベットのQまで続く階級にした。これはかなり面倒な方法だったので、その後ピッカリングの助手になったアニー・ジャンプ・キャノンが一九〇一年に、この分類システムを温度の順序に編成し直して、似たような階級を統合した。[5]キャノンはかなり凄腕の計算手で、一時間に数百個というペースで恒星を分類し、最終的にアルファベットのついた階級を、OBAFGKMRNSという一〇の階級に改めて分類した（図8）。これを暗記するのに、天文学者は昔から「Oh Be A Fine Girl Kiss Me Right Now Sweetheart」（おお、美しい女の子になって、今すぐキスをして、愛する人）という文を使っている。*1 こうした階級はそれぞれ、温度に応じてもっと細かい数字の分類がつけられており、太陽はG2型になる。

ハーバード天文台の計算手たちが、何十万件もの恒星スペクトルを水素の吸収線の強さによって分類したことで、私たちは星をただ不思議に思うところから、切手コレクションのように分類する段階へと進んだといえる。しかし、こうした星のグループが生じる理由の科学的背景はまだ不明だった。星によって吸収線のパターンが異なるのはなぜだろうか。二〇世紀初めの科学者たちは、個別の吸収線の強さがどうであろうと、同じ吸収線があることは構成元素がどの星でも同じである証拠だと確信していた。それだけでなく、鉄のような元素が存在する点は、私たちの地球の構成成分と似ていると指摘した。太陽スペクトルに金属のスペクトル線が観察されると、科学者らは、地球と太陽スペクトルにはどちらにも同じ元素があるのだから、地球と太陽は同じ物質でできているはずだと結論した。吸収線強度の違いは温度の違いが原因とされた。一九二五年の段階では、地球も十分に加熱されれば太陽と同じスペクトルを持つようになる

＊1　ある教科書の著者（R・J・テイラー）は、「これが女性差別に思えるなら、Girl を Guy に代えてもいい」と書いて、読者を安心させている。

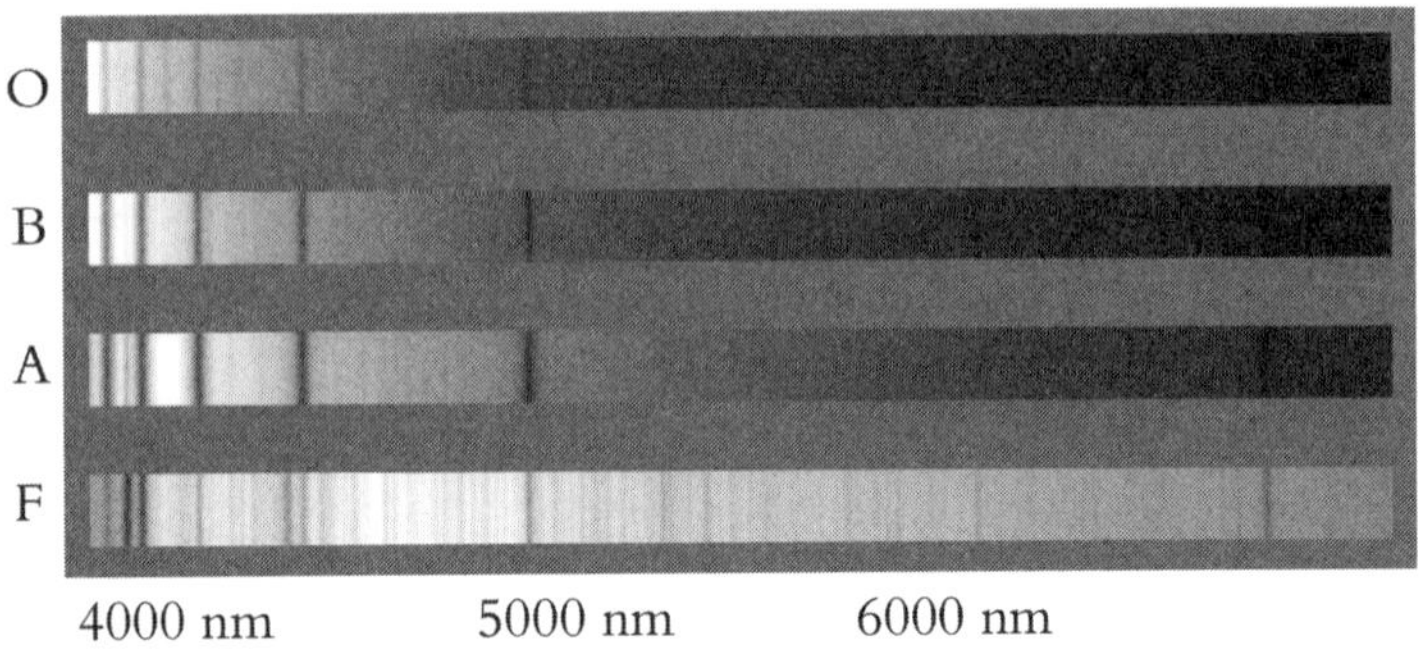

図8　恒星スペクトル。恒星分類のうちO型、B型、A型、F型のスペクトルの例。吸収線の数や幅が異なっている。

と考えられていた。つまり、恒星は非常に高温の惑星にすぎないというのだ。その年、セシリア・ペイン＝ガポーシュキンは博士論文で、その見方には同意しかねるという意見を述べた。正確に言うなら、その見方は正しくないという証拠をそっと示したのだ。ただしそのあとに、その証拠はあまりに突拍子もないので、もしかしたら間違っているかもしれないし、実際のところ、すっかり無視したほうがよいかもしれないと付け加えた。これは、博士論文が物事の理解に革新的な変化をもたらした珍しいケースだったが、発表当時はまともに評価されなかった。

視野を広げる

セシリア・ペイン＝ガポーシュキンは、同時代を生きた多くの人々の言葉を借りるなら、二〇世紀における真に偉大な天文学者だった。もっと面白いのは、彼女の娘による「独創的なニッター（編み物の達人）」という評だ。[6] 一九〇〇年にバッキンガムシャー州ウェンドバー（私の生まれ故郷からわずか八・五キロメートルほどだ）に生まれたペイン＝ガポーシュキンは、幼いころから天文学に興味を持ち始めた。五歳のときに流星を見て、自分は天文学者になると宣言した。そして、大人になるまでに研究することがなくなったら困るので、すぐに天文学者にならなくちゃ、とも言った。最初に本気で夢中になったのは植物学で、それは義理の大おばのドーラの影響だった。近くのチルターン丘陵を何時間も歩きながら、珍しい植物を見つけ、変わった花の目録を作り、植物の驚くような多様性の背後にある科学的な根拠について深く考えたりした。ケンブリッジ大学ニューナムカレッジに全額支給の奨学金を受けて進むと、そこで自らの関心を追求するつもりだった。しかし大学では植物学について、誰も彼女ほど深く考えていないことがわかったし、堅苦しいカリキュラムや、熱意や探究心に欠けた授業にはすぐに幻滅してしまった。そんなわけで、ラザフォードのような偉大な物理学者が宇宙の組成を見直したり、原子の本質を定義したり、量子力学とよばれる新たな学説についてひそひそ話をしたりしている物理学科の建物のほうに気持ちが向いたのは、当然といえば当然だ。当時は物理学者にとっては活気に満ちた時代で、物理的宇宙の本質について深く考えることができないなら、物理学者をやめたほうがいいと言われたくらいだった。ペイン＝ガポーシュキンはすぐに、物理科学のほうを熱心に勉強し始めた。

一九二〇年代に、物理科学という男性中心の分野に移ろうとすると、乗り越えなければいけない独特の問題がいくつもあった。ペイン＝ガポーシュキンは、階段教室に入っていくと必ず、彼女に向かって足を踏みならす音が聞こえたことをずっと忘れなかった。私は北アイルランドの天体物理学者ジョスリン・ベル＝バーネルから、その状況は彼女が大学にいた一九六〇年代でも変わっていなかったと聞いてうんざりしたことがある。しかし、ペイン＝ガポーシュキンは屈しなかった。実習授業の担当教師が、電磁気実験にコルセットが干渉するといって激怒して、女子学生にコルセットを外すように怒鳴るのにも耐えた。そんな状況で、彼女のもとにアーサー・エディントンの講義を聴講するための無料券が直前になって回ってきた。講義のテーマは、相対性理論の正しさを確かめるためにおこなった、一九一八年のブラジルへの皆既日食観測遠征だった。この相対論にかんするエディントンの講義は、ペイン＝ガポーシュキンに計り知れない影響を与えた。

結果として、私の世界観はすっかり変わった。（中略）自室に戻ったとき、講義の内容を一言一句書き出せることに気づいた。（中略）おそらく三日間、まったく眠らなかった。自分の世界があまりに大きく揺さぶられたので、神経衰弱のようになった。（中略）私は生物学とは手を切って、物理科学に専念した。永遠に。

この本で皆既日食が何度も出てくるのは、皆既日食は、私たちの研究対象そのものを見えなくしてしまうにもかかわらず、途方もない影響力があるからだ。一九一八年の皆既日食が私たちにもたらしたのは、相対論の証明だけでない。天文学における最も偉大な人物のひとりが、地上の植物から目を離して星々を見上げ、太陽についての理解を書き換えるきっかけを作ったのだ。

ペイン＝ガポーシュキンは天文学に不屈の決意で取り組んで、ケンブリッジ大学を卒業した。そして英国には、コルセットをしていようといまいと、女性天文学者に就職の機会はないと言われると、米国のハーバード大学に向かった。真のルネッサンス的教養人だったペイン＝ガポーシュキンは、数カ国語を堪能に、あるいはそれに近いレベルで話すことができ、アイスランド語まで話せた。クラシック音楽の演奏もうまく、ハーバード天文台にオーケストラがないとわかると、そこに自らのオーケストラを設立した。[*2] 彼女は何をするにも一生懸命で、徹底していた。ドイツで仲間の科学者が迫害されていると聞くと、米国への移住を助けた。政府が戦争遂行努力として、国民に食料の自給自足を呼びかけると、裏庭でジャガイモを数株育てるにとどまらず、小農地を買って、野菜を育て、七面鳥を飼い、手に入るものを何でもピクルスにした。戦争が終わるまでに、鶏の卵を五万個寄付した。ペイン＝ガポーシュキンは何をするにも中途半端ということがなかった。

そんな立派な成果や風変わりな行動も、彼女が科学研究であげた業績と比べれば色あせる。一般的に博士課程というのはトレーニングプログラムであって、最新の研究を理解し、特定分野の専門性を身につけることを目指す期間なのだが、ペイン＝ガポーシュキンは、いかにも彼女らしい熱心さで博士課程に打ち込んだ。何週間も、そして何カ月も休みなしに研究をした。そんな様子があまりに続くので、母親が博士課程の指導教官に手紙を書いて、娘に無理にでも休暇を取らせて欲しいと頼んだほどだ。ペイン＝ガポーシュキンの研究は、それ以前におこなわれた恒星分類システムについての研究を足場としていた。彼女の研究で画期的だったのは、原子の電離状態にかんする新理論を恒星スペクトルに応用したことだった。そうすると、吸収線の強さは、原子の存在を直接的に示すものではなく、原子の電離状態をうかがわせる兆候だということがわかった。原子は中心にある原子核と、その周りの電子からなる。加熱したり、圧力をかけたりすると、電子が原子核から引き剝がされる、電離というプロセスが起こる。電離した原子はイオンと呼ばれ、より完全に近い原子とは異なる吸収線をもたらす。電離理論を恒星スペクトルに応用することで、ペイン＝ガポーシュキンは星にあるさまざまな元素の相対存在度をより正確に推定することができ

＊2　これはおそらく、グスタフ・ホルストの影響によるところが大きいだろう。ホルストは、ペイン＝ガポーシュキンが人格形成期に通っていた学校の教師だった。彼女は音楽に情熱を抱きつつも、いつのまにか天文学に心を動かされたのは当然だろう。グスタフ・ホルストは組曲「惑星」の作曲者だったのだから。

た。

ペイン＝ガポーシュキンは二年がかりで、スペクトル内の明確な吸収線を細心の注意を払って見つけ出し、そうした吸収線が示している原子の電離状態を解明した。彼女の分析結果が示していたのは、太陽は炭素や水素、ヘリウムのような地球でも見つかる元素を含むが、そうした元素の存在比がまったく異なるということのようだった。それによると、星に含まれる金属の量はとても少なく、水素はその約一〇〇万倍あった。一九二五年の天文学者にとって、これはあまりにおかしな話に思えたため、証拠がそろっていたにもかかわらず、この結果は理論を観測に適用する方法が間違っているせいだとされた。同時代の天文学者ヘンリー・ラッセルは、「目下の理論には何か重大な問題があると確信している。水素の存在比が金属元素の一〇〇万倍もあるというのは明らかにありえないことだ」と言っている。ペイン＝ガポーシュキンは研究結果を論文にするにあたって、星における水素とヘリウムの存在比が「ありえないほど高く、実際の値ではないのはほぼ確実だ」と付け加えて表現を弱めている。[7][8]そうした限定的な書きかたをしても、その予想外の結果を発表したことで彼女の評価には傷がついてしまった。就職を希望していた先の研究者は、彼女の採用を検討できない第一の理由は女性だからだが、彼女の論文を読んで「ひどくがっかりした」からでもあると語った。私はラッセルを責めたり、ペイン＝ガポーシュキンが自分の意見を守り抜かなかったことをいさめたりしたいのではない。当時の状況でみれば、それは確かに奇妙な研究結果だったし、特に冷静な科学者でも、自分に刻み込まれた世界観とそこまで徹底的に食い違う証拠を前にすると混乱してしまうものだ。そのことは、最も有名な物理学者であるアルベルト・アインシュタインが、宇宙が膨張しているという結論を回避するためにどれだけのことをしたかを考えればすぐにわかる（本書七〇ページ）。

やがてペイン＝ガポーシュキンはほかの研究テーマに移ったが、それからの数年で、彼女の発見を裏付けるような別の補完的な証拠が積み上がっていった。ほんの数年後にラッセルは、星の主な成分が確かに水素であると発表する論文を出した。それでも、残念ながら当時は、このテーマについてのペイン＝ガポーシュキンの先駆的な研究が業績として認められることはほとんどなく、ラッセル自身が彼女の研究結果は間違いだと強く主張していたことを指摘する声もあがらなかった。娘の話によれば、ペイン＝ガポーシュキンはつねに歯に衣着せぬ言い方をし、悔しさや嫉妬を隠すこともなく、そしてものごとについて感じたことをはっきり言うことで、いつも信頼を集めていたという。

若い人たち、特に若い女性たちからアドバイスを求められることが多い。私のアドバイスは、本質的な価値を求めよ、だ。名声やお金を求めて科学研究の道に進んではいけない。そういうものを手に入れるのならもっと簡単でよい方法がある。ほかのものでは満たされないときにだけ、その道に進みなさい。おそらく受け取るものはほかに何もないのだから。その道を上っていくにつれ、視野が広がっていくことが見返りだ。そしてその見返りが得られるのだから、ほかのものは欲しくならないだろう。(9)

ペイン＝ガポーシュキンとラッセルのおかげで、天文学界は、宇宙で最も軽い元素である水素が星の主成分だという事実を受け入れ始めた。

星の家族写真

色と光度の違いを調べてみると、星はいくつかのグループにきちんと整理される。そこから私たちは、星を静的な存在としてではなく、進化する存在として理解できるようになった。ヘルツシュプルング・ラッセル図（HR図ともいう。前述のヘンリー・ラッセルにちなんでいる）〔訳注：「ヘルツシュプルング」は、デンマークの天文学者アイナー・ヘルツシュプルングにちなむ〕は、横軸を星の色（スペクトル型）、縦軸を光度として、それぞれの星を縦軸と横軸に対応する点で表したグラフだ（図9）。銀河や星団のような星の集団を選んで、それぞれの星をHR図上に描き入れると、グラフ全体に均等に散らばるのではなく、群れになったり、列になったりする。これは、私たちが星の集団を見るとき、見えているたくさんの星はどれも一生の異なる時期にあるからだ。星にはライフステージがあり、星の特性はその分類に、つまり家族や世代を分けるのに役に立つ。ペイン＝ガポーシュキンは特定の星を友達と呼び、どこか擬人化していたことが知られている。私にはその理由が理解できる。星の集団を見ているとき、実はその進化の一瞬を切り取っているのだ。私たちは、人間の一生がどのように進んでいくかをよく知っているので、親戚が集まって写真を撮影するときには、誰が新しい人間で、誰が古い人間か、誰と誰が一番血縁関係が近いのかがわかる。人間を赤ちゃん、子ども、一〇代の若者、若い成人、中年、高齢者というふうに、大雑把にグループ分けすることは可能だ。星の場合は、その集団を見ても、どの星が別のどの星とともに成長したのか、どの星が死にかけているのかを理解するのは難しいが、HR図には、年齢によって異なる群れや列として現れてくる。それぞれの列や群れは、星の異なるライフステージを表しているのだ。星を静的な形で表すのは、私には間違ったことに感じる。星は、ガス雲の崩壊が始まった誕生の瞬間から、激しくなりがちな最期のときまで、進化し続ける存在なのだから。

HR図の構造を最も基本的なレベルで分析すると、主系列とよばれる列がグラフの中央を対角線上にのびているのがわかる。大半の星は一生の九〇パーセントの時間をこの主系列上で過ごす。星が主系列上の

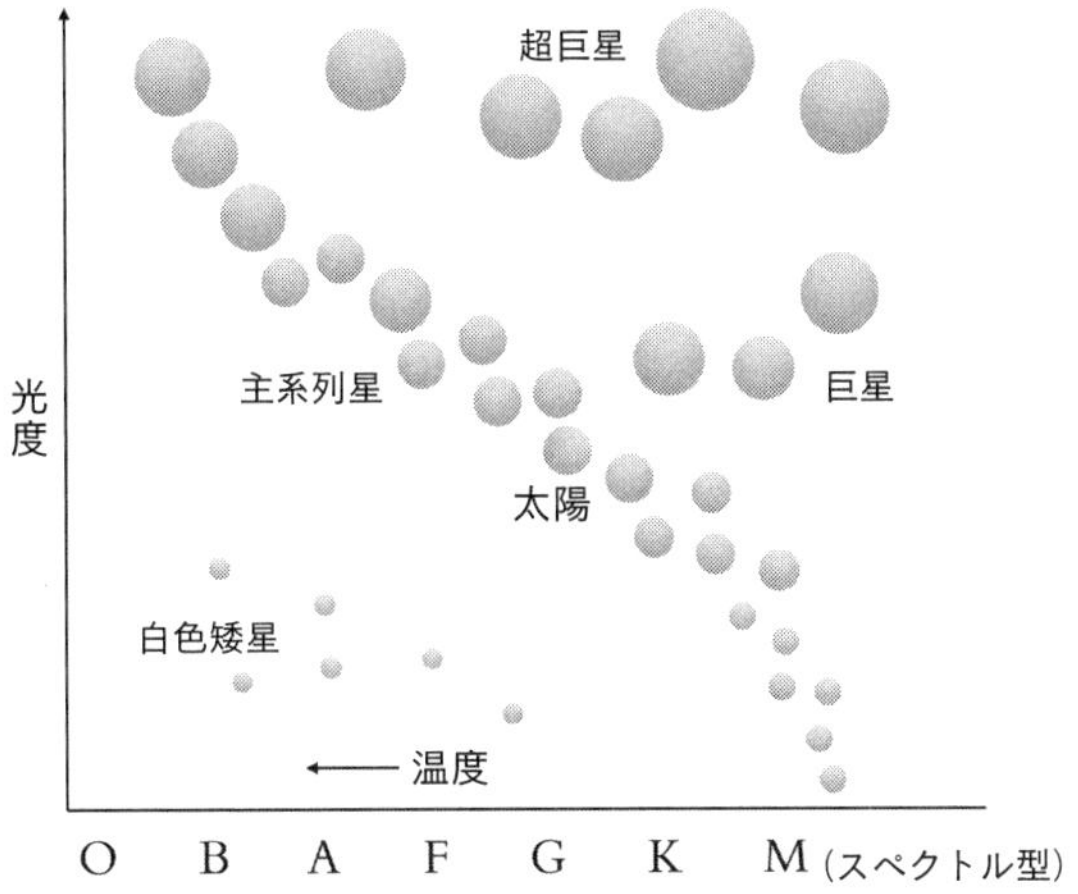

図9　ヘルツシュプルング・ラッセル図。若い星の集団では、大半の星が主系列上にある。年齢の古い集団では、質量が大きい（より高温の）星のほとんどが主系列から外れ、巨星か白色矮星になっている〔訳注：横軸上の「温度」は左にいくほど高温という意味〕。

どこに位置するかは、その星の質量、すなわち温度によって決まる。太陽のようなタイプの星は主系列上に約九〇億年間とどまり、太陽の場合はそのうちの約四六億年が経過したところだ。中間的な質量の星はやがて、主系列から赤色《せきしょく》巨星のフェーズに移行して、膨張を始める。その膨張は、太陽が赤色巨星になったら、ほぼ地球軌道まで到達するほどだ。その後どうなるかは、星の質量によって違ってくる。質量が小さいほうであれば、エネルギー源を使い果たして、あとには白色矮星《はくしょくわいせい》という小さな残存天体ができる。質量が大きいほうなら、超新星爆発を起こしてばらばらになり、銀河内のほかの星の全エネルギーに相当するエネルギーを一気に放出する。恒星のコアが超新星爆発を生きのびると、中性子星として永遠の隠退生活に入る。中性子星は密度が非常に高く、小さな都市のサイズの球体に太陽二個分の質量が詰め込まれている。この爆発を生きのびた残存天体の質量が特に大きければ、それ自体の重力を支えられずに完全に崩壊し、ブラックホールになる。星がこうした進化の経路をたどる速度は、恒星質量によって決まっている。したがって、とても古い星の集団を観測したら、その中にある大質量星のほとんどはすでに主系列の大質量側から消えていて、赤色巨星フェーズに入っているか、そのフェーズを終えてしまっているだろう。それは家族写真と同じことだ。三〇年後の写真を見たら、年長の家族の数人は高齢者世代になっているか、悲しい話だが、もう写真の中にはいなくなっているだろう。

一九四四年にウォルター・バーデは、星を銀河の中心からの距離によって二種類に分けることができるとともに、それぞれのＨＲ図がまったく異なることに気づいた。[10][11] 渦巻銀河には一般的に、星が集まっている「バルジ」という中央部分と、渦状腕《かじょうわん》構造がある「円盤」部分があり、その周囲を星がまばらに広がった「ハロー」構造が取り囲んでいる。バーデは、太陽系の近く（すなわち天の川銀河の円盤内）にある星と、天の川銀河ハローにある遠い星の集まりではＨＲ図が異なっていること、一方でこれらと同じＨＲ図が、アンドロメダ銀河の円盤とハローのデータにも現れることを発見した。年齢が古いハロー星は進化によって主系列から外れ、円盤内の若い星とは異なるＨＲ図になるという観測結果から、バーデは若い星をⅠ型星、年老いた星をⅡ型星と分類する説を初めて発表した。[12] この二種類の星の間で違いが最も大きいのは、年齢と、金属元素のスペクトル線の強度のようだったが、この違いの物理的な原因は不明だった。

セシリア・ペイン＝ガポーシュキンの研究のおかげで、太陽の成分は地球とは異なっていて、主に水素からなるという考えは、科学コミュニティーに広まっていた。一方、太陽の成分は地球とは違うがほかのあらゆる星とは同じだというのが、一九五〇年代までの定説だった。スペクトル線の強度の違いは、温度の違いのせいにすぎないと理解されていたが、これは実際には誤りだった。一九五〇年代になり、金属のスペクトル線があまりに弱くて、太陽との温度の違いだけでは説明しきれない「金属欠乏星」が発見された。ここから誕生したまったく新しい分野が恒星考古学である（この分野については第7章で詳しく紹介する）。金属スペクトル線が弱いことは、そもそも金属含有量がほかの星より少ないことを示しており、星には若い星と年老いた星の二種類あるという説を考えあわせると、宇宙に存在する金属量は時間とともに増えることを意味していた。年齢が古いタイプIIの星は、若いタイプIの星よりも金属含有量が少なかったのである。これによって、水素やヘリウムより重い金属元素は星の内部で作られ、星の爆発によって宇宙に拡散するというストーリーが初めて明らかになった。若い星は、この爆発でまき散らされた金属を含んだガスから形成されるので、金属含有量が多くなる。炭素や鉄、窒素を作り出す星がなかったら、私たちは存在しなかっただろう。米国の天体物理学者カール・セーガンの言葉にあるように、「私たちは星くずから作られた」のである。

星の種族

こうした恒星の分類は現在でも使われているが、I型、II型ではなく、種族I、種族IIと呼ばれている。種族Iの星は若く、金属を豊富に含み、銀河円盤で最もよく見つかる。太陽も種族Iの星だ。種族IIはそれよりも古くて、金属含有量の少ない星であり、銀河を取り囲むように星がまばらに分布するハロー領域や、銀河の中心部にあって、星が集まっているバルジにまとまって存在している。二〇世紀前半には、「恒星」についての認識が少しずつ変化していった。地球によく似た存在から、太陽とよく似た存在、そして最終的には多種多様な天体の集まりへと、私たちのとらえ方が変わったのである。星にはさまざまな色や構造、大きさ、成分のものがある。若い星や古い星もあれば、ありふれた星もあり、珍しい星もある。そして最も珍しい星こそ、私たちの恒星コレクションを完成させるのに必要なものだ。二〇世紀後半に天文学者らは、ビッグバンでは、私たちが目にしているあらゆる元素の合成はできなかったこと、そして星が元素合成にかかわっていなければならないことに気づいた。この結論はさらに、宇宙誕生直後には、金属含有量がずっと少なく、実際には金属をほとんど含まないガスが存在していなければならないことを意味した。そこで出てくるのが、金属を含まない始原的なガスから形成される星のカテゴリー、種族Ⅲだ。種族Ⅲの星は、ファーストスターやゼロ金属星とも呼ばれ、この本ではこれらの用語を同じ意味で使う。種族Ⅲの星は理論的な概念として登場したもので、私は今でもそう考えている。それが存在することは、初期宇宙についてのこれまでの観測や、宇宙の化学的進化についての理解から論理的に導き出されるが、私たちの理論を裏付けるような観測結果はまだない。この理論のアイデアが生まれたときから天文学者らは探索を続けているが、そうした星は今のところ、詳しい観測から逃れている。

＊＊＊

学問の世界には、論文タイトルが疑問文だったら答えは必ず「いいえ」だから、中身のない文章をわざわざ全部読む必要はない、というジョークがある。一九八一年に米国の天体物理学者ハワード・ボンド教授がある論文を発表したとき、タイトルは「種族Ⅲの星は見つかったか？」としてもよかった。その答えは「いいえ」だっただろう。ボンド教授は代わりに、「種族Ⅲの星はどこにあるのか？」というタイトルにした。(13) このタイトルが突きつけるのは、「はい」か「いいえ」ではなく、いらいらとした戸惑いだ。ゼロ金属星の探索はボンド教授の博士論文のテーマだった。ボンド教授は長年かけて、当時の種族Ⅲの定義だった、金属量が太陽の一〇〇〇分の一以下の星を求めて、空の半分以上を探していた。その探査ではたくさんの成果があり、太陽の金属量の五〇〇〇分の一や、それ以下というかなり興味深い星が見つかった。

しかしその数はそれほど多くなかった。そして一〇〇〇分の一以下という、種族Ⅲとの境界線を越える星は一個も見つからなかった。私は最近、ボンド教授と話をしたときに、この論文タイトルに憤りの気持ちがどのくらい込められていたのか質問してみた。

空のだいたい半分は探索してきた。(中略) そして最終的に書いたのは、[低金属量の] 星は実際には、たとえ存在するとしても非常に少ないという結論の論文だ。(中略) そう、とにかくがっかりしたよ。そうした星を探すのに全力をあげてきたあげくが、よくいうだろう、干し草の山の中から針を探すようなものだったのだから。そんなわけで、私はただ「いったいどうやったらこれを理解できる?」と言いたかったんだ。(中略) 研究を始めたばかりのうぶな学生だったころは、こういう星は適切な観測手段を使えばすぐに見つかると思っていた気がする。そして実際に見てみたら、そんなものはどこにあるっていうんだ? そういう星はない。(中略) 私はこの素晴らしい星を見つけようとしていた。(中略) しかしそんな星はないんだ。

ボンド教授は、「種族Ⅲの星はどこにあるのか?」という論文タイトルは、以前参加した学会で聞いたフレーズをそのまま持ってきたのだと説明してくれた。学会参加者の一人だった、米国の天体物理学者アイヴァン・キングが「科学スキャンダル」というタイトルで発表をして、そのなかで未発見のファーストスターの謎がスキャンダルの一つとして取り上げられたのだった。私はこの「科学スキャンダル」という表現がとても気に入っている。宇宙が隠蔽工作か何かをしているみたいに聞こえるからだ。ただしある意味では、その駆け引きでは私たちは探偵役を押しつけられてきたといえる。天文学の世界では、答えが上手に隠されていることはあまりない。星や銀河はそんなに小さくないのだから。よくあるのは、答えは見えるところにあるのに、大量のデータに埋もれているケースだ。そこから数字の列をいくつか選《よ》り分け、天体のありかを明かす暗号のほころびを見つけ出すのが私たちの仕事だ。

二〇二〇年の時点で、ファーストスター探索は熱心に続けられている。ボンド教授の観測手法は確かなものだが、ある程度の明るさの星まで、つまりある程度の距離までしか探せないので限界があった。一方、現在の観測手法ではもっと深く掘り進めて、ほかの銀河の星まで調べられる。さらにファーストスターを直接探すだけでなく、その足跡をたどるために、ファーストスターが周囲の環境に与える影響を検出して、ファーストスターそのものの特徴を推定するという方法も取られている。種族Ⅲの星は、売り切れになったレアなビーニーベイビーや、切手コレクションにない未使用のペニー・ブラック〔訳注：世界最初の切手〕のようなものだ。見つけるには、斬新なアイデアと、リソース、そしてスタミナが必要になる。

そして一番良いのは、宇宙の誕生から話を始めることだ。

第3章　鳩とビッグバン

この物語にまず登場するのは鳩、正確に言えば二羽の鳩だ。都会では鳩は迷惑がられていて、米国では一番の害鳥とされている。世界全体で約四億羽の鳩がいる。実際、今も窓の外には八羽の鳩が見える。私の出身地では、鳩のことを「翼のあるネズミ」と呼んでいるが、実は世間で思われているほど頭が悪くはない。「bird-brained」（鳥のような頭の）という表現は「まぬけ」の意味だが、鳩がまぬけというのが間違いであることを証明する研究は、これまでに驚くほどたくさん報告されている。鳩が異なる画家の絵を区別した例[1]、言葉を認識した例[2]、数を九までかぞえられる例[3]の報告があるし、X線画像で悪性腫瘍を見分けることまでできる[4]。鳩の優れた点として一番有名なのが帰巣能力で、自分の巣への最大一〇〇〇マイル（約一六〇〇キロメートル）もの距離を、最も速い鳩では時速六〇マイル（時速九七キロメートル）で飛行する。鳩がレースに向いていることもよく知られていて、二〇一九年のオークションでは、レース鳩のアルマンド号が一〇〇万ポンド（約一億五〇〇〇万円）を超える額で落札された[5]。そうした帰巣能力は、数千年にわたる選択的な交配によって磨きあげられてきたもので、その理由は、ツイッターや携帯電話が登場するはるか前の時代に、メッセージを伝えるには鳩が最も速かったからだ。古代オリンピックの結果だとか、ユリウス・カエサルのガリア征服や、ワーテルローの戦いでのナポレオンの敗戦などの知らせは、すべて伝書鳩によって伝えられたとされている。[6] もっと最近では、第一次世界大戦と第二次世界大戦ではヨーロッパ中で、重要な諜報活動任務の一環として軍用鳩がメッセージを運び、多くの命を救ったが、その陰に鳩たちの犠牲がなかったわけではない。二度の世界大戦で命を落とした軍用鳩は二万羽にのぼる。[6]
一九一八年には、シェールアミ号（フランス語で「親愛なる友人」の意味）という軍用鳩が、視力を失い、胸を撃たれ、片方の足は筋一本でぶら下がった状態ながら、四〇キロメートルの距離を飛行した。直前に二羽の鳩が撃ち落とされながらも、シェールアミ号が運んだ「われわれは二七六・四（原文ママ）と平行な道路を進んでいる。味方の砲兵隊はわれわれに向けて砲火射撃をおこなっている。頼むからやめてくれ」というメッセージのおかげで、味方による攻撃が止まり、一九四人の命が救われた。[7] 英国のディッキンメダルは、戦争に参加した動物に授与される最高位の勲章で、これまでに、G・I・ジョー号といった勇敢な鳩を含め、三二羽の軍用鳩がこの勲章を受けている。また少なくとも一羽、マリー・オブ・エクスター号には、その名を刻んだ小さな記念碑まで建てられている。[8] なぜこんな話をするかといえば、歴史のどこをみても、いつも近くに鳩の姿があるからだ。

白い誘電性物質

一九六四年、米国人天文学者のロバート・ウッドロウ・ウィルソンとアーノ・アラン・ペンジアスは、口径六メートルの方形ホーンアンテナに巣をかけていた、二羽の鳩をどうするべきか頭を悩ませていた。ニュージャージー州のベル電話研究所に設置されていた、このホルムデルホーンアンテナは、その五年前に人工衛星との通信用の導波管として建設されたものだった。アイスクリームのコーンを横向きにしたような奇妙な形によって、地上から発せられたり、反射されたりしたシグナルを遮断し、人工衛星への明瞭な通信チャンネルを確保するしくみになっている。電波は、地球の電離層（大気上部にある荷電粒子の層）でちょうど反射される波長にあたる。そのおかげで、電波を電離層で意図的に反射させて、地表の遠方にあるアンテナに送信することができる。これはスコットランド北部のハイランド地方に住んでいる、BBCラジオ4のリスナーにとってはありがたい話だ。しかしそれが天文学者には不利になる。ラジオドラマ『ジ・アーチャーズ』の最新話が、天文学者が待ち望んでいる宇宙からのシグナルをかき消すことになるからだ。その点で、ホルムデルホーンアンテナは空の狭い範囲から届く電波だけを受信するため、地上電波の干渉を受けずに天文観測をおこなえる、とても優れた装置だった。

ペンジアスとウィルソンがこの通信アンテナを電波望遠鏡という別の目的に使うことにしたのは、天の川銀河の周りにはぼんやりとしたガスハローが存在するという説を提唱した、ウィルソンの博士論文を裏付ける観測のためだった。地上由来の無用なシグナルがあるなかで、かすかな背景シグナルを測定できる装置がウィルソンにはなかった。それを変えたのがこのアンテナだった。ふたりが測定対象としたのは周波数一四二〇メガヘルツのシグナルだった。水素を成分とするハローが存在するなら、必ずこの周波数で電磁波を放射しているからだ。ところが、このホルムデルホーンアンテナを前回使った人が、受信周波数の設定を四〇八〇メガヘルツのままにしていて、それがたまたま、ウィルソンが存在を予測していた天の川銀河ハローが見えない周波数だった。そこで、この周波数で望遠鏡のヌルテストを実施したのが、偶然の発見《セレンディピティ》のきっかけだった。ヌルテストとは、望遠鏡の状態を点検するために、受信周波数を何のシグナルも受信しないと予想される周波数に合わせて、測定値がゼロになるのを確認するものである。一九六四年六月、ふたりは望遠鏡を空に向けて、装置内や空にあることがわかっている電波源からのシグナルを差し引いたうえで、測定値がゼロになることを期待した。ウィルソンの言葉によれば、「私たちが予想していたことの一つは、宇宙からの電波強度がゼロを示すことだった。(中略) それは大きな間違いだった[9]」

ペンジアスとウィルソンが測定した電波強度は、予想していたゼロではなく、絶対零度より三・五度高い値になった。つまり三・五Kだ〔訳注：電波強度は温度に換算できる〕。人工的な電波発生源の影響を取り除くため、ふたりは近くにある最大の人口密集地、ニューヨークに望遠鏡を向けた。観測された電波がテレビやラジオなど人間活動の副産物なら、その活動が集中している場所を望遠鏡で観測すれば、電波はさらに強くなるだろう。ところが、望遠鏡を向けても、温度は三・五Kのままだった。ふたりは望遠鏡の内部構造を調べて、この迷惑な電波の発生源を探したが、それでも電波は消えなかった。それは空のあらゆる方向から届いていた。シャーロック・ホームズに「ありえないことをすべて取り除いてしまえば、あとに残ったものが、どんなにありそうもないことでも真実なんだ[10]」という有名なせりふがある(アーサー・コナン・ドイル『四つの署名』、駒月雅子訳、角川文庫、二〇一三年)。ペンジアスとウィルソンが、すぐに思いつくようなことはすべて試してしまったすえに、ありそうもないことを検討し始めたのは当然だった。実はアンテナのホーン部の一番奥は観測室につながっていて、その温かい部屋に近いところに二羽の鳩が巣を作っていた。この鳩のせいで、アンテナ内部はペンジアスが「白い誘電性物質」と上品に言い表したもので覆われていた。つまり鳩の排泄物《はいせつぶつ》だ。誘電性物質は電気を通しにくく、電波シグナルの干渉の原因になる可能性がある。ペンジアスとウィルソンが観測範囲を変えるたびに、アンテナ全体が回転し、遊園地の遊具のように鳩たちをぐらぐらと揺さぶるのだが、このつがいは粘り強さをみせていた[11]。居心地の良いねぐらではなかったはずだが、鳩はつがいの相手を一生替えないといわれており、彼らが我が家としたのがこの望遠鏡だったわけだ。

この鳩は捕まえて箱に入れられ、ウィルソンの話によれば、鳩愛好家のもとに送られた。しかしこの鳩愛好家は送られてきた鳩を見て、血統もないただの鳩だとわかると、空に放してしまった。(9) アンテナから白い誘電性物質を取り除いてから二日後には、同じ鳩たちが、春の大掃除のすんだ愛の巣にさっそく戻ってきてしまった。本当にたいした帰巣本能だ。ペンジアスがそのあとの展開を詳しく語っている。

> 最終的には……この方法も私は気に入らなかったが、その鳩たちを駆除するには、散弾銃を使うのが苦痛を最も与えない方法だという話になった。私たちは散弾銃を用意して、かなり近距離から構えて、一息に殺した。楽しいことじゃなかったが、正しいことだという気がした。ジレンマから抜け出すにはそれしかないと思えた。(12)

この二羽の鳩たちをめぐるエピソードはとても有名で、ワシントンDCの国立航空宇宙博物館に行けば、捕獲に使われたわなの実物を見られるほどだ。私は、この話の前半だけを学部学生のころから知っていたので、この本を書くためのリサーチの中で、ハッピーエンドを期待しつつ、鳩がその後どんな運命をたどったのか調べてみた。少なくとも、それはすぐにすんだ。*1 ペンジアスとウィルソンは望遠鏡をきれいにして、電源を入れた。今度は鳩なしでの測定だったが、やはり三・五Kを示した。変化なしだ。それまで一年の観測で、その電波が時間帯や季節によって変わらないことは確認されていた。人間活動や、装置の故障、鳩の糞のせいでその電波が発生している可能性も除外された。それなら、この電波は何なのか？　ペンジアスとウィルソンは散弾銃の小さな発砲音《スモールバン》が問題に片をつけると考えたが、実は彼らはビッグバンの

*1　すぐにすんだのは鳩の処分のほうで、私のリサーチには時間がかかった。

残光を検出していたのである。

ビッグバン

宇宙はあらゆる物質が詰め込まれた密度が無限大の点から始まり、そこから時空が外向きに爆発して（ビッグバン）、私たちが現在見ている宇宙を膨張させた。そんな飾り気のない説がビッグバン理論だ。ビッグバンというものをそんな風に要約して一つの文で表すことはできるかもしれないが、それは人間の脳が簡単に受け入れられるような考え方ではない。ビッグバンという考え方が登場した当時、高名な科学者たちはこの説に激しく反対したが、それは無理もない。私にとって、そしてほかの多くの科学者にとってもそうだと思うが、ビッグバンはひどく不合理であると同時に、十分に説得力のある説だ。無限というものを思い浮かべる能力はないが、否定しがたい証拠を受け入れることならできる、三次元ベースで考える物わかりの悪い私たちの脳に押しつけられてきたのが、この理論なのだ。アインシュタインでさえ、この宇宙が静止状態にないとする考え方には手を焼いた。アインシュタインが一般相対論を考えたとき、彼の方程式からは宇宙が膨張するという答えが自動的に出てきてしまうので、宇宙を膨張させず、すべてを静止状態に保つために、方程式に「宇宙定数」という項を追加したのは有名な話だ。[13] ビッグバンという考えを、いわば非常識だとか、あるいは無意味とさえ思っても、後ろめたく思わなくていい。アインシュタインもそう思っていたのだから、気にすることはない。では、ファーストスターの物語にとってビッグバンが重要なのはなぜなのだろうか。

私が地球上にある自分のオフィスで椅子に座り、外の夜空を眺めていると、もっともな疑問が一つ頭に浮かぶ。ファーストスターは本当にあったのだろうか？　私の周りに広がる宇宙は、整然としていて、変わらないように見えるではないか。ときには私たちは日食を楽しむし、金星がいつもより明るく見える日もある。ハレー彗星はときどき、旧交を温めるために地球に戻ってくる。しかし、人間一人の人生の間では、その最初から最後まで宇宙はほとんど変化しない。それは一四歳の夏休みにちょっと似ている。あなたにも覚えがあるだろう。毎日、バッグに軽食と、本を一冊、そしてお菓子を買うお金を入れていると、出かける用意をした友達が自転車で門の前にやって来る。鳩にパンを投げてやったりしながら過ごす毎日は、永遠に続くように思えたはずだ。想像もできないようなタイムスケールに満ちた宇宙の中で、ちっぽけな私たち人間はそんな夏休みを過ごしている。現在の宇宙が、過去にも未来にも同じように存在していた、つまり宇宙は静的で、進化しないというのは自然な考えだ。そう考えた場合、星はいつでも存在していたので、ファーストスターがいつ誕生したかという疑問は無意味になる。

光の赤方偏移と青方偏移

アクション映画の爆発シーンを見ると、たくさんのことが起こっている。破片が外向きに飛び散って、登場人物は爆発の熱を感じ、まぶしい光に背を向ける。地球で穏やかな一日を過ごしていると、こうした現象は私の知っている安全で予測可能な宇宙に似合わないように思うが、それは私が間違ったタイムスケールで比較しているからだ。私は、宇宙での爆発を最初から最後まで見ているわけではなく、一生のうちに、その映画の一フレームを見ているにすぎない。物事が変化していないように思えるのは、八〇年あまりの間には、宇宙はほとんど気づかない程度しか膨張しないからだ。しかし膨張は実際に起こっており、測定することもできる。アンドロメダ銀河の画像を見る場合、まぶしい爆発とともに一生を終えた奇妙な星〔訳注：一八八五年にアンドロメダ銀河で発見された超新星ＳＮ　１８８５Ａのこと〕を別にすれば、二日後や二年後に撮影した画像と比べてもほとんど同じに見えるだろう。物体の移動速度を認知する能力は、その人が置かれた状況によって違ってくる。空港で飛行機の離陸を見ているときには、飛行機は速く見える。一方で、はるか遠方にある飛行機が地平線を越えていくのを見ている場合、その速度はずっとわかりにくい。銀河はあまりに遠く、あまりに大きいので、私たちはその運動を正しく認識できない。それでも銀河は確かに動いている。

どの星にも、固有のバーコード、つまりスペクトルがある（本書三二ページ）。星からは幅広い波長の光が放射されていて、そのスペクトルに生じるギャップ（吸収線）は、その星の大気中に特定の元素が存在することを示す。同じことは銀河にもいえるが、銀河はたくさんの星間ガスや星間ダストも含んでいて、それらも特定の波長の光を吸収する。ある銀河が、主に種族Ⅲの星からなっていて、それよりも若く、炭素などのより重い元素を含む種族ⅠとⅡの星はわずかしかないとしよう。その銀河のスペクトルには、金属の吸収線はほとんど存在せず、あったとしてもぼんやりしている。それより若い銀河には、重い元素を持つ種族ⅠとⅡの星が数多く存在するので、金属の吸収線がたくさんあり、それは地上の実験室内で元素に電磁波を照射した場合に検出される吸収線と一致する。

アンドロメダ銀河のスペクトルには、カルシウム元素に対応する吸収線がくっきりとみえる。アンドロメダ銀河のスペクトルにあるギャップは、銀河内の一兆個の星にかなりの量のカルシウムが存在していることを示しているが、そのこと自体はそれほど珍しい話ではない。アンドロメダ銀河のスペクトルでそうしたカルシウム吸収線ができる波長は、地上の実験室のカルシウム照射実験での波長と同じになるはずだ。ある銀河にあるカルシウムは、別の銀河にあるカルシウムと同じなのだから。カルシウム原子に存在するエネルギー準位が、その原子が置かれている位置によって変わることはないので、吸収される光の波長が

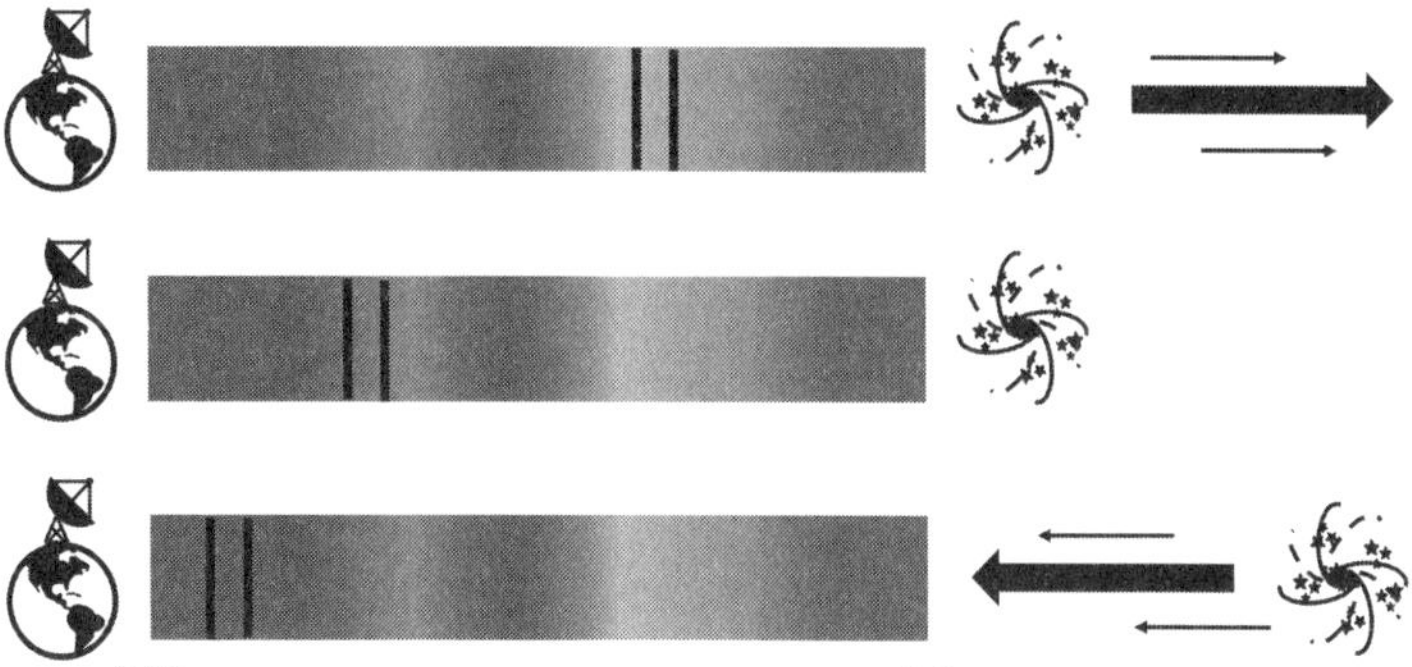

図 10　光の波長におけるドップラー効果。中段は、実験室で観察された吸収線のあるスペクトルを簡略化したものだ。アンドロメダ銀河は私たちに向かって動いているため、スペクトルが青方偏移している（下段）。ほかの大半の銀河は私たちから離れる方向に動いているので、スペクトルが赤方偏移している（上段）。

変わることもない。しかし、アンドロメダ銀河のスペクトルをみると、カルシウムの吸収線は予想される位置よりも、波長にして数十億分の一メートルほどずれていた。この吸収線は、地上実験で検出される位置と比べて短波長側に、つまり電磁スペクトルの青色の端に向かってずれているので、この吸収線は「青方偏移」しているといえる。そうなるのは、アンドロメダ銀河内のカルシウムがわずかに異なる波長の光子を吸収していて、カルシウム原子内の電子の配置が通常と異なっているせいに思えるが、元素にそんな違いがあるなんてありえないことだ。実は、変化しているのは化学の基本法則ではなく、銀河からの光をどのように認識するか、のほうなのだ。

燃やしたい物をすべて積み上げて、火をつけようとしていると想像しよう。おしゃれだと思っていたスパンコールつきTシャツとか、昔の恋人にまつわるガラクタが入ったよくある箱とか、五回書き直した下書きだとか。すると、どうしよう、火が燃え広がってしまった！　煙をあげている苦い思い出の山に向かって、消防車が走ってくる。そのサイレンを注意深く聞いてほしい。消防車が近づくにつれて、連続的な音波のそれぞれの山は、少しずつ近くから発せられることになる。消防車は私たちに向かって動いているので、発せられる音波が私たちに届くまでの時間がどんどん短くなり、到達する音波の周波数は高くなる。するとサイレンがより高い音に聞こえる。そして消火後、すすだらけの顔で決まり悪そうにする私たちを残して、消防車が離れていくとき、私たちの耳に音波の山が届く時間の間隔は長くなる。すると音波の周波数は低くなり、サイレンがより低い音に聞こえる。この現象はドップラー効果と呼ばれている。消防車が近づいてきたり、遠ざかったりするとき、消防車が発するサイレンの音自体は変わらないが、それを私たちがどう知覚するかが変わる。宇宙の場合は、アンドロメダ銀河が消防車にあたるが、発しているのは音ではなく光だ。光源が私たちに向かって動いていれば、波の山の部分が互いに近くなるので、波長が短くなり、より青い光になる。これが青方偏移だ。反対に、光源が私たちから遠ざかっていたら、波の山の間隔があいて、波長が長くなり、赤い光になる。これが赤方偏移である。アンドロメダ銀河では、カルシウム吸収線の波長が、その元素によって生じると考えられている波長よりも青色側にずれていることから、アンドロメダ銀河が私たちに向かって動いていることがわかるのである（図10）。

消防車の場合は、走行速度が速いほど音の高さの変化が大きくなるが、このとき、消防車の速度は音速（秒速三四〇メートル）に少し近くなる。一方、光の速度は秒速二億九九七九万二四五八メートルだ。このことから、消防車が近づいたり、遠ざかったりするときに、回転灯の色の変化に気づかない理由がわかる。消防車のスピードは、光との差をそうとわかるくらい縮められるほど速くはないので、光の波長のずれは生じてはいるものの、とても小さいのである。アンドロメダ銀河について計算すると、カルシウム吸収線の波長にみられる小さなずれから、この巨大な渦巻銀河がおよそ秒速一一〇キロメートルというスピードで天の川銀河に向かって進んでおり、やがて衝突することがわかる。[14] 数十億年後には、天の川銀河とアンドロメダ銀河が衝突することになるが、面白いことに、その衝突では一般的に想像するような激しい爆発は起こらないだろう。銀河の中では星同士がかなり離れているので（平均で五〇兆キロメートル）、どれか二個の星が衝突する確率はかなり低いのだ。それでも、二つの銀河は重力によって大きく歪み、混ざり合って巨大な楕円銀河になる。この合体後の銀河をMilky Way（天の川銀河）とAndromeda（アンドロメダ）を組み合わせた「ミルコメダ」（Milkomeda）という造語と呼ぶ人もいる（ひどい名前）。

宇宙の膨張

銀河を観測すると、それが近づいているのか、それとも遠ざかっているのかがわかることは、すでに確かめられている。私たちの周囲にある銀河で同じような観測をすると、その圧倒的多数ではスペクトルが赤方偏移している。つまり私たちから遠ざかっているということだ。そうした銀河は膨張し続ける宇宙に埋め込まれているのである。ただしアンドロメダ銀河はこのルールにあてはまらない。天の川銀河との間に局所的な強い重力が作用しているので、互いに引き合っている。宇宙にあふれる銀河は、ロンドンのトラファルガー広場の鳩みたいに勝手な方向に動き回るのではなく、一方通行の大通りをレース鳩のように進んでいるようにみえる。このパターンは宇宙のどの方向を見ても同じだ。圧倒的大多数の銀河は、地球から飛び去りつつあって、それは何かの大爆発で破片が飛び散るのに似ている。この赤方偏移には、ほかにも興味深い点がある。遠くにある銀河ほど、私たちから遠ざかる速度が速いのだ。一九二〇年代末にこの関係に初めて気づいたのは、ベルギー人天文学者のジョルジュ・ルメートルと、米国人天文学者のエドウィン・ハッブルだった。[15][16] 銀河が遠ざかる速度が地球からの距離に依存する、つまり遠くの銀河ほど速く動くことを、「ハッブル＝ルメートルの法則」という。

　宇宙のあらゆるものが地球から遠ざかりつつあるという話を初めて聞いた人は、それを地球が宇宙の中心だという意味だと受け取りがちだ。この考えが間違っている理由を理解するために、しぼんだ風船にシールがたくさん貼ってあると考えてみよう。この風船を膨らませると、シールの間隔は大きくなっていく。どのシールからも、ほかのすべてのシールは遠ざかっているように見える。これは観測されている銀河の動きでも同じだ。宇宙にあるどの銀河から見ても、ほかの銀河の大部分はその銀河から遠ざかっているように見える。そのため、自分が宇宙の中心だという幻覚は、すべての銀河について起こる。もちろん、どの銀河も宇宙の中心ではありえない。どれか一つのシールからは、その近くのシールが遠ざかる距離は短いようにみえる。一方で、最初から遠くにあったシールが遠ざかる距離がずっと長く見えるのは、風船がより大きく膨張するからだ。同じ時間のうちに、近くのシールは短い距離を、遠くのシールは長い距離を動くので、私たちが見ているステッカーから遠ざかる速度が異なるように見える。距離が大きいほど速度が増すというのが、膨張する宇宙の中での物体の動きの特徴だといえる。この「ハッブル流」と呼ばれる、地球から銀河が遠ざかる速度が、宇宙が膨張していることの最初の証拠になった。そして、アクション映画を逆再生すれば、飛び散っていったあらゆるものは当然ながら、過去には一点に詰め込まれていたことがわかる。そのため、ハッブル流はビッグバンが起こったことを示す証拠になるのだ。一方で天文学者のなかには、この説に納得しない別の陣営もあった。そのグループは、宇宙が膨張しているという話までは認めていたが、宇宙が進化するという考えを好ましく思わなかった。定常宇宙論を唱える彼らは、宇宙が膨張するにつれて、新しい物質が生まれてそのすき間を埋めると考えていた。定常宇宙論では、物質が遠ざかりつつあるなら、過去の一時点で密度が無限大の一点にすべての物質が集まっていたという考え方は不要だった。定常宇宙論を支持する天文学者たちは、宇宙に新たに生まれる物質がどこから来るのかについては説明できなかったが、ビッグバンを支持する天文学者のほうも、密度が無限大の一点から宇宙が始まる理由を説明できなかった。この当時は二つの説の間では妥当性に差がなかった。

定常宇宙論の形勢が悪くなり始めたきっかけは、英国の電波天文学者のマーティン・ライルがおこなった銀河のサーベイ観測〔訳注：空の一定範囲にある天体すべてを対象とする観測方法〕だった。ビッグバン宇宙では、（距離と時間の両方で）現在に近いほど宇宙の膨張速度が速いため、銀河の間隔が広くなる。そのため一定の視野内では、遠くを観測するほど多くの銀河が見えることになる。定常宇宙を考えると、どれだけ遠くを見るかに関係なく、銀河の数はつねに同じになる。定常宇宙論では宇宙は進化しないからだ。ところがライルの観測では、遠方を見るほど、つまり時間をより遠くさかのぼるほど銀河の観測数が多くなった[17]。ビッグバン宇宙論の圧勝だ。とはいえ、両陣営の自説への思い入れとこだわりの大きさもあって、これでは論争を終えるのに十分ではなかった。定常宇宙論とビッグバン宇宙論の支持者が繰り広げた論争がようやく決着したのは、宇宙膨張の二つ目の証拠が見つかったためだった。それがビッグバンの残光だ。

宇宙マイクロ波背景放射

ペンジアスとウィルソンがシグナルの謎を解明しようとしているころ、道路沿いに六〇キロメートル行ったところにあるプリンストン大学では、四人の天文学者が自前の電波望遠鏡を準備しているところだった。彼らには、ビッグバンの名残《なごり》である背景放射を検出するという特別な目的があった。P・ジェイムズ・ピーブルズ、ロバート・ディッケ、ピーター・ロール、デイヴィッド・ウィルキンソンの四人は以前から、爆発現象と同じように、ビッグバン直後の初期宇宙がきわめて高温になることに気づいていた。ごく初期の宇宙は等しい温度の電子、陽子、中性子、光子で満ちていて、熱平衡の状態になっていた。熱平衡状態の物体は電磁スペクトル全域にわたる波長の光を放射し、その光の強度は物体の温度だけで決まる。ビッグバンがあったならその名残の放射があって、そのスペクトル形状は、図5（本書三四ページ）で示した黒体放射に固有の形状になっているはずだ。最初にするべきことは、どの波長でもよいので、予測される温度範囲内にあるシグナルを探すことだった。ロールとウィルキンソンは、ペンジアスとウィルソンが検出した電波の話を聞いた時点で、アンテナの建設段階まで進んでいた。彼らプリンストン大学チームはペンジアスとウィルソンを訪問して、観測装置やデータを確認した。ピーブルズ、ディッケ、ロール、ウィルキンソンの四人で見ても、誰も観測装置の設定ミスを見つけられず、ディッケはその当時、「ああ、私らは先を越されたんだ！」とこぼしていた。一方でピーブルズの話によれば、ペンジアスは「これで安心したよ。ようやくこいつが何かわかった。ようやくこの話を忘れて、ちゃんとした研究に戻れる！」と声を上げたという[11]。

この発見は一九六五年に二つの研究論文として発表された。一つはプリンストン大学の理論チームによる論文[18]、もう一つはペンジアスとウィルソンの論文だ[19]。ペンジアスとウィルソンの論文はみるからに慎重に言葉を選んでいて、これはあくまでも実験結果だという姿勢を貫いており、文章の長さは一ページしかない。それは宇宙に対する私たちの理解にとって、比類なく重要な発見であり、この功績によって、ペンジアスとウィルソンは一九七八年のノーベル物理学賞を受賞している[20]。そして二〇一九年一〇月には、ピーブルズにもその「物理的宇宙論における数々の理論的発見に対して」ノーベル賞が贈られており、ピーブルズらがおこなった、宇宙マイクロ波背景放射（ＣＭＢ）についての理論的予測は、その受賞理由に大きく貢献している[21]。ペンジアスらが検出し、現在は宇宙マイクロ波背景放射と呼ばれているものは、ビッグバンの名残の放射である。宇宙はビッグバンから始まった。そこから宇宙が始まった。そして時間が進み始めた。星も含めて、あらゆるものに最初の一つがあったことになる。

ペンジアスとウィルソンの測定値は、宇宙マイクロ波背景放射に期待される黒体放射スペクトルのうち、一つのデータポイントにあたるものだった。そのため、残りの波長を埋めていくことに関心が集まった。ペンジアスとウィルソンの観測は地上の望遠鏡によるものだったため、最終的には限界にぶつかった。ごくわずかな周波数の測定しかできず、黒体放射スペクトルを明らかにするには不十分だったのだ。光子は、ガス雲の中や銀河の間を邪魔されずに進んでこられるが、地球に到達したところで事実上ぴたりと止まってしまう。これは、ここまでくると宇宙マイクロ波背景放射の光子のエネルギーがとても低くなっており、地球大気中の水に簡単に吸収されるからだ。宇宙マイクロ波背景放射を本格的に調べるには、地球大気を脱出して、宇宙に向かう必要がある。これは、現在までに三つの人工衛星によっておこなわれている。宇宙背景放射探査衛星（COBE《コービー》、一九八九年打上げ）、ウィルキンソンマイクロ波異方性探査衛星（WMAP《ダブリューマップ》、二〇〇一年）、プランク（二〇〇九年）は、複数の波長での測定を実施し、実際に宇宙マイクロ波背景放射が少なくとも一万分の一の精度で黒体放射スペクトルと一致することを確かめている。スペクトルからのわずかなずれは、宇宙全体にある小さな温度ゆらぎの結果であり、WMAPとプランクはこの温度ゆらぎをこのうえなく詳細にとらえていた。こうしたゆらぎには、ビッグバンの三八万年後にこの放射が始まった時点での宇宙構造についての情報が、暗号のように刻み込まれている。そのデータには、それ以降の宇宙の状態についての手がかりも含まれており、それはこのあとの第10章で、ファーストスターの足跡をたどるときの鍵になる。

初期宇宙：インフレーション

私たちはこれで、宇宙がどのように始まり、ファーストスター誕生の舞台が用意されたのかをめぐる物語を綴《つづ》ることができる。一三八億年前、密度が無限大の一つの点から宇宙が、つまり時空そのものが膨張し始めたのだ。最初はこの膨張は指数関数的に進んだ。宇宙論研究者はこの期間を「インフレーション膨張期」と呼んでいる。チェスにまつわるインドの物語を通して、何かが指数関数的に増加するとどうなるのかを想像してみよう。[22] 私はこんな話を聞いたことがある。あるところにわがままで時間を持て余している王様がいて、ごちそうや美しい服をほしいままにしていたが、民は育てた米をすべて税として納めており、飢えに苦しんでいた。ある日、一人の小作人が王様に近づいてきて、王様のためにチェスという面白いゲームを発明したと言った。小作人と何度もそのゲームをした王様は、感謝の気持ちから、小作人にほうびとして何が欲しいかと訊いた。すると小作人は、チェスボードの角のます目に米を一粒置いてほしいと答えた。そして二つめのます目には二粒、三つめには四粒、四つめには八粒というように、前のます目の二倍の米粒を置くように言った。その頼みを笑い飛ばしながら、王様は召使いに、米の入った鉢を持ってくるように叫んだ。そして米粒を置き始めた。チェスボードの一列目を終えたところで、王様は二五五粒の米を置いており、今度は米の袋を持ってくるように声を上げた。二列目が終わるときには、置いた米粒は六万五五三五粒になっていた。王様は米袋をどんどん持ってくるように命令し、作業を続けて、調理場や倉庫にある米をすべて出してきた。とうとう、王様は米を使い果たしてしまい、召使いに領地からもっと米を集めてくるよう命じた。すると小作人は、領地のどこにも米はない、というのは民がすべての米を納めているからだと説明した。小作人の目的はただ一つ、王様にひどい食糧不足を知らせることであり、望んでいたのは、王様が民から米を取り上げるのをやめさせることだけだった。王様はそれに同意して、これまでの行いを反省したところでこの物語は終わりだ。ただ、チェスボードからこぼれ落ちた米粒を鳩が食べていなければいいのだが。鳩が米粒を食べるとビッグバンまではいかずとも、小爆発《リトルバン》するからだ。[*2] そしてここで話が終わってよかった。王様がそのチェスボードに米粒を並べ終えていたら、米を一八四四京六七四四兆七三七億九五五万一六一五粒使うことになったからだ。ます目一つあたりの米粒の数は、私たちが指数関数的成長と呼ぶ形で増加しており、ビッグバン後の宇宙も同じように成長した。ビッグバン後の一秒にも満たないきわめて短い時間で、初期宇宙は少なくとも一〇〇兆×一兆倍に膨張し、その後はゆったりとした膨張に落ち着いたのである。インフレーションはかなり活発に研究されており、議論の余地も大きい分野だが、ビッグバンとともに、私たちが宇宙の標準モデルと考えているものの一部になっている。

初期宇宙：元素合成

私はこの章の初めのあたりで「ファーストスターはあるのだろうか？」という疑問を投げかけた。ビッグバン理論からは、あらゆるものに始まりがあったことがわかる。なぜなら宇宙自体に始まりがあったからだ。これまでに、宇宙のインフレーションや、密度が無限に大きい一つの点（特異点）などの話題に触れてきたので、ここまでくれば、どんな疑問を考えても荒唐無稽すぎる気はしない。たとえばファーストスターは、ビッグバンのあとに完成した形でひょっこり現れたのだろうか？　銀河は、ビッグバンという巨大爆発の破片そのものであり、何らかの方法で最小化されて宇宙の特異点に収まっていたが、膨張して

＊2　これはくだらない迷信で、本当ではない。

現在のようなフルサイズになったのだろうか？

ビッグバンの数秒後、宇宙は放射と、私たちの身の回りにあるものすべての基本的な構成要素、つまり陽子と中性子のような素粒子を大量に含んでいた。こうした初期宇宙の構成物質は、温度の等しい熱平衡状態にあった。平均すると、生成される原子と破壊される原子の数が同じであり、比率という観点では、すべてのものがほぼ等しい状態を保っていたということだ。熱平衡を理解するために、保育園の部屋にたくさんの幼い子どもがいて、積み木で遊んでいると想像しよう。子どもの半分は一生懸命に積み木で塔を作っているが、残り半分は走り回って、塔を崩すのに夢中だ。子どもがみんな元気いっぱいだったら、ある子どもが積み木で塔を作るやいなや、その塔は崩されてしまう。その積み木はまた別の塔に作られるかもしれない……そしてその塔もまたばらばらに崩される。どの時点でみても、ある数の塔が存在しているが、どの塔も長くはもたない。これを熱平衡で考えると、積み木（陽子と中性子）の数は絶対に変わらないし、駆け回っている子ども（放射）の数も決して変わらない。そして塔（原子）の数は瞬間ごとに変動する可能性があるが、一方であまりにカオス的な状況なので、どの塔も長い時間存在できない。温度が高すぎて、原子から、星のようなより大きな構造を作ることができないのは確実だ。私たちは距離や時間の点でとても大きなスケールを話題にすることに慣れているので、ごく初期の宇宙で物事が進むペースについて話すと衝撃を受けるかもしれない。宇宙の最初の三分間には、とても多くの出来事が起こる。その三分間だけをテーマにした『宇宙創成はじめの3分間』（スティーヴン・ワインバーグ著）という本があるくらいだ[23]。この本によれば、ビッグバンから約一三・八二秒後、宇宙は低血糖状態になった〔訳注：ワインバーグは宇宙の最初の三分間を説明するために、温度が三分の一に下がるごとにフレームを設定した。約一三・八二秒後はその第四フレームにあたる〕。原子核が形成されるのに十分なほど膨張し、温度が下がったからだ。原子核は、素粒子である陽子と中性子が組み合わさった構造だ。一個の原子核と最低一個の束縛電子があれば、一個の原子ができるが、ごく初期の宇宙はあまりに温度が高すぎて、電子は原子核に束縛された状態になれなかった。先ほどのたとえ話でいえば、駆け回っていた子どもが疲れてくると、積み木の塔は前よりも少し高くなる。するとこの塔は高くなればなるほど不安定になる。このたとえ話は質量の小さい原子核には言えるが、周期表の下のほうに出てくる元素にはあてはまらない。この段階で水素とヘリウムの原子核はできるものの、それより大きい元素の原子核を作るのはまだきわめて難しいのだ。一方で、低いエネルギーしか持たない光子でも、水素より重い不安定な分子を壊すことができる。それほど元気ではない子どもでも、歩き回っているうちにぐらぐらしている高い塔を崩すことがあるのと同じだ。ビッグバンから三分四六秒後に元素合成（原子核の形成を意味する）が終了すると、宇宙の通常の質量の約二五パーセントをヘリウム4が占めた状態になっている。ヘリウム4の原子核は二個の陽子と二個の中性子からなる（原子が通常とは異なる質量を持つ場合については第4章で説明する）。残りの質量を占めるのは、七五パーセントの水素原子核（陽子）と、〇・〇一パーセントの重水素で、ほかにヘリウム3（二個の陽子と一個の中性子からなるヘリウム同位体）と、少量のリチウムがある。そして、ポーチドエッグを作るくらいの時間が経過するころには、水素とヘリウムをすべて作り出すという大仕事が終了している。これらは、さらにその一億年後にファーストスターの材料として必要になる。

そんな四分間の大仕事が終わったあとの宇宙では、原子核と電子、光子がロックコンサートのモッシュピットにいる客みたいに体をぶつけ合っている。あまりに混沌《こんとん》としていて、光子はどの方向にも真っ直ぐ進むことができない。光子はあちこちで電子と衝突しており、その進む経路はよろよろと歩く酔っ払いのようである。とても暑い日に自動車を運転した経験があるなら、道路上に逃げ水ができるのを見たことがあるだろう。逃げ水は道路上で空気がゆらぐ現象だ。道路上の空気の温度に差があると、空気中での光の屈折率が異なる。すると光子は直進する経路からそれるので、目の錯覚が生じて、空気がゆらゆらしたり、道路が消えたりするように見える。同じように、ビッグバンの三八万年後より遠い過去を光で観測することはできない。環境が不安定なせいで、光子が私たちの望遠鏡に向かって真っ直ぐ進んでこられないからだ。そしてビッグバンの三八万年後には、自由電子が自由陽子と結合し、水素原子が生成された。「再結合」という現象だ。自由電子が減少したことで、光子は初めて自由に進むことができるようになった。この変化を、宇宙が放射に対して透明になったという〔訳注：日本ではこれを「宇宙の晴れ上がり」ともいう〕。同時に、この光子のスペクトルは黒体放射のスペクトル形状に等しかった。ペンジアスとウィルソンがホルムデルホーンアンテナで検出したのは、この放射だったのだ。宇宙マイクロ波背景放射があらゆる方向から届くのは、小さくて高温の宇宙が特異点から爆発するときに、この放射が宇宙のすみずみまで広がったからだ。宇宙はそれ以来すっかり大きくなったかもしれないが、その放射、つまりビッグバンの残光はいぜんとして宇宙全体に行き渡っている。現在観測される光子はまだ黒体放射スペクトルを保っている。それは、宇宙がビッグバンで始まったとする場合に予想されるスペクトル形状そのものだ。宇宙マイクロ波背景放射は、一九六四年に観測されたときと同じように今もそこにあり、相変わらず無線アンテナで干渉電波として検出されている。アナログテレビの時代を知っている人なら、当時、何も放送されていないチャンネルに現れていた砂嵐のようなノイズを覚えているだろう。あのノイズの中にも、ビッグバンからの放射がかなり含まれていたのだ。

＊　＊　＊

この章では、探すべきファーストスターが本当に存在するという説の正当性を証明することを目指した。そのために、ビッグバン理論の証拠として二つの重要な事実をあげた。一つは銀河が私たちから遠ざかるように動いていること、もう一つは宇宙マイクロ波背景放射が検出されていることだ。特定の元素によって生み出されることが知られている、恒星スペクトルの中の吸収線を使えば、天の川銀河の周りにある銀河の移動の速度と方向を測定できる。その光がほぼ例外なく赤方偏移しているということは、銀河が遠ざかっているということであり、宇宙全体が基本的に膨張していることがわかる。この数十年で、ビッグバンからの放射の名残も確認されており、そこから予測されていた黒体放射スペクトルを再現することができた。さらに、宇宙全体に存在するわずかな温度ゆらぎのマップを作成することもできるようになった。こうした証拠から、ほとんどの科学者はビッグバン理論を、事実上否定不可能な理論だと考えている。この理論を用いると、初期宇宙の状態についての結論が出てくる。初期宇宙はあまりに高温で、混沌としていたので、ヘリウムよりも重い元素は合成されなかったのだ。そのため、ファーストスターは完成形でビッグバンから突然現れたわけではなく、時間がたった後に、水素とヘリウムのみという非常に少ない材料から形成せざるをえなかったことになる。

宇宙は、光に対して透明になったあと、とても長い休息期間に入った。もし、この初期宇宙の中でじっとしていたら、宇宙の膨張にともなってすべてのものが冷えていくなかで、何も起こらない、退屈で暗い世界だと思うだろう。見て面白いものが登場するのは、それから一億年も先だ。

第4章　星の世界の綱引き

那覇市は、「日出ずる国」日本の南西諸島にある、沖縄県の県庁所在地だ。ここでは毎年、通行止めにした幹線道路に、長さが一八三メートル、直径が一・五六メートル、重さは自動車三〇台分ある綱が横たえられる(1)。メインの太い綱から横に広がるように、何本もの細い綱が延びていて、一万五〇〇〇人の参加者がそれをつかむ。東と西のチームによる綱引き大会（那覇大綱挽《おおつなひき》）は、参加者や見物人の幸福や平和、商売繁盛、健康を祈願して開催されるおめでたい行事だ。鉦子《しょーぐ》の音を合図に激しい戦いが始まる。三〇分以内に綱を自陣方向に五メートル引いたチームが勝ちだ。二〇一九年一〇月時点での戦歴をみると、東チームが一六勝一四敗一六分けで勝ち越している(2)。現地に十分早めに行けば誰でも綱引きに参加できるので（会場には二八万人が集まる）、これは体力だけでなく、統計学の力をつける良い運動だといえる。両チームがトレーニングを積んだ人ばかりを集めていたら、結果はもっと確率論的になるが、男性や女性、子どもをランダムに集めて七五〇〇人のチームを作れば、双方の力が互角になる可能性のほうがずっと高い。ハードなトレーニングを積んだスポーツマンがたまたま加わっていたり、米軍基地の軍人が参加していたりしても、彼らの力は群集によって平均化されてしまう。そのため、両チームがかなり互角になることが予想され、これまでの東の一六勝、西の一四勝、引き分けが一六回という結果はそのことをよく表している。

星形成を考えるとき、私はつい綱引きを考えてしまう。ただし、天文学的スケールでの綱引きだ。ビッグバンの三億八〇〇〇万年後には光子が自由に動けるようになり、宇宙マイクロ波背景放射が生じるということは、前の章でみてきたとおりだ。この時期の宇宙は、初期の激動の時期が過ぎて落ち着いており、軽い元素を食料庫のように蓄えて、着実に膨張していた。宇宙全体で、そうした元素が材料になってさまざまなサイズや温度の雲が形成された。星を生み出すには、ガス雲内がちょうどよい条件になっていなければならない。そこで起こる綱引きは、力がほぼ互角なので何十億年も続くことがある。ただしこの場合、引き分けという選択肢はない。綱引きの片方のチームは重力で、無限のスタミナを誇る。相手チームは、星内部の核融合反応で生成される圧力だ。この圧力は、重力の作用を弱めるものの、核融合反応の燃料はいつか尽きる。そうなると星が衰える一方、重力は容赦なくのしかかってくる。無味乾燥な言い方をすれば、恒星は、内部での核融合反応によって生成される圧力の強さが、重力の作用によって収縮しようとする恒星自身を支えるのに十分であるような天体と定義される。しかし実のところ、星というのはとても幸運なガス雲にすぎない。

星の綱引きの出場者候補：重力収縮

ではこの綱引きへの一人目の出場者を紹介しよう。重力は、宇宙の基本的な四つの力の一つだ。ほかの三つは、核反応を左右する弱い力と強い力、そして荷電粒子の間にはたらく電磁気力である。重力は、質量を持つあらゆる二つの物体の間に存在する引力だ。質量が大きい（massive）物体ほど、別の物体におよぼす重力は大きくなる。「massive」は、日常用語では体積の大きさを意味する傾向があるが、科学用語としては物体を作り上げている物質の量（質量）が多いという意味であり、物体のサイズとは無関係だ。たとえば、ビー玉はピンポン球よりも小さいが、質量は大きい。初期宇宙のガス雲は、水素原子がゆったりと集まったもので、もしかしたらヘリウムのようなより重い元素もまれに混じっていたかもしれない。雲の中にある一個の水素原子を追いかけてみると、その原子には、雲の中にあるほかのあらゆる原子からの弱い引力がはたらいている。こうした引力は互いに打ち消し合うので、原子は、ガス雲の重心に向かう全体的な力を受けることになる。この原子がゆっくりした速度で移動している場合、低い「運動エネルギー」を持つという。この原子には、ガスの重心への引力に逆らって動けるほどの運動エネルギーはない。それは私には、地球の重力に逆らって、月までジャンプできるエネルギーがないのと同じだ。そのためこの原子は、ガス雲の中心にどんどん近づいていく。一方で、運動エネルギーが大きい原子には、引力に逆らうのに十分なエネルギーがあるので、移動し続けてガス雲から脱出できる。もし原子の大半がガス雲の引力に逆らうことができなければ、ガス雲は重力によって束縛された系であるという。反対に、原子の大半が高い運動エネルギーを持っていて、その引力から逃れられるなら、このガス雲は重力によって束縛されていない。その場合、このガス雲が雲の形で長い期間存在することはないだろう。

重力の効果をもっと深く理解するには、加速とエネルギーの観点から考えるといい。静止した物体は、力を加えると動く。物体の速度が変化することを「加速する」という。たとえば、地球の重力による加速は九・八一メートル毎秒毎秒だ。これは、話を複雑にしてしまう空気抵抗などの要素がなければ、地球上で高いところから落下する物体は、地面に向かって加速し、一秒落下する間に速度が九・八一メートル毎秒速くなるということだ。物体の加速が大きいほど、その物体にはより大きな力がかかっている。地面から数キロメートルの高さに突然一頭の鯨が現れたと考えてみよう。これは、ダグラス・アダムスがＳＦ小説『銀河ヒッチハイク・ガイド』で考えた場面だ。(3)「それは鯨にとっては自然に保持できる位置ではなかったので、この哀れで、純真な生き物は、自分は鯨であるという意識に慣れる時間はほとんどなく、もはや鯨ではないという事実に慣れるしかなかったのである」（『銀河ヒッチハイク・ガイド』、風見潤訳、新潮文庫、一九八二年）。上空一キロメートルに現れた、静止している鯨は、自分の体に地球の重力がかかっているのに気づく。やがて鯨は地面に向けて加速し、約一四〇メートル毎秒の速度で地面に衝突する。同じ実験を、はるかに質量が大きい太陽の上でやってみるとしたら（新しい鯨も準備する）、太陽の重力加速度は約二七四メートル毎秒毎秒なので、鯨は七四〇メートル毎秒という、地球の場合よりもかなり速いスピードで壮絶な死を迎える。ただし、公平のために言えば、太陽では地面に衝突するのではなく、むしろどこかの時点で蒸発してしまうはずだ。しかしいずれにしても、そこに到達するのはあっという間だ。重力は、空気抵抗がなければ物体を等しく加速させるので、ハンマーと羽毛を同時に落下させると、同時に床にぶつかる。この実験を地球上でおこなうのは難しい。空気抵抗があることに、羽毛の表面積が広いことが重なって、羽毛はハンマーよりも落下速度が遅くなるからだ。いつでもユーモアを忘れないNASAは、一九七一年のアポロ15号の月面着陸でこの実験をおこなった。(4)当時の映像を見ると、ハンマーと羽毛が本当に同時に月面に着地したのがわかる。*1

力と加速が結びつくことはわかる。しかし力とエネルギーはどう結びつくのだろうか？　力が運動を引き起こすとき、物体のエネルギーは変化する。力を受けた物体は運動エネルギーを得て、速度が増すこともあれば、高い場所に動いて「重力ポテンシャルエネルギー」を得る場合もある。摩擦力に逆らうように動けば、運動エネルギーを失い、接触面の温度が上がって、熱エネルギー（温度上昇により原子や分子の運動が速くなって生成されるエネルギー）を得る。那覇大綱挽では、一万五〇〇〇人の参加者は綱を引くのに大量のエネルギーを使わなければならない。綱を引いて筋肉の温度が上がるときには、その日の朝食を食べたことで体に蓄えた化学エネルギーの一部が熱エネルギーとして失われる。またエネルギーの一部が伝わることで、綱が変形し、弾性エネルギーがわずかに高くなる。綱引きをするときには、この最後のエネルギー移動を考えに入れないと、とんでもない間違いが起こりかねない。輪ゴム（elastic band）に「弾性がある」（elastic）のは、弾性エネルギーを蓄える能力が大きいからだ。輪ゴムを引き伸ばすと、蓄えていたエネルギーすべてを使って元の形に勢いよく戻ろうとする。綱引きに適切でない綱が使われていたら、輪ゴムと同じように跳ね返ってしまう。たとえば、ナイロン製ロープはかなりの量の弾性エネルギーを蓄えられる。このロープに、綱引きの場合のような十分な張力が加えられたら、切れたときにその弾性エネルギーをすべて放出する。一九九七年には台湾で、参加者一六〇〇人の綱引きで直径五センチメー

＊1　宇宙飛行士は、長期間の訓練を受けなければならない。そもそも、多くの場合は軍隊で輝かしいキャリアを積んできている。それでもユーモアのセンスを失わない人もいて、地球にいる人々を驚かせている。アラン・シェパードは、マーキュリー3号で米国人として初めて宇宙飛行をおこない、一九七一年のアポロ14号の月着陸では月でゴルフをした唯一の宇宙飛行士になった。科学用のサンプル収集ツールの一つに取り付けたクラブヘッドで、シェパードが打った二個のゴルフボールは短い距離を飛んだ。月の重力は十分に小さいので月面ゴルフではもっと飛距離を出せるのだが、宇宙服のせいで体を動かせる範囲が限られており、ショットがチップのようになってしまった。同じアポロ14号では、月着陸船操縦士のエドガー・ミッチェルが、船長のシェパードや地球の管制センターには秘密で、自分で用意した実験をおこなった。ミッチェルは超能力が存在することを証明するため、無作為に選んだ図形を頭に思い浮かべて、そのイメージを地球にいる四人の仲間に送信したのだ。その実験はうまくいかなかったが、その一番の原因は、事前に決めていた実験の時刻を打上げの遅延分だけ調節するのを、地球側の仲間たちが忘れたせいだった。

トルのナイロン製ロープが使われた。このロープは綱引きには適していないもので、ちぎれて跳ね返ったときに二人の参加者の腕を切断してしまった。(5) 那覇大綱挽の綱はわらが材料で、何度も縒《よ》り合わせて作られている。二〇一九年には歴史上初めて、綱引きの最中に綱が切れてしまったものの、けが人の報告はなく、勝負は引き分けになった。(2)

宇宙では、エネルギーは保存されなければならない。生成することも消し去ることも不可能で、できるのは移動だけだ。一つの星が形成されるしくみだけでなく、存続し、やがて死ぬしくみを理解するうえでは、このエネルギー保存則が不可欠である。また先ほどの鯨が高速で落下して死ぬ理由も、エネルギー保存則で説明できる。上空に浮かんでいる鯨は、重力ポテンシャルエネルギーが大きい。重力に逆らって、鯨を上空一キロメートルまで運ぶのに必要なエネルギーはかなりの量だ。私たちが地面から一センチメートルの高さまでジャンプするのに必要なエネルギーを考えてみよう。次に、二〇センチメートルまでジャンプするのに必要なエネルギーを考えてみる。もし二メートルの高さまでジャンプしたかったら、たとえば誰かに頼んで、ジャンプすると同時に、彼らが蓄えたエネルギーも使って持ち上げてもらうことで、外部からエネルギーを注ぎ込む必要があるだろう。ジャンプしている間ずっと、私たちは地球の重力に逆らって動いている。ジャンプした高さでは、足に蓄えた化学エネルギーがすべて重力ポテンシャルエネルギーに変換されており、地面に戻るときには、今度はそのエネルギーが運動エネルギーに変換される。上空一キロメートルに鯨が現れた時点で、その鯨は地面からの高さに比例した重力ポテンシャルエネルギーを持っている。鯨が落下すると、その重力ポテンシャルエネルギーが運動エネルギーに変わる。鯨はどんどん速く落下していって……ピシャッと音を立てるのだ。この鯨が実験のスタート時点で持っていた重力ポテンシャルエネルギーは、最後には運動エネルギーにほぼすべて変換されているだろう。理想的な実験ではエネルギーの変換は完全におこなわれるが、現実には鯨は空気抵抗を受けるので、摩擦によって空気分子をわずかに加熱し、重力ポテンシャルエネルギーの一部が熱エネルギーに変換される。物体の高さを変えるなどして、系のある要素のエネルギーを変える場合には、そうするためのエネルギーをどこかから持ってこなければならない。反対に、物体を低い位置に移動させて、重力エネルギーを減らすなら、そのエネルギーをどこか別のところに移動させる必要がある。ただ消えてしまうわけにはいかないのだ。[*2]

先ほど考えていた水素原子の雲が全体としての重力で収縮すると、重力ポテンシャルエネルギーは減少する。それぞれの原子は、小さな鯨が地面に突進するように、雲の中心に近づいていく。原子が中心に向かって加速して、互いの接触が増え、大量の熱エネルギーを生み出す。原子や分子の運動が激しくなり、運動エネルギーが増加し、そのエネルギーの一部は放射エネルギーとして失われるようになる。光子が雲から逃げ出し、光と熱を運ぶのだ。私たちは原始星のステージにいる。つまり星の胎児の段階だ。それは星の始まりではあるが、まだ星にはなっていない。

でもちょっと待って。熱と光を放出しているのが星なのでは？　水素ガス雲を重力にさらすだけで、もう星ができてしまったのだろうか？　二〇世紀初頭、太陽が輝くしくみを解明しようとしていた天文学者たちは、太陽が発する光と熱は重力収縮だけで説明できるという説を提案した。水素ガス雲が収縮するときに、光と熱の形でエネルギーを放出するなら、それだけで星になっているのではないだろうか？　この説の問題は、水素ガス雲の重力収縮があまりにも速く進みすぎることだ。太陽がこの方法でエネルギーを

＊2　この鯨の思考実験では、多少勝手な調整をして、鯨が重力ポテンシャルエネルギーを持った状態でいきなり現れるようにしている。

放出できるのは数千万年だけで、その後はそれ以上収縮できない(6)。数千万年というのは長い時間ではある。しかし地質学的証拠から、地球の年齢は数十億歳とされており、そうなると太陽も同じくらいの年齢になるので、数千万年というのはあまりに短すぎて、この地質学的証拠と一致しない。

このガス雲での綱引きは、この段階まではかなり一方的な勝負になっている。重力は水素を容赦なく引き寄せ、圧縮する。それほど幸運に恵まれなかったガス雲では、ガスの圧縮にともなう圧力の増加があまりに大きくて対抗することができず、ガス雲が消散する可能性がある。一方、収縮できるガス雲は収縮を続け、光と熱を放出する。しかしこれが話のすべてではない。もしこれだけなら、太陽の光の放出は誕生から一千万年で終わっていたのだから。ガス雲の中心で圧力が増加し続けると、やがて原子のエネルギーが十分高くなり、新たな種類の反応がスタートするほどになる。

星の綱引きの出場者候補：燃焼

初期宇宙でも現在の宇宙でも、星の主な材料は水素だ。水素は存在するなかで最も軽い元素であり、通常の形では陽子一個からなる原子核と電子一個だけから構成されている。水素というのは目立たない元素だ。無味無臭で、無色で、毒性もなければ、存在量が少ないわけでもない。地球上ではどこにでもある元素だが、ほかの原子と非常に結合しやすいので、より大きな化合物の一部として見つかることがほとんどだ。たとえば、H_2O（水）のHの部分がそれだ。実際、水素原子はひとりでいるのが嫌なので、同じ水素原子とすぐにペアになって、二個の水素原子が結びついた水素分子（H_2）を作る。*3 ペアを作ることで質量が二倍になっても、水素分子はとても軽いので、物体を高く浮かべるのに便利だ。

しかし、浮力を与える手段としての便利さは、特有の可燃性があることで帳消しになってしまう。ドイツの悲運の旅客飛行船ヒンデンブルク号が一九三七年五月六日に、米国ニュージャージー州への着陸時に炎上し、焼失したのはよく知られている。[7] 事故原因はいまだに議論が続いているが、着陸用ロープを地上に下ろしたことによって、静電気による火花が生じ、それがわずかに漏れていた水素に引火したというのが有力な説だ。この火によって、ヒンデンブルク号の分厚くて頑丈な外皮に使われていた布地が全焼したのである。三六人の乗員や乗客が亡くなったが、事故の写真を見ると、それ以外の六〇人が助かったのは本当に驚くべきことだ。炎上事故を起こした飛行船はヒンデンブルク号が初めてではなかったが、世間の人々が受けた恐怖はあまりに大きく、より安全な代替ガスが利用可能だったにもかかわらず、商用飛行船は永遠に中止されることになった。第1章で登場した飛行船USSロサンゼルス号は、水素ガスを充塡した状態でドイツから米国に飛来したが、この水素は到着後ただちにヘリウムに変えられている。[8]

ヘリウムは、原子核に陽子二個と中性子二個を持つ。地球上では集めるのが難しいため、値段が高い。ヘリウムの質量は大きいので（水素質量の四倍）、水素と比べて浮揚力が小さい。ただしその差はわずかで、ヘリウムの浮揚力は水素の九三パーセントだ。理想的な大気条件では、一立方メートルの水素は同体積のヘリウムと比べて、物体を約九〇グラム分余計に持ち上げられる。これは大きな違いに思えないかもしれないが、これをヒンデンブルク号の体積まで拡大すると、数十トン分の貨物（つまり乗客全員）を地面に置いていくことになり、商業的には痛手だ。高濃度の水素は爆発する傾向があるとはいえ、水素に可燃性があるというだけでは、太陽が放出するエネルギーを説明するには十分ではない。結局のところ、何

＊3　水素（Hydrogen）はギリシャ語で「水を発生させるもの」の意味で、一七八三年にアントワーヌ・ラヴォアジェが命名した。これは水素が酸素と結合すると水（H_2O）を生成するからだ。

かを燃焼させるには酸素が必要なのに、主に水素とヘリウムからなる宇宙では、酸素の供給量は少ない。私たちの主要エネルギー源の一つである石炭で考えてみると、太陽が石炭の山で、現在と同じ量のエネルギーを放出しながら燃焼しているとすれば、わずか六三〇〇年でその石炭を使い果たす計算になる。[9] 明らかに、太陽はただ燃えているだけではない。ならば水素は、燃焼よりもさらに破局的なことができるのだろうか？　そう。水素は融合できるのだ。

星の綱引きの出場者候補：核融合

那覇から一〇〇〇キロ以上北上しても、まだそこは日本国内で、二つの都市がある。広島と長崎だ。この場所に関連のある、深い心の傷を残した悲惨な出来事のせいで、その地名を一度聞けば永遠に忘れはしない。一九四五年八月六日と九日、リトルボーイとファットマンというニックネームがついた二個の原子爆弾がこの二つの都市に投下され、少なくとも一〇万人が即死した。その後の数カ月でそれ以上の人数が、放射線障害や火傷、そのほかの関連する傷などで亡くなっている。原子爆弾は二つの都市そのものも完全に破壊し、爆心地から半径約二キロメートルの範囲内にある建物を倒壊させた。原子爆弾は爆発したときに、膨大な量の熱放射と、あらゆる波長の光を放出した。広島への原子爆弾投下を目撃したパイロットの一人は、のちにこう証言している。「……このまぶしい光がわれわれに照りつけた。キノコ雲の上部は、人生で目にしたなかで最もおそろしく、同時に最も美しいものだった。虹の中のあらゆる色を発しているように思えた」[10]。万物の中で最も小さいただの原子が、これほどの破壊的で大規模なエネルギー放出を生み出すとは、なかなか理解しにくいことだ。

原子爆弾は核分裂の概念に基づいて作用するもので、「同位体」を含む燃料を用いている。同位体というのは、ある元素について、陽子の数は同じだが中性子の数が異なっている原子のことだ。重水素は水素の同位体で、原子核には陽子一個と中性子一個がある。三重水素もやはり水素の同位体で、陽子一個と中性子二個を持つ。同位体を持つ元素はかなり多いが、同位体に特別な名前がついているのは水素だけだ。ほかの元素の同位体の名前には、陽子と中性子の合計数（質量数）を示す数字を使う。たとえば炭素12は陽子六個と中性子六個を持つが、炭素14は陽子六個と中性子八個だ。ウラン235やプルトニウム239などが核燃料に選ばれているのは、本質的な不安定性があるからだ。一個の中性子が一個のウラン235原子に十分な速度で衝突すると、ウラン235は分裂する。この反応の生成物として、核分裂片と呼ばれるより小さな原子核と、重要な点として、新たな三個の中性子と大量のエネルギーが生じる。この中性子がさらに多くのウランを分裂させ、エネルギーと中性子を放出し、さらに次の分裂反応を引き起こす。そうなると連鎖反応が起こって、その系に含まれる原子がすべて反応に使われるまで続き、すべてのエネルギーが爆発的に放出される。

水素爆弾（熱核爆弾）は、第二次世界大戦中に配備された原子爆弾よりもさらに進んだ核兵器だ。水素爆弾には、破壊力をさらに高めるために、核分裂ステージに加えてもう一つ別のステージがある。水素爆弾内には、重水素や三重水素などの「核融合」燃料と、その近くに配置された濃縮ウランなどの核分裂性物質があり、先に核分裂性物質に点火するようになっている。核分裂反応のエネルギーによって核融合燃料が圧縮と加熱を受けると、最終的に核融合反応が起こってヘリウムが生成される。こうした核分裂反応と核融合反応で生じる原子の総質量は、元の原子より小さくなる。その失われた質量が大量のエネルギーとして放出される理由は、アインシュタインが説明してくれる。アインシュタインの最も有名な方程式、というより世界で最も有名な方程式 $E=mc^2$ から、エネルギー（E）は質量（m）に光速（c）の二乗をかけたものに等しいことがわかる。光速は、三億メートル毎秒という本当に大きな数であることがわかっている。そのためたとえ質量の減少がわずかでも、それによって大量のエネルギーが放出されることになる。

星での核融合反応のしくみは、熱核爆弾の核融合反応とほとんど変わらない（図11）。違っているのは、元からある材料が主に水素なので、まずは重水素と三重水素を合成しなければならないことくらいだ。陽子－陽子連鎖反応[11]は、太陽のような星や、さらにファーストスターでも優勢な核融合反応だ。質量が太陽の一・三倍以上ある現在の星では、炭素や窒素、酸素などの金属がかかわる別の核融合反応が起こる。一方、低質量星にはこの炭素などの核融合反応を引き起こすのに十分な温度がない。そして金属を含まないファーストスターには炭素などの重い元素がまったくないので、そうした核融合反応はそもそも選択肢になかった。

水素からヘリウムへの核融合反応では、総質量が減少し、その分のエネルギーが放出される。ヘリウム原子核一個の質量は、材料である陽子（水素原子核）四個の質量よりも約〇・七パーセント小さい。質量差は小さく、これに対応するエネルギーはわずか一ジュールの四兆分の一である。参考にいうと、チョコレートひとかけのエネルギー量は一〇万ジュール（一〇〇キロジュール）だ。一回の核融合反応で放出されるエネルギー量は、チョコレートバー一個よりもずっと少ないが、太陽にはとんでもない量の水素があるので、毎秒六〇〇〇億キログラムの水素が五九六〇億キログラムのヘリウムに変わっていることになる。そのため、太陽は一秒あたり四〇億キログラムの質量をエネルギーに変換していて[9]、それでも水素はまだたくさん残っている。太陽の水素の一〇パーセントをヘリウムに変換するだけで、太陽を一〇〇億年輝かせるのに十分なエネルギーが生成されるだろう[6]。水素核融合反応は、太陽のエネルギー出力を説明するの

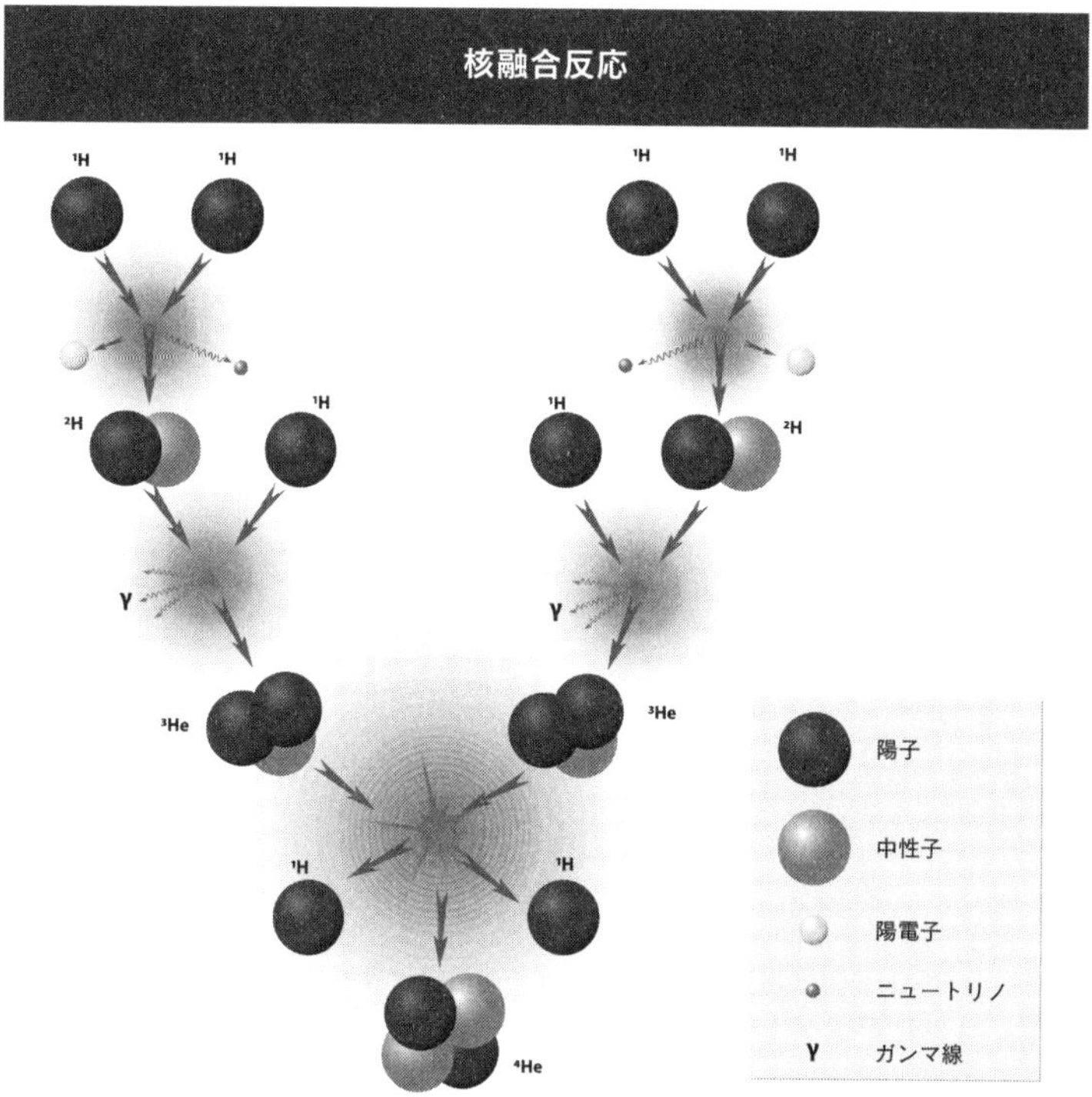

図 11　星で起こる核融合反応。質量が太陽の 1.3 倍より小さい現在の星や、金属を含まないファーストスターでは、陽子－陽子連鎖反応が優勢だ。

に十分すぎるほどだ。非常に重要なのが、こうした反応によるエネルギー放出が星のコアの温度を維持し、結果として原子が高速で飛び回って、重力に対抗できるほどの熱圧力と放射圧を生み出すことだ。綱引きのもう一人の出場者、ガス圧が綱を手に取ったのである。これでこの綱引きでは二チームが戦うことになった。ただし星の場合、綱引きというより「綱押し」かもしれない。重力が星の中心に向けて押すのを、ガス圧が押し返すからだ（図12）。

星は爆弾？

つまり、星は巨大な熱核爆

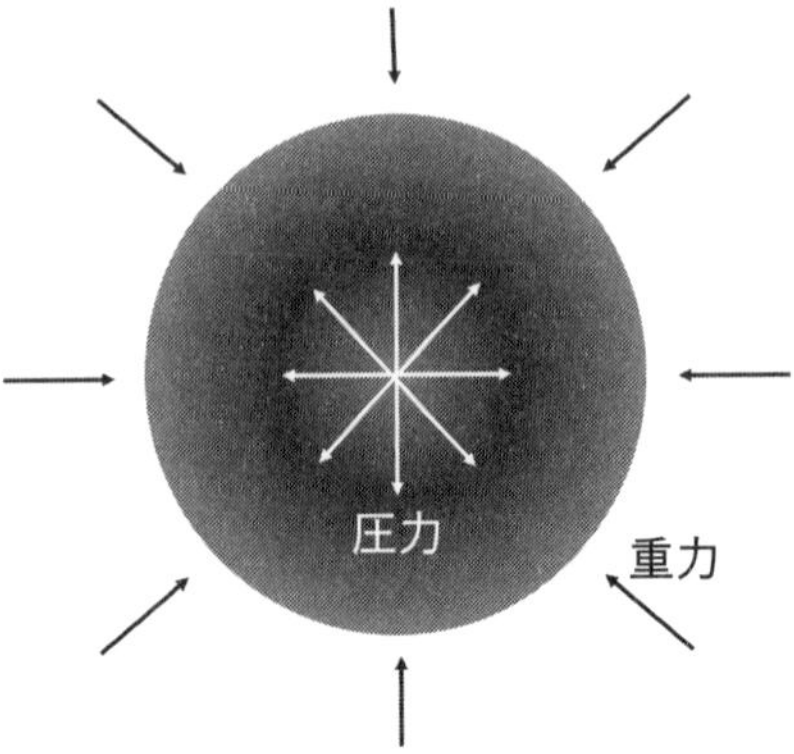

図 12 星で起こる綱引き。星の質量によってかかる重力は、星を収縮させる。コアでの核融合反応はエネルギーだけでなく、重力を押し返す圧力も生み出す点が重要だ。

弾なのだ。注意せよ。地球上では、発電のために原子炉内で核分裂反応を起こす場合、その反応は制御可能だ。そうした制御のためには、「中性子毒」を用いる。これは中性子吸収材ともいい、核分裂反応で放出される三個の中性子のうち、一個だけが次の核分裂反応に進むようにするものだ。そうすると連鎖反応が制御される。しかし、この方法も確実ではない。日本の福島第一原子力発電所で起こった事故を見ると、この制御が失敗した場合にどうなるかがわかる。二〇一一年三月一一日、日本の太平洋沖でマグニチュード九・〇の地震が発生した。この地震によって、原子炉は安全手順にそって停止した。原子炉には停止後でも大量の残留熱があり、これは炉心周辺に冷却水を供給することで冷却されるようになっている。ところが地震直後に停電が起こったため、この冷却水は非常用ディーゼル発電機で送らなければならなかった。しかし、すぐにこの方法は取れなくなった。津波が原子力発電所を飲み込み、発電機が浸水したからだ。冷却水の供給が止まって、炉心燃料の過熱が始まり、三機の原子炉でメルトダウンが起こった。温度が上昇したために核燃料が溶融して格納容器に穴が開き、結果として海水や周辺地域への深刻な放射性物質漏れが起こった。さらに温度が非常に高くなったため、冷却水の蒸気中の水分子から水素が解離して、高濃度の水素ガスが発生した。これがやがて、可燃性のある高濃度水素がとても得意とすること、つまり爆発を起こしたのである。福島第一原子力発電所事故後の処理は、長く困難な作業になるだろう。放射能を持つ溶融した核燃料の除去作業は、本書執筆段階ではまだ始まっていない[12]〔訳注：二〇二二年二月時点では二〇二二年末までの作業開始を目指している〕。これは圧倒的な事実ではあるが、核エネルギーは制御された安全なエネルギー生産手段であり、たとえ災害に襲われても、核兵器を使う場合に私たち自らの選択で点火するたぐいの、制御不能な連鎖反応の暴走は生じない。それに核融合反応は太陽の中で自然に発生している。太陽の途方もない質量と、外層がコアにおよぼす重力による圧力のおかげで、エネルギーの大量放出が制御不能な形で急速に進むことはない。それは地球上で誰かが手榴弾《しゅりゅうだん》の上に覆い被さったら、その本人が助かる可能性はないが、結果として爆発の威力は弱まり、すぐ近くにいるほかの全員の命を救う可能性があるのと同じだ。

この制御された核融合反応を再現することは、原子核物理学が追い求める聖杯だ。ウランなど核分裂する同位体は存在量が少ないが、核融合反応に使われる水素は安くて豊富にある。さらに核融合反応では発生する核廃棄物の量が少ない。だから、その途方もない重力の圧力を再現する方法を見つけられたら、人類全体を支えられる、実質的に無料のエネルギー源が手に入る。これは要するに、星の真ん中の物理条件を再現するということだ。

星の状態

太陽は長い間、存在するはずのない天体だった。太陽が持つ二つの性質が正反対のものだと考えられていたからだ。温度の高さから考えると、太陽は気体である可能性が最も高くなる。気体の密度は非常に小さいことが多い。密度というのは、決まった体積あたりの質量のことだ。一立方メートルの水の質量は一〇〇〇キログラムなので、水の密度は一〇〇〇キログラム毎立方メートルになる。同じ体積の木材の質量は七〇〇キログラムなので、木材の質量は七〇〇キログラム毎立方メートルだが、コンクリートの密度は二四〇〇キログラム毎立方メートル近くある。気体の密度ははるかに小さく、たとえば地球の平均的な気圧と気温では、水素の密度は〇・〇九キログラム毎立方メートルになる。太陽の場合は、質量と体積を考えると、平均密度は一四〇〇キログラム毎立方メートルになる。この密度をみると太陽は気体ではないことになるが、太陽スペクトルが示す温度はあまりに高くて、ほとんどの物質は固体や液体ではいられない。太陽でこうした二つの性質が共存していることが発見されたのは、氷に触ってみたら、水蒸気よりも温度が高かったようなものだ。それでも、太陽は変わらずにしぶとく存在している。

物質の状態について考えてみると、学校では固体、液体、気体の三種類があると教わった人がほとんどだろう。氷などの固体状態は形と体積が変わらない。蛇口から出てくる水のような液体は自由に形を変える性質があり、水蒸気のような気体は容器の全体積を満たす。しかし物質にはプラズマという第四の状態があって、宇宙にある既知の物質（ダークマターはのぞく。詳しくは第5章）のほとんどはこのプラズマ状態になっている。プラズマは長い間、地球上で観察するのが難しかった。プラズマが存在するには、極端な高温か強い電磁場が必要だからだ。地球上での例外として一般的なのが雷で、これは雲と地面をプラズマの柱がつなぐ現象だ。

太陽では、温度が非常に高いので、原子がマイナスの電荷を持つ電子と、プラスの電荷を持つ原子核に分かれて、荷電粒子の気体、つまりプラズマになっている。電荷を持つガスといえるプラズマは、自由に形を変える性質があるが、中性気体のように粒子が完全に自由に動き回れるわけではなく、反対の電荷を持つ粒子は互いに引き合っている。それは、小さな磁石が集まって気体になり、その磁石が永遠に引き合ったり反発し合ったりし続けているようなものだ。つまり、プラズマは通常の気体よりも密度が高く、ある意味では緩やかな形、あるいは流れを保っているといえる（「plasma」は整形できる物質を意味する古代ギリシャ語に由来する）。プラズマ状態は、太陽で観測される温度と密度の両方を説明できる。プラズマは、普通なら液体状態と考えられる高い密度でも、気体のようにふるまえるからだ。

　地球上で核融合発電を実現するのに重要な課題の一つが、プラズマを十分に加熱して核融合の点火を実現するため、一億五〇〇〇万℃という温度を達成することだ。太陽の重力ポテンシャルエネルギーは手に入らないし、現在プラズマの加熱に使われている方法では、核融合反応で生成されるエネルギーよりも、加熱に使うエネルギーのほうが多くなってしまう。しかし、加熱効率は以前よりも改善しているし、世界初の商業用核融合を目指す実験炉ITER《イーター》[13]もフランス南部に建設中なので、核融合発電の未来は明るいといえる。

星の誕生

　これでようやく、圧力と重力が釣り合った星ができた。ここまで来るのは戦いだった。ガス雲のなかには、ちょうど良い温度や質量にならずに、重力と圧力のバランスが取れなかったものも多かった。このバランスこそが、どんな種類のガス雲が幸運なガス雲なのか、つまり何十億年も輝き続けることになる種類のガス雲なのかをきわめて厳密に決定づけている。そうしたガス雲の質量の下限は、太陽質量の約八パーセントだ。核融合の点火に必要とされるエネルギーはよくわかっているので、この下限は明確に決まっている。この下限より質量が小さいガス雲も収縮を始める可能性があるが、星のコアの圧力は水素原子を融合させられるほど高くならない。見込みがありそうな気がするかもしれないが、この原始星は恒星のなりそこないであり、褐色矮星と呼ばれる。褐色矮星は、惑星には大きすぎるが恒星と呼ぶには小さすぎる天体で、最近の研究から、天の川銀河では「本物」の恒星二個につき、褐色矮星が一個の割合で存在していることがわかってきた。[14] 運に恵まれなかったガス雲がそれほどたくさんあるのだ。褐色矮星は、最初は重力収縮によるエネルギー放射で輝いているものの、やがて温度が下がって暗くなったまま、永遠にその姿を保つ。

それに対して恒星の質量の上限となると、特にファーストスターについては議論の余地が大きい。理論的には、大きな星ほど中心の放射圧がより不安定になる。放射エネルギーがとても大きいために不安定になりやすく、たとえば近くのガス雲が降着する〔訳注：ガスなどが恒星に引かれて集積すること〕といった小さなエネルギー変化でも、重力圧と放射圧の間の平衡状態を大きく変える原因になる。実際にどうかといえば、大きな星ほど、プレッシャーを受けたわがままな歌姫のような性格になりがちだ。そうなるとかんしゃくを起こして、突然膨張して消散するか、急に収縮する。このふるまいは予測不可能なので、恒星の質量の上限にはきちんとした法則性はない。ただし近くの星を観測してみると、太陽質量の五〇倍以上の星はめずらしい。とはいえファーストスターでは、この質量の上限が現在の星形成よりもずっとゆるかったと考えられる理由がある。ファーストスターが形成された環境は、それ以前の恒星活動などによる汚染がない。そうした環境では星は必然的にずっと大きくなり、第6章で見るように、質量が太陽の数百倍あった可能性もある。

＊　＊　＊

星は、力と力が見事なバランスを取りながらダンスを踊ったことで生まれたものであり、星形成にちょうどよい条件を生み出すことができず、失敗に終わったガス雲は数多くある。最初の段階では、原子の重力がたし合わさってガス雲を収縮させる。ガス雲の温度やサイズが適切でなければ、原子の運動エネルギーが大きいため、最初にある重力の押す力にたやすく打ち勝ち、原子を消散させてしまう。しかし運動エネルギーが小さい場合、ガス雲は収縮を続け、重力ポテンシャルエネルギーが減少する分だけ、光や熱エネルギーが放出される。ガス雲の質量が十分に大きければ、内部圧力によって核融合反応の点火を起こす。二個の水素原子が融合して、その合計質量より軽い一個の原子を作りだすと同時に、きわめて大量のエネルギーを放出する。このエネルギーは、星での熱と光の生成を説明するのに十分すぎる量だが、その燃料は永遠にもつわけではない。

核融合反応による圧力は、星の避けられない死にあらがい、死刑の延期を求める。そして実際に、死刑執行はかなり長い間猶予される。星の内部には燃料になる水素がものすごくたくさんある。そして中心部の温度は上昇していくので、より複雑なタイプの核融合反応が一つずつ起きていって、必要なエネルギーを得るようになっている。まず星は水素を燃料とする核融合反応を着実におこなうと、次にヘリウムの核融合反応に進み、重力収縮に逆らって自らを支えるとともに、光と熱を生み出す。太陽が現在放出しているのは、このヘリウム核融合反応による光と熱だ。星は数億年、いや多くの場合は数十億年にわたって平衡状態を保ち、綱引きの両チームの力が調和しバランスが取れた状態になる。しかしその状態は永遠には続かない。重力は疲れを知らないからだ。重力は変わらずに作用し続け、星をさらに収縮させようとする。

それに対抗する核融合反応による圧力を生み出す水素はたくさんあるとはいえ、備蓄量はあくまで有限だ。いつの日か、水素が底を突き、重力が勝利するだろう。星の世界の綱引きが終わるときには、始まるときと同じで、頼れるチームは一つしかなくなる。

第5章　暗黒時代

　私が博士課程の学生だった当時、在籍していた天体物理学グループに一人のレジデント・アーティスト（滞在芸術家）がいた。毎週月曜日に開かれるセミナーでは、ほとんどの参加者が睡魔と戦っている間、彼女は部屋の後ろでノートを取っていた。私たちのやる気のなさは、発表の質のせいではなく、自分の得意分野に閉じこもりがちな研究者の習性を映し出していた。ほかの恒星系の惑星の研究？　宇宙の始まりなんて興味ないなあ。宇宙論の研究？　新しい太陽系外惑星の話を本当に聞かなきゃいけない？　しかしケイティ・パターソンは、そういう話題すべてに関心があるようだった。博士課程の学生の例にもれず、当時の私は芸術に目を向ける時間なんてないと思っていた。結果的に、パターソンの滞在中の活動に接する機会はなく、今考えるともったいないことをした。それから一〇年近くたって、私は宇宙の進化を描いたある芸術作品を目にした。少し調べてみると、制作者はあのケイティ・パターソンだった[1]。宇宙は広いが、世間は狭いものだ。ケイティ・パターソンが制作したのは、糸車のように縦に回転する円盤に、連続的に変化する色を塗って、宇宙の歴史のさまざまな時代を表現した作品だった。この《コズミック・スペクトラム》[2]という作品の写真は、巻頭のカラー口絵に掲載してある。

　パターソンの作品では、宇宙の始まりは高温で、ビッグバンのエネルギーで白熱している（カラー口絵では、円盤のちょうど三時にあたる)。やがて膨張するにつれて温度が下がると、円盤の色は青から黄色、オレンジに変わっていき、やがて可視光で最も波長が長い、深くて濃い赤になる。これが「宇宙の暗黒時代」だ。この時期までに、宇宙は膨張してガスは冷えており、仮に光の放射があっても、スペクトルの可視光領域の光はほとんど放射していなかった。星の誕生はまだ先だったが、ガス内の分子は結合し続けていて、これが核融合の点火につながった。そして突然、円盤には青色が現れる。巨大で青い最初の星が誕生し、ガスを強く加熱して「宇宙の夜明け」を迎えたのだ。しかし、ファーストスターの寿命は短く、すぐに第二世代や第三世代の星が誕生して、円盤の色はより低い、黄色よりの色になる。そしてやがて現在の宇宙の色に到達する。ある研究グループは、観測された銀河の色を平均し、赤方偏移の影響だけでなく、私たちの目が特定の色に敏感なことも考慮して、宇宙の色を導き出した。銀河の色すべてを混ぜ合わせると、人間の目にはベージュに見える可能性が最も高いのだ。研究者たちはこの色を「コズミック・ラテ」と呼んでいるが[3]、たぶんプレスリリースでベージュを面白く表現したのだろう。とはいえ、宇宙の天体の色や種類の豊富さを考えると、ベージュというのはかなり拍子抜けする色だ。そしてパターソンの円盤はさらに進んで、終わりを迎えた宇宙がどうなるかを考えている。宇宙が終わるとき、星はすべて赤色巨星になって寿命を迎える。そして最後の星が暗くなるとともに、宇宙の膨張があまりに進んだために、ガス雲が拡散して広がり、星がもはや誕生できなくなる。永遠の黒だ。寒々とした気分になる。ではパターソンの円盤を元に戻って、宇宙の終わりではなく始まり、つまり「宇宙の夜明け」に集中しよう。

宇宙の温度を測る

完全な暗闇に包まれたと想像してみよう。真の闇。無駄なのに、それでも脳のはたらきのせいで周囲を見回さずにはいられない、そんな闇だ。自ら体験しようとしない限り、真の暗闇をあなたは知らないかもしれない。現代社会では、私たちは人工光の集中攻撃にあっている。ヨーロッパと北米に住む人の九九パーセントは、光害に汚染された空の下で生活している。[4] 暗闇は珍しいものになっていて、売り買いの対象にさえなっている。世界各地の都市でしかるべき金額を払えば、アイソレーションタンクの中でのリラックス体験や、完全な暗闇を作り出したレストランでのディナーやお見合いパーティーまでできる。そこまで極端ではない形の体験を希望する人は、アマチュア天文家やキャンプ愛好者の仲間に加えてもらえばいい。あるいは、世界各地に一〇〇カ所ほどある国際ダークスカイプレイス（星空保護区）に向かうという方法もある。そうした場所の夜空には、オフィスの照明や、フードなどが設置されていない街灯のぼんやりとした光が届かないので、いつでも私たちの頭上にあるものを見られる。夜空をうろつき回る惑星や、図像を描いて物語を語る星々、そしてとても運が良ければ、夜空を横切る天の川も見えるかもしれない。こうした星々が描き出す壁画を前にすると、その証拠を消し去ろうとどんなに頑張っても、私たちがとても小さい存在であることを思い出す。同じように、暗黒時代の暗闇を見つめると、自分たちが小さいだけでなく、とても若いことも思い出させてくれる。

パターソンは初期宇宙の色を推定するために、科学者と協力して、ある時点での宇宙の温度を計算したうえで、宇宙が黒体放射をしていると仮定した。これまで見てきたように、宇宙マイクロ波背景放射には黒体放射としての性質があることを考えれば、これは無理のない仮定だ。黒体放射スペクトルは温度だけで決まる。つまり温度が与えられれば、すべての波長域での光の強度がわかるので、それを平均すれば全体の色が求められる。

光を使うと、思いもよらない方法で過去を見ることができる。光速は有限なので、遠くの天体を見るほど、より遠い過去の天体を見ていることになる。すでに説明したように、今見えている太陽は八分前の太陽だ。同じように、火星は四分前、アンドロメダ銀河は二億五〇〇〇万年前の姿を見せている。理屈のうえでは、可視光で十分に遠くを見れば、約一三〇億年前に形成されたファーストスターを観測できることになる。とはいえ、それほどの感度で運用可能な光学望遠鏡を建造する技術はまだ実現していないので、別の方法を考えなければならない。その答えはケイティ・パターソンの《コズミック・スペクトラム》にある。この回転する円盤からわかるのは、宇宙に漂うガスの色を見れば、つまり温度を測定すれば、星形成の観点で何が起こっているのか調べられるということだ。例の幸運なガス雲で核融合反応が始まりつつあるとき、不運なガス雲は消散して「星間物質」というものになる。これは、ファーストスターの間を漂う希薄なガスで、主に水素とヘリウムからなる。ガスの温度が高ければ、星形成がしっかりとおこなわれている可能性が高い。反対にガスの温度が低ければ、近くには星が存在しないことになる。まだ形成されていないか、すでに死んだためだ。そう考えると、ファーストスターを見つける方法として、ファーストスターそのものを検出するのではなく、ファーストスターがガスを十分に加熱したためにその位置がわかるようになる時期を観測で突きとめるのはどうだろうか。

この一〇年間、いくつかの観測でこのアイデアが試みられてきた。そうした観測をグローバルシグナル観測というが、この「グローバル」は、すべてを含む、あるいは多方面に応用できるという意味合いだ。というのはそうした観測では、夜空の温度の観測値を平均することで、ファーストスターがあった時代を絞り込もうとするからである。ペンジアスとウィルソンが実施した宇宙マイクロ波背景放射の観測もグローバルシグナル観測だった。WMAP衛星やプランク衛星などの後年のミッションが温度ゆらぎの全天マップを作成したのとは対照的に、ペンジアスらは一つの温度だけを検出した。それをもとに、ペンジアス

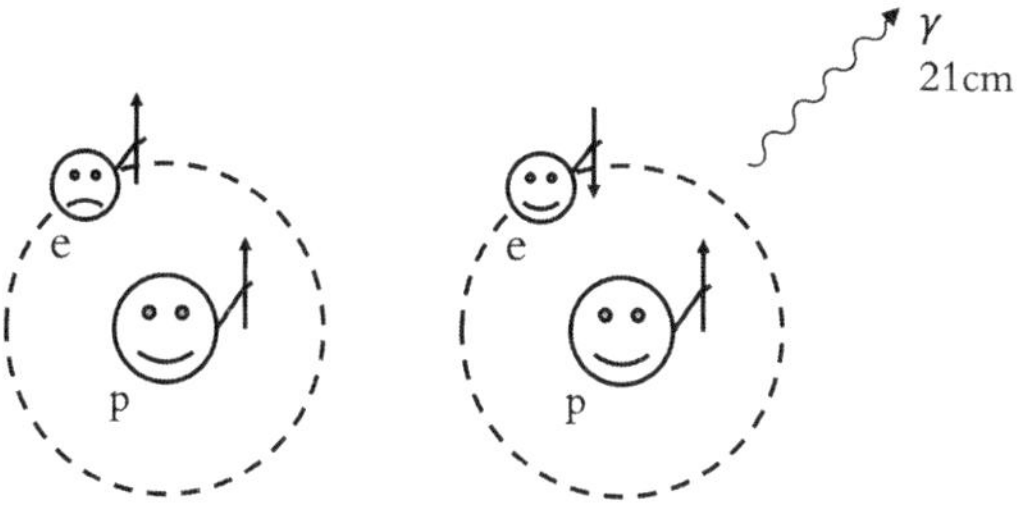

図 13　スピン反転遷移の模式図。電子がスピン反転遷移をすると、そのスピンは平行から反平行に変化し、原子は波長 21cm の光子（γ）を放出する〔訳注：図中の p は陽子、e は電子〕。

とウィルソンのあとを継いだ科学者たちは、観測をするにあたって、宇宙マイクロ波背景放射の性質としてわかっている波長（周波数）を観測するように望遠鏡を設定した。私たちは始原ガス〔訳注：宇宙初期に存在していたガスのこと〕の温度を検出するときに、これと同じ原則を取り入れている。高温のガスは光を放射しており、具体的には、水素ガスは波長二一センチメートルの光を放射する。

スピン温度

その放射を私たちが二一センチメートル放射と呼んでいるのは、光子の波長が二一センチメートル（周波数では一四二〇メガヘルツ）だからだ。水素原子は、電子のスピン状態が変化すると、波長二一センチメートルの光子を一個放出する。スピンというのは、質量や電荷と同じように原子の性質の一つだが、身の回りに似たものがないので、一般にはあまり知られていない。水素原子は、陽子と電子のスピンの向きが同じ（平行）場合、「励起《れいき》」した状態にある。つまり原子全体のエネルギーが高いということだ。一方、陽子と電子のスピンの向きが反対（反平行）の場合、水素原子は励起していない。自発的に、または外からの刺激で電子のスピンの向きが反転し、平行状態から反平行状態に変化すると、水素原子は波長二一センチメートルの光子という形で一定量のエネルギーを放出する。そして原子は励起していない元の状態になる。これは二個の棒磁石を並べて置く場合に似ている。N極とN極、S極とS極をくっつけるにはより多くのエネルギーが必要で、棒磁石は自然とN極とS極、S極とN極が並んだ状態になろうとする。同じように、水素原子はエネルギーがより低い状態になりたがるので、電子のスピンが平行なら、スピンが反転して反平行に遷移する「スピン反転遷移」がほどなく起こり、励起状態から元の状態になって、波長二一センチメートルの光子を放出する(図13)。ガスの「スピン温度」からは、励起状態の原子とエネルギーが低い原子がある比率になるには、ガスが何℃でなければならないかがわかる。スピン温度が高いほど、励起状態の原子の割合が高く、そのガスから放射されることになる二一センチメートル放射の強度も高い。

水素のスピン温度は宇宙の歴史のなかで興味深い変化を重ねており、何からの影響が最も大きいかによって、高くも低くもなってきた。初期宇宙では、水素原子が反対向きのスピンを持つ水素原子や電子と衝突することで、スピンの交換が発生し、それがスピン温度を決めていた。宇宙が膨張するにつれ、そうした原子間の衝突はめったに起こらなくなった。代わりに水素原子による宇宙マイクロ波背景放射(CMB)の光子の吸収が、励起状態の水素原子の割合に最も大きく影響するようになり、それがスピン温度を決めた。そのあと、ファーストスターが誕生すると、スピン温度を決める第三のメカニズムが登場した。ファーストスターが放出する高エネルギー紫外線光子が、ガスを加熱し、ガス温度がスピン温度に大きく影響するようにしたのだ。どういうことかというと、水素原子が紫外線光子を吸収すると、電子が励起して高い軌道に移り、スピン反転遷移が示すエネルギー状態を上回るようになる。電子はこの高エネルギー状態を好まず、より低いエネルギー状態に移るときに、原子から光子が放出される。一部の水素原子では、電子がまずスピンが平行の励起状態に落ちてきて、そこからスピンが反平行の励起していない状態まで落ちてくる最終段階で、波長二一センチメートルの光子を放出することがある。こうした紫外線光子がスピン温度に与える効果は、ヴォートハイゼン－フィールド効果と呼ばれている。これによって、スピン温度がＣＭＢ温度ではなく、ガス温度と結びつく（カップリングする）ようになる。紫外線光子は、ガスの加熱とスピン温度の決定の両方をおこない、この二つを結びつけている。

最初の光の初検出

二一センチメートル放射のグローバルシグナル観測のねらいは、この波長二一センチメートル放射の強度を宇宙史のさまざまな時代で測定し、宇宙の膨張とファーストスターの誕生にともなって、その放射強度が上下した様子を調べることだ。この観測は簡単でもあり、難しくもある。考え方は単純なのだが、実行するとなると大変なのだ。私は、ファーストスターの初検出の実現に向けた最有力候補とされる望遠鏡について、数え切れないほどの発表をしてきたが、そのプレゼン資料でグローバルシグナル観測を紹介したことはなかった。それなのに、二〇一八年二月に一人のジャーナリストから電話がかかってきて、[5] ＥＤＧＥＳという観測装置がファーストスターの初検出に成功したという研究論文へのコメントを求められた。[6] ＥＤＧＥＳ（Experiment to Detect the Global EoR Signature）のEoRは、宇宙再電離期（Epoch of Reionisation）の略だ。宇宙再電離期というのは、ファーストスターが周囲のガスを加熱して電離させた時期をいう。その時はまだ、その論文の報道解禁前だった。つまり私はほとんどの研究仲間よりも先に、特別にその論文を読めることになったわけだ。読んでみて、口もきけないほどの驚きがやがて興奮に変わった。それは陶酔感といってもいいくらいで、私は家の中を跳ね回った。そう、確かにそれは私が過去一〇年間取り組んできた実験のライバルにあたる実験だった。それでも、ついに宇宙再電離期からのデータを手に入れ、ド

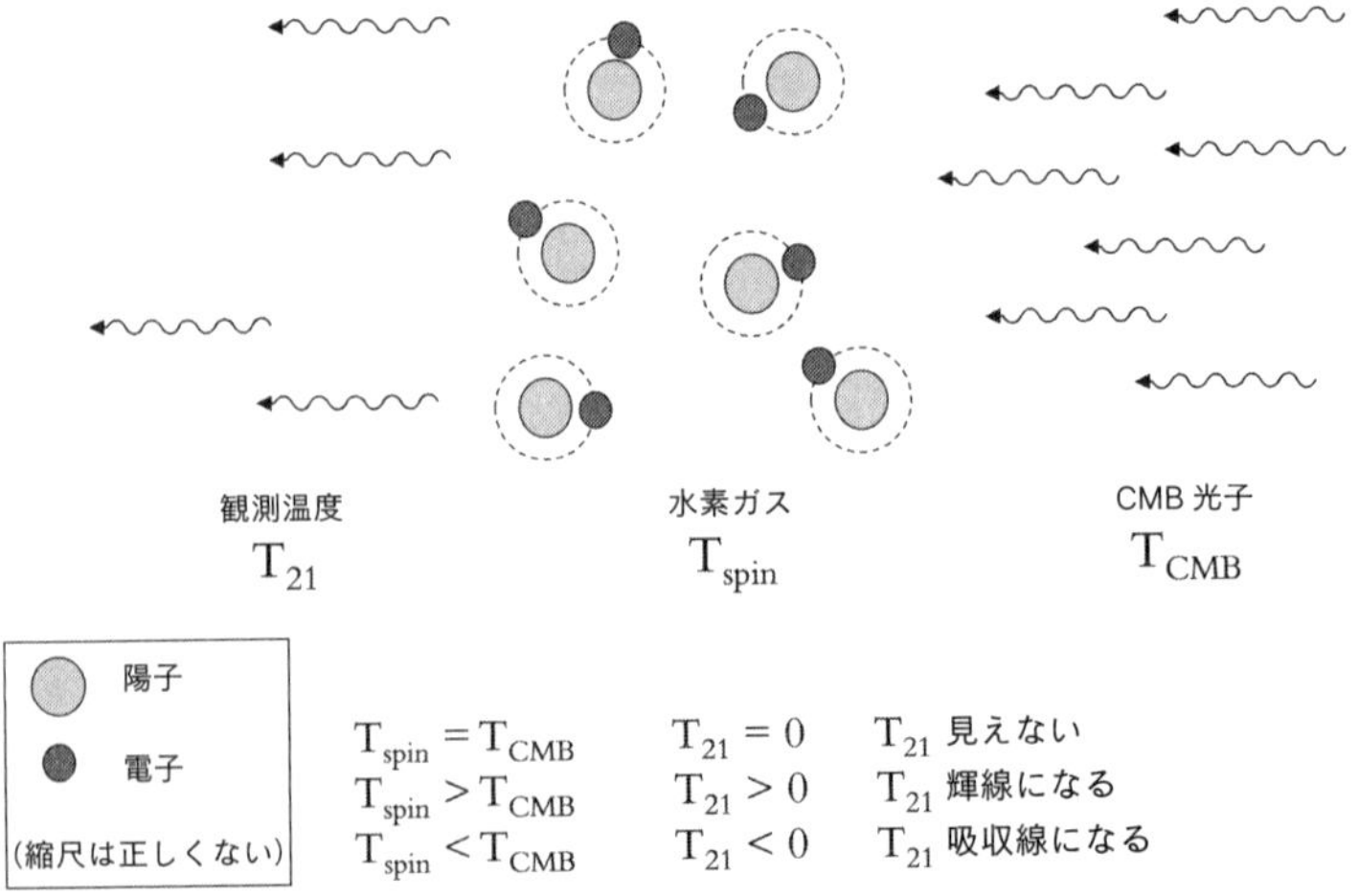

図 14　21 センチメートル放射温度。水素ガスの温度は宇宙マイクロ波背景放射（CMB）温度を基準として測定される。初期宇宙では、水素ガスの温度は吸収線として観測されるが、ファーストスターがガスを CMB 温度以上に加熱するようになると、そのシグナルは輝線になる。

アを少し開けたという興奮を、私も同じように感じた。EDGESは、ビッグバンから一億八〇〇〇万年後のガスの温度を測定していた。発見されたのは、先ほどの《コズミック・スペクトラム》でいえば、冷たいガスを表す濃い赤色が、宇宙が加熱されていることを表す明るい青に変わり始めるところであり、それはファーストスターが形成されたことを示すものだ。EDGESは暗黒時代の終わりと、宇宙の夜明けに差し込む最初の光を発見したのである。

EDGESは、あのターディスを思わせる観測装置だ。[*1] 装置は二つあって、形は同じだがサイズが異なる。一つは宇宙の再電離期に対応する高い周波数に合わせた装置で、もう一つは暗黒時代の低周波数の光子に合わせた低周波数帯アンテナだ。それぞれの装置を作り上げているのは、基本的には金属のテーブルである。二つの水平にしたシートアンテナが一つの支持構造に取り付けてあり、さらに金属製のグラウンドシートがついている。

観測装置が設置されている西オーストラリアの砂漠はもともと非常に静かなのだが、このグラウンドシートはその砂漠からの干渉を最小限にするためのものだ。私はＥＤＧＥＳの観測装置の写真をみるたびに頭がすっかり混乱してしまう。砂漠にテーブルが置いてある！ そのうえ、このテーブルで、はるばる宇宙の始まりまでさかのぼれるとは！ 宇宙空間にある高価なハッブル宇宙望遠鏡と比べると、ＥＤＧＥＳはサイズや価格、派手さの面でつつましい存在だ。しかし、観測結果はそうではない。ＥＤＧＥＳは、約一億年の期間にわたって、背景の温度（通常はＣＭＢ温度と仮定される）を基準として、水素の温度を測定した。水素のスピン温度がＣＭＢ温度より高ければ、観測される温度はプラスになり、「輝線」になる。一方で、スピン温度がＣＭＢ温度よりも低ければ、温度はマイナスになり、「吸収線」として観測される。時間の流れの中で、スピン温度が宇宙マイクロ波背景放射と等しい時期には何も見えない。その場合、全体的な温度はゼロだ（図14）。

ファーストスターが形成されつつあるころ、水素ガスの温度は最も低くなっている。宇宙が膨張していくと、水素ガスはどんどん広い空間を満たすようになるので、温度が下がるのだ。前出の不運なガス雲の名残である恒星間のガスは、ＣＭＢ温度より低いシグナルを示し、吸収線として観測される。ＥＤＧＥＳはこの温度測定を観測周波数全体でおこなった。波長二一センチメートル（周波数では一四二〇メガヘルツ）で放出された光子は、地球に向かって進んでくるときに、宇宙の膨張に逆らわなければならない。そ

＊1　私は使用する略語にはすべて説明をつけることにしているので、そうしよう。ターディス（ＴＡＲＤＩＳ）は「Time And Relative Dimension in Space（宇宙の時間と相対的次元）」の略だ。これを知らなくてもしかたないが、ターディスが何かわからなかったら、今すぐ『ドクター・フー』を見てほしい。楽しめるはずだから。

れはエスカレーターを反対向きに歩くようなものだ。それにはエネルギーが必要だが、これは波長が長くなることに等しい。このように波長が長くなる現象は「赤方偏移」と呼ばれる。この本の前の方で、遠ざかっていく銀河について見てきた効果だ。この赤方偏移を利用して、さまざまな波長（周波数）に変化した光子を望遠鏡で観測すれば、異なる時代の状況を調べることができる。たとえば、ビッグバンの一億八〇〇〇万年後に放出された波長二一センチメートルの光子は、現在の私たちのもとに届くときには波長が四・五メートル（周波数六八メガヘルツ）になっている。その一億年後に放出された光子は、宇宙の膨張に逆らってきた時間が短いので、エネルギーの損失が少なく、私たちのところには波長三・三メートル（周波数九二メガヘルツ）で届く。EDGESでこのあたりの周波数を検出したところ、吸収の「谷」が見つかった。この谷が示しているのは、ファーストスターが形成される前（図15の(a)にあたる）には、スピン温度がCMB温度と同じだったので、観測される温度はゼロだったことだ。そしてビッグバンの一億八〇〇〇万年後（図15の(b)）に、EDGESは急激な吸収を検出している。スピン温度がCMB温度とカップリングしなくなったということだ。代わりに、ファーストスターが放出する紫外線光子がガスを加熱するとともに、ヴォートハイゼン－フィールド効果によってスピン状態を変化させるため、スピン温度とガス温度のカップリングが生じた。この急激な吸収こそ、私たちがずっと探していたシグナルだ。つまり、紫外線光子がガス温度を決めるうえで優勢なメカニズムになった時点ということだ。ファーストスターはビッグバンの一億八〇〇〇万年後に誕生した後、すぐにガスを加熱して、CMB温度に匹敵するか、それを上回る温度にしたのである（図15の(c)）。これで私たちはパターソンの《コズミック・スペクトラム》に、暗黒時代の終わりを示すラベルをこれまでより自信を持って貼り付けられるようになった。これは初めて得られた、ファーストスターの直接的な痕跡だ。このグラフの温度の急激な降下は、これまで見えな

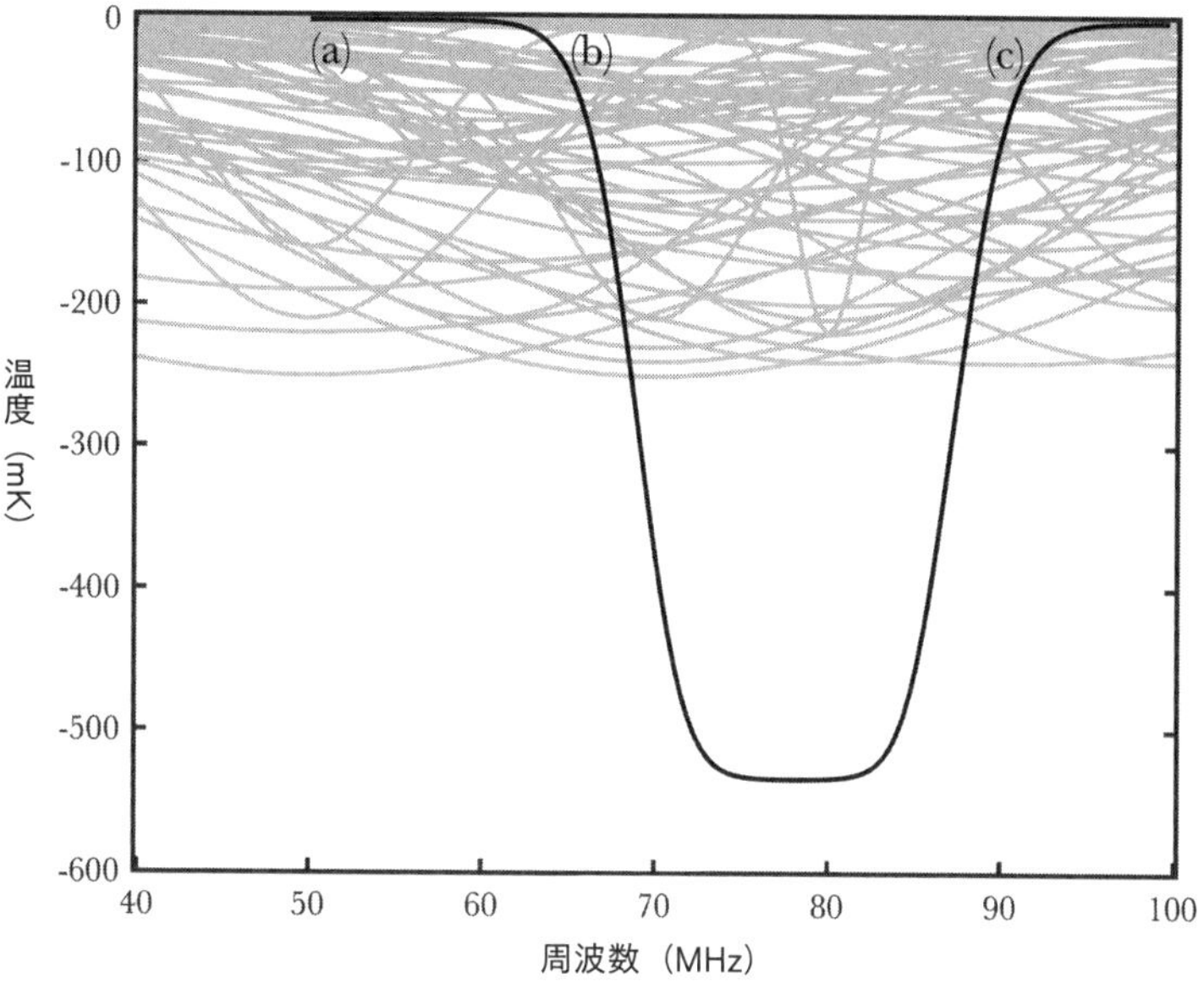

図 15　EDGES の観測値（黒色の線）。2018 年 2 月以前に構築されたモデル（灰色の線）で、観測値のような深い谷を再現できたものはなく、どのモデルでも平らな谷底は再現されていない。

かった時代のカーテンを開け、ファーストスターが誕生した時期という、最も基本的な情報を与えてくれたのである。

説明できないシグナル

ＥＤＧＥＳの話がここで終わりだったら、それでもニュースになっただろうし、私も家中を飛び回ったはずだが、革命をもたらす可能性まではなかっただろう。腰を下ろして、論文の残りを読んでいくにつれて、私の興奮はまったくの当惑に変わった。ＥＤＧＥＳはある奇妙なものを発見していたのだ。

シグナルが吸収状態に移るとき（スピン温度がＣＭＢ温度より低くなるとき）には、温度は一時的な急降下しかしないはずだ。スピン温度をガス温度とカップリングさせ、その温度を下げたのと同じ紫外線光子が、ガスを加熱し、両方の温度を上昇させることもするからだ。二一センチメートルシグナルの既存モデルのどれを使っても、検出されたEDGESシグナルの形や大きさは再現できていない。こういったことは、科学研究で起こりうる最も面白いことでもあり、最もつらいことでもある。それはそのデータとのかかわりかたによる。端から見ている立場なら、何か思いがけないものが発見されたことに興奮をおぼえるものだ。しかし、そのデータへの責任がある立場にいたら、荷の重さに落ち着かない気持ちになる。よくいうように、驚くべきことを証明するには、並外れた証拠が求められるのだ。EDGESの観測結果をまとめた二〇一八年の論文[7]からは、そうした荷の重さがはっきり読みとれる。全体を通してためらうようなトーンで書かれており、「われわれはまだ確認を必要としている」という重要なメッセージがはっきり出ている。観測結果は客観的に記載されていて、その点では五三年前の宇宙マイクロ波背景放射の論文でのペンジアスとウィルソンの対応によく似ている。著者たちは、この予想外のシグナルの原因を説明するのではなく、シグナルの原因とは考えられないものを網羅的にあげている。彼らはそのシグナルのデータを二年分蓄積していた。そのシグナルの検出にはさまざまな周波数を使っていた。観測装置は二種類あったし、アンテナの配置もいろいろと変えていた。ノイズの発生源ではないことを確かめるために、一部のハードウェアを交換したり、何種類もの解析パイプライン〔訳注：一連のデータ解析手順を自動実行するシステム〕を使用したり、さまざまな時間帯や季節に観測したりした。たぶん鳩の糞の可能性も確認しただろう。そこまでしても、シグナルは消えなかった。

EDGESにかかわっていた研究者は、このシグナルの検出の裏側にある技術や科学について確認を重ねている間、発見の事実を秘密にしていた。二〇一七年にはクロアチアで、天体物理学者が集まってファーストスター検出の進捗状況について議論する機会があった。私も参加して、あらゆる主要な望遠鏡の最新情報に耳を傾けていた。そしてその場で、宇宙論学者でEDGESにかかわっているジャッド・ボーマンがEDGESについての発表をしたのを聞いた記憶がある。いや、ボーマンがEDGESについて話さなかったのを覚えている、と言ったほうがいいかもしれない。私が当時書いたメモを見ると、ボーマンの発表は次世代望遠鏡の話が中心であり、EDGESにはほとんど触れていない。私はその沈黙を、実験が成功して、確認作業を進めていたせいだとは思わず、反対に実験が行き詰まって放棄したのだと受け取った。今にして思えば、何も言わなかったのは理解できる。その検出には特別な意味合いがあることを考えると、万全を期す必要があったのだ。

EDGESが検出したシグナルは、どんな予想よりも二倍以上温度が低かった。ペンジアスとウィルソンの宇宙マイクロ波背景放射検出の発表と同じように、EDGESの実験論文と同時に理論論文も発表された。この理論論文(8)には、実験結果の報告でみられたためらいはなく、あるのは理論家の熱意だ。シグナルの原因ではないものをいくつもあげる代わりに、シグナルの正体についての型破りな説が提案されている。ガスの温度を低くするためには、ガスはもっと温度が低いものと相互作用しなければならない。この論文は「既知の宇宙の構成要素で唯一、初期の星間ガスよりも温度が低い可能性があるのが、ダークマターだ」としている。

ダークマター

ここまでで、ダークマターの話をするのを忘れていただろうか？　しまった。とんでもない怠慢だが、これは二〇一五年以前のファーストスター研究の状況を映し出しているといえる。それは二〇一一年に、大学院生の私が腰をかけ、ケイティ・パターソンもいたあの大教室の状況そのものでもある。ダークマター？　ファーストスターの研究者が、ダークマターのことを知っている必要なんてある？　ケイティのメモにはどう書いてあるか、聞いてみなくては。

これまでの章で、私は水素を主な成分とする宇宙について書いてきたが、表現には気をつけてきた。私が説明したのは通常の宇宙、つまりたとえX線望遠鏡や電波望遠鏡が必要だとしても、「見る」ことはできる宇宙だ。いわゆる通常物質はバリオンという粒子からできている。バリオンは光と相互作用するので、少なくともある波長域の電磁波を使えばその存在を見ることができる。一方のダークマター〔訳注：暗黒物質ともいう〕は、光と相互作用しないので、あらゆる従来型望遠鏡はもちろん、最新の望遠鏡の観測にもかからない。これまでダークマターは直接検出されていないが、宇宙に存在する総質量の八五パーセントをダークマターが占めるという話をするときに、それはさしたる問題ではない。

といっても、ファーストスターの研究者がダークマターをまったく考慮していないということではない。むしろ私たちは、ダークマターは重力を通してのみ目立つような相互作用ができると考えている。ダークマターは、ファーストスターを組み立てるための作業場を作り出すのだ。初期宇宙では、ビッグバンの三八万年後に起こった再結合のあと、ガスはあまりに高温だったので、収縮して星へと育っていくことができなかった。つまり、幸運なガス雲は存在しなかったわけだ。しかし私たちの知るかぎりでは、多少の議論はあるが、ダークマターは低温だった。低温の物質は収縮できるので、ダークマターは収縮した。モデル計算によれば、ダークマターは収縮して密度の高いフィラメント状になり、これがクモの巣のように宇宙全体を覆った。それがさらに収縮して、たとえばダークマターでできた星や銀河にならなかったのは、ダークマターは多少収縮できるほどには低温だったが、バリオンのように電磁気的な相互作用（つまり光子との相互作用）によって熱を失うことができなかったからだ。ダークマターはこの熱を失えないという性質のせいで、内部圧がかなり高かった。このためダークマターは「ダークマターハロー」より小さいサイズに収縮できなかった。ダークマターハローはダークマターが自らの重力で集まった領域で、フィラメント構造の交差部分にあり、質量は太陽の一〇〇万倍だ。

　宇宙全体にダークマターがクモの巣構造に広がると、冷却中のガスには、重力の作用でまとわりつく土台ができた。そうしたダークマターの集まりの重力が原因となり、ガスはクモの巣と同じパターンに沿って収縮した。この宇宙のクモの巣の形成を最もよく再現したシミュレーションの一つが、イラストリス（Illustris）シミュレーションで[9]、その画像を巻頭のカラー口絵に載せてある。この画像にあるのは、シミュレーションで再現した最も大規模なダークマターの塊で、フィラメントの交差部分にある。中にはさらに小さなサブハローが五〇〇〇個以上含まれており、その中で銀河が形成される可能性がある。画像の左側はダークマターの分布を、右側はガスの分布を表している。この二つの分布は切れ目なく一体になっている。これは私のお気に入りの天体物理学画像で、パソコンの壁紙にしてあるくらいだ。家族写真の代わりに、赤ちゃん星の超音波診断画像を飾っているわけだ。なにしろこれはそういう写真なのだ。このダークマターはガスを集めることで、星を生み出すガス雲を形作る。このガスは大きなスケールで見るとダークマターのパターンに完全にしたがっているが、もっと小さいスケールまで拡大すると、ダークマターが収縮できないところまでガスは収縮し続けることができる。ダークマターは冷却メカニズムがないために収縮が止まってしまうが、ガスは第4章で説明したような方法で収縮を続けられるのだ。このようにして、ファーストスターと初代銀河がダークマターハローの中で形成され、ダークマターの雲の真ん中で明るく光ることになった。

平らな回転曲線

ほぼすべての銀河と同じように、私たちの天の川銀河もダークマターハローの真ん中に位置している。実は、ダークマターの存在を示す最も説得力ある証拠が得られたきっかけは、そうした裏に潜んでいるダークマターハロー構造だ。一九七〇年代には、銀河の観測精度が高くなったことで、ドップラー効果を使って、銀河内での星の移動速度を周縁部まで測定できるようになった。ドップラー効果は第3章の図10（本書七三ページ）に示したように、光源が私たちに近づいているか遠ざかっているかによって、放射される光の波長が短くなったり長くなったりする現象だ。米国人天文学者のヴェラ・ルービンは、銀河の中心からの距離が大きくなるにつれて、星の移動速度がどう変化するかを表すグラフを作成した〔訳注：地球が太陽の周りを回るように、星も銀河中心の周りを回っている〕。通常物質だけからなる銀河では、ケプラーの法則にしたがって、星の回転速度は銀河中心からの距離とともに減少すると予想される。銀河中心から遠くなると、内側にある星の質量による引力が弱まる。その結果、星の回転速度は小さくなるはずだ。これと同じことは太陽系でも観測されている。太陽の周りを八個の惑星が公転しているが、中心から遠ざかるにつれて、公転軌道が長くなるだけでなく、その軌道をよりゆっくりと移動するようになる。地球は太陽を三六五日周期で回っている。水星の場合、公転周期は八八日だが、海王星は一六五年かかる。

ケプラーの法則どおりに減少するという予想に反して、ルービンが観測したほぼすべての銀河で、回転速度を表す曲線（回転曲線）は平らになった。まず、中心に近いところでは半径（銀河の中心からの距離）とともに回転速度が増加した。これは半径が増加すると、その内側にある星の質量も増加し、その引力が増加するためであり、予想と一致していた。しかし、光で見える銀河の外側領域まで進むと、星の回転曲線は急に平らになった。そして重要なことに、その曲線は減少し始めるのではなく、ほぼ横ばい状態

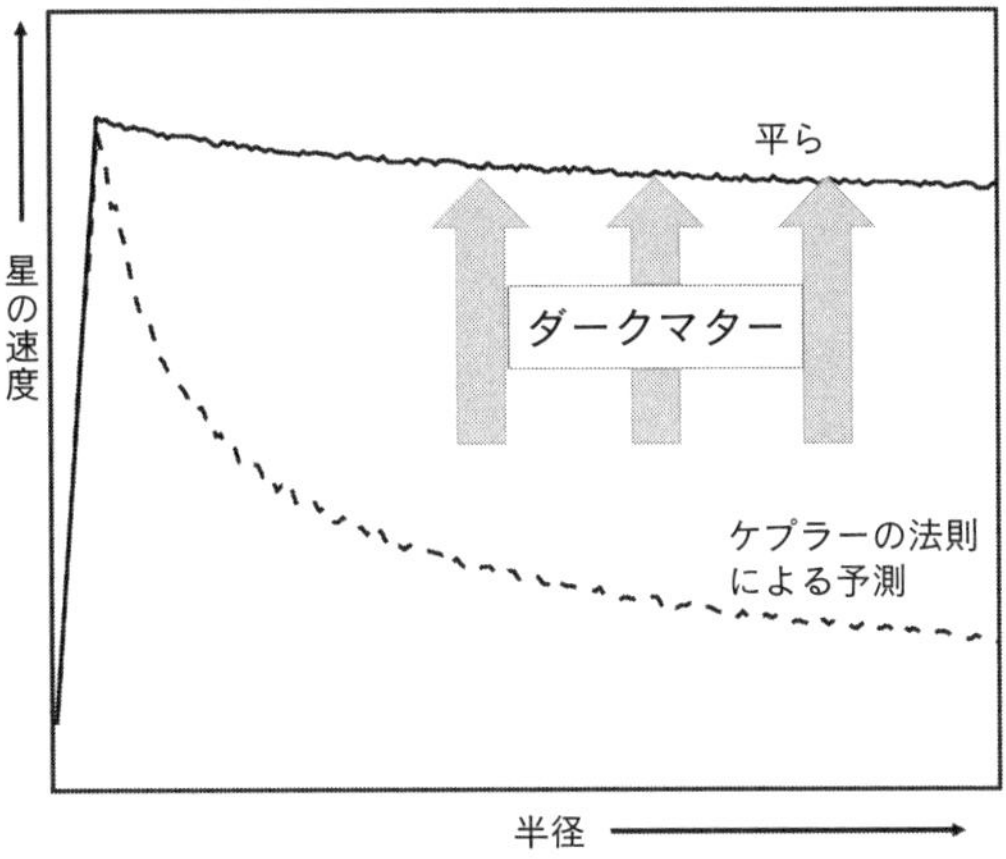

図 16　平らな回転曲線。ヴェラ・ルービンとヘンリー・フォードによる 1978 年の観測で、観測した銀河が平らな回転曲線にしたがっていることがわかった。このグラフでは、銀河中心からの距離が大きくなっても、星の回転速度は同じになっている。

になった。この平らな回転曲線が意味するのは、銀河中心から離れる方向に観測していっても、星が銀河内を移動する速度が変わらないということだ。そうなるケースとして唯一考えられるのが、銀河の外側領域にいっても、その内側にある質量が増加し続けるため、星が受ける重力が保たれるという状況だ。これは光で見える銀河の姿とは一致しない。銀河の星の分布は、中心部分には星がたくさんあって明るいが、外側のハローでは星がまばらになっており、その逆ではない。唯一考えられる結論は、銀河には私たちには見えない物質がきわめて大量に存在しているということだ。その物質がダークマターである。

ダークマターはどこにでもある。私たちは今も、ダークマターでできた巨大なボールのなかにいる。ダークマターの存在に気づいていないのは、重力以外とは相互作用しないと思われることと、密度が非常に小さいので、人間のスケールではその重力をまったく感じないことが理由だ。一生のうちに私たちの体を通り抜けていくダークマターは、わずか一ミリグラムほどである。[10] 密度がこれほど低いため、太陽系ではケプラーの法則どおりに、外側に行くにつれて天体の回転速度が減少し、平らな回転曲線にはならない。ダークマターは存在しているが、密度がきわめて小さいのでほとんど影響がないのだ。海王星は、その軌道より内側にあるすべての惑星の重力に加えて、内側にあるダークマターの重力も受けているものの、そうしたダークマターの質量は大きな岩一個分しかない。しかし、銀河のスケールではそういった作用が積み重なっていく。銀河の外側領域では、半径が大きくなるとその内側の体積が大幅に増加するため、内側にある星の数は少ししか増えないが、ダークマターの増加は膨大だ。そのスケールになって、ようやくダークマターが作用するようになり、外側領域の星に重力をおよぼして、予想以上の速度で銀河内を移動させるのだ。

ダークマター粒子

とはいえ、ダークマターの実体は何なのだろうか？　重力を生み出す何かが存在していること、その密度が小さいことはわかっている。比較的平凡な説の一つには、どうか奇妙な話に入れ込みすぎないでくれと懇願する響きがある。目に見えないからといって、それが新しい謎の奇妙な物質とはかぎらない。単に暗いだけかもしれないのだ。ここまで、多くのガス雲が星になりそこねた話をしてきた。そして何より、恒星になれなかった褐色矮星が非常に多くあることも紹介した。銀河は褐色矮星であふれていて、その分の質量が加わっているのかもしれない。これは理にかなっているが、説得力のある説ではない。パターソンは、《すべての死んだ星》（All the Dead Stars）[11] という作品で、宇宙に存在するが、目に見えない死んだ星を描いた。この作品では、人類の歴史上で記録されてきた、存在がわかっている二万七〇〇〇個の死んだ星の位置を、銀河の地図の上に点で表している。現在では、死んだ星や、暗い星、弱った星も数多く見つかるようになった。望遠鏡の性能が向上しているので、たとえ褐色矮星が暗くても、それが天の川銀河全体でどのくらいの質量になるのかを計算するのに十分な数を検出できる。その質量を考慮しても、ダークマターとされる行方不明の質量《ミッシングマス》には足りない。

　ある説ではダークマターを、陽子や中性子、電子、クォーク、ニュートリノといった、すでに知られているバラエティ豊かな粒子の「動物園」の新メンバーだとしている。その粒子が大規模な相互作用をするなら、私たちはすでに気づいているはずなので、そうした相互作用がないことはわかっている。そのためこの仮説上の粒子は「ＷＩＭＰ《ウィンプ》」（弱い相互作用をする重粒子）と命名されている。ＷＩＭＰは、ダークマターがほかの粒子とあまり相互作用しないからといって、相互作用が完全にゼロというわけではないという希望の象徴だ。ある論文は、ダークマターと衝突した人間は爆発するかどうかという観点で、そうした相互作用に制限を与えた。論文のタイトルは「ダークマターによる死亡や重傷」だ[12]。著者たちは、ダークマターが大きな質量を持つ粒子だとしたら、その粒子と人体が衝突すれば……まずいことになるという説を提案した。人間が説明不可能な状況で爆発することが日常的に起こっていないことから、そうしたダークマター粒子の質量はある上限以下でなければならず、衝突の確率も低くなければならないことがわかる。粒子の質量がもっと大きかったり、相互作用が強かったりしたら、衝突はあちこちで起こり、破壊力も高くなるので、人体の爆発現象は今までに確認されているはずだ。素晴らしい結論である。ところで、ファーストスター研究を最も早く始めて、今も続けている第一人者がエイブラハム・ローブ教授だ。ハーバード大学天文学部の学部長であるローブ教授は、熱意あふれる科学者として尊敬を集めている。二〇一九年に話をしたとき、ローブ教授は科学者たちが子どものころの好奇心を失いがちなことが残念だと言っていた。「私たちはもっと子どもみたいにふるまうべきなんだ。私は、ここハーバード大学の同僚たちがもっと子どもみたいなやり方をする気になるよう働きかけてきた。（中略）失敗は学習プロセスの一部なんだから」。私は科学にそうした姿勢でのぞむことがとても大切だと思っている。科学は楽しくて、好奇心にあふれたものであるべきだ。そして私たちは、抱いた疑問に導かれるまま進むべきであり、その先が行き止まりなのか、それとも驚くような結果が待っているのかなどと心配してはいけない。「ダークマターによる死亡」についての論文はそんな姿勢で書かれた論文だ。そしてＥＤＧＥＳも、いわば誰も進まないような道を進んだが、その先にはとんでもない驚きが待っていた。

ダークマターの相互作用が一回でも発生すれば、その極小の相互作用を観測可能なレベルまで増幅することで、初めてのＷＩＭＰ直接観測を実現しようという実験がいくつか進行中だ。そうした実験装置は、英国、カナダ、米国、オーストラリア、スペイン、イタリアなど、世界各地の地下深くに設置されている。地上に大量に飛び回っている粒子から遮蔽《しゃへい》された実験装置には、観測用の物質が蓄えられており、その物質とＷＩＭＰが衝突すると、その物質の原子核が跳ね返されると予測されている。このわずかな跳ね返りが光と熱を生み出す。この光と熱はごく微量だが、高感度の検出器と、極低温環境、そして十分な根気強さがあれば、いつの日かまれな衝突が起こったときに、ダークマター粒子が検出されるだろうと科学者は信じている。ただし今のところは検出されていない。こうした実験は二〇年以上続けられていて、一度だけ肯定的な結果が得られたが、それについては議論も非常に多い[13]。圧倒的多数の実験では何も検出されておらず、ダークマターのデータ不足は続いている。しかしそこに登場したのが、ダークマターの情報が得られるとは一切予想されていなかったＥＤＧＥＳだったのだ。

ダークマターと最初の星の光

ダークマターについて多少の予備知識ができたので、これでダークマターがＥＤＧＥＳの観測とどのようにつながっているのかという話に進むことができる。ただしその前に、一つ注意喚起をしておかなければ、私の手落ちということになる。研究論文を探してみれば、ＥＤＧＥＳシグナルを説明できる説はいくつか見つかる。その一つが、ダークマターと相互作用するというものであり、データを切望している別の分野に予想外の大きな影響をもたらすという点で、特にセンセーショナルな説だ。そのため、その可能性を考えると興奮してしまいがちだが、以下の内容は、科学者のような健全な懐疑的態度をもって読んでほしい。それは複数ある説の一つであり、それをしっかりした理論として提示できるようになるまでには、もっと多くのデータが必要だ。ダークマターと、ガスや銀河、星の関係はずっと前から知られており、ダークマターを含めたシミュレーションもおこなわれてきたので、ダークマターを完全に無視するというわけではない。しかし、クモの巣状に広がったダークマターの中でガスが結合して星が誕生したら、それ以降はダークマターの存在を考慮する必要はほとんどない。太陽系の大きさではダークマターの影響がほとんどないのと同じように、このスケールではダークマターは重要ではない。少なくとも、そう考えられている。ＥＤＧＥＳの観測結果が意味するのは、何かとの相互作用によってガスが冷却されていること、そして当時の宇宙にただよっていた、ガスより温度が低い唯一のものがダークマターだということだ。

高温のガス雲と、低温のダークマターの雲があったとすれば、エネルギーが前者から後者に伝わり、やがて熱平衡状態になる。ガスの温度が下がり、ダークマターは少しだけ温度が上がるのだ。しかしちょっと待って。ダークマターは物質と相互作用しないことで知られている。ＷＩＭＰという名前もそういっている。ＥＤＧＥＳの理論論文が指摘したのは、今の私たちがいる宇宙は、遠い昔と比べるとすっかり変わっているということだ。パターソンの《コズミック・スペクトラム》の円盤で三時のところにあった青色は、ビッグバンの数億年あと、宇宙のガスの温度がそれまでで最も低くなり、それから現在までの間にもやはりそれ以下になったことはないことを示している。そのあとすぐにファーストスターが生まれ、続いて何世代もの星が登場して、ガスを加熱し、穏やかな環境に保った。現在では、ダークマターは私たちの身近にある粒子とはほとんど、あるいはまったく相互作用しない。もしするのであれば、地下深くにある実験装置で検出されていたか、人体をもっと頻繁に爆発させることになっていたはずなので、証拠が得られていただろう。しかしダークマターの相互作用が、粒子の速度が非常に遅い場合や、温度が低い場合に限って起こるとしたらどうだろうか？　粒子の相互作用や衝突にはさまざまな種類があり、高エネルギーの粒子でしか起こらない衝突もあるが、もっと穏やかな環境が必要とされる場合もある。自分に向かって全力疾走してくる人をハグしようとすることを想像すると、相互作用にかんしていえば、速度が遅い方が易しいことを理解できるだろう。暗黒時代の宇宙は、ほかのどの時代よりも穏やかな環境であり、ガス粒子はどの時代よりもゆっくりとした速度で動いていた。したがって、ダークマターの衝突は低温の環境であるほど最も可能性が高くなるとすれば、暗黒時代こそ衝突が最も起こりやすい時期だといえる。そのため、近ごろは人付き合いが悪いダークマターも、昔はずっと社交的で、ほかの物質と相互作用をしていたのである。

ダークマターに制限を与えるものとしては、たとえば宇宙マイクロ波背景放射による制限などほかにもあるので、どんな説でも、EDGESデータに見られる冷却効果を説明すると同時に、そうした制限を満たさなければならない。両方を満たすことは難しいことがわかっているので、いくつかある冷たいダークマターモデルのなかで現実的なものはかぎられている。その中で注目されているのが、微弱電荷《ミリチャージド》ダークマターモデルだ。(14) ダークマターが小さな電荷を持つとしたら、ガスの中の陽子や電子と相互作用して、ガスを冷却できる。これは素晴らしい説に思えるが、何かが電荷を持つとき、重力だけでなく磁場の影響も受ける。宇宙でこの種のダークマターに何が起こるのかを考えることで、このモデルに制限を与え、観測結果と比較することは可能だ。どんな微弱電荷ダークマターでも、超新星（恒星の爆発現象）に関連する磁場によって銀河円盤から押し出され、さらに銀河磁場によって銀河円盤にふたたび入りこむのを妨げられてしまうだろう。銀河円盤に存在するダークマターの質量の測定値は、そのダークマターの大半が（実際には九九パーセント以上が）電荷を持たない状態でなければならないことを示している。それは、超新星によって生成された磁場があっても、ダークマターは見たところ銀河円盤内にとどまっているようだからだ。ダークマターが銀河からすっかり押し出されていたら、銀河の外側領域で星があれほど速く移動することはないだろう。もしかしたら、ダークマターに対する私たちの理解をそれほど大きく変える必要はないのかもしれない。全体の一パーセント未満だけが、予想よりも謎めいていて、おそらくは電荷を持っているという可能性もある。ダークマターも独自の再結合をして（再結合は、初期宇宙で陽子と電子が結合して原子を作った現象だ）、中性暗黒原子を形成するが（これが現在観測されているダークマターの九九パーセントに相当）、再結合で余った分が電荷を持つ「自由な」ダークマター粒子成分（先ほどの微弱電荷ダークマター）として残るかもしれない。この分野の研究はかなりの速さで進展しているので、ここまでの数段落は今後数年で書き直す必要がでてくるだろう。ＥＤＧＥＳからダークマターについてどんなことがわかるにしても、そこからとにかく何かがわかるという事実こそが最も驚くべきことだ。ＥＤＧＥＳは私たちにファーストスターについて教えてくれようとしたし、実際に教えてくれたのに、私たちはダークマターを探る可能性という予想外のボーナスのせいで、その成功を見失いかけていた。

「谷」をめぐる謎

ＥＤＧＥＳの観測結果が公表されたとき、新聞各紙はダークマターによる解釈を中心に報じた。それは、実験論文と同時に発表された理論論文だけが注目されたことを考えれば、当然のことだった。しかしそのあとの数カ月に発表されたほかの論文では、さまざまな推測がおこなわれた。たとえば、背景放射が過剰だったとか、シグナル測定の際の較正《こうせい》に誤りがあったのではという考えだ。このうち前者を理解するには、観点を変える必要がある。ガスが予想よりも温度が低いのではなく、背景放射の温度が高いとしたらどうなるだろうか？　つまり、宇宙マイクロ波背景放射に加えて過剰な背景放射があるのだ。計算を合わせるには、過剰な背景放射は、宇宙マイクロ波背景放射と等しいか、それよりも強い必要があり、そうなると大きな変更だ。過剰な背景放射の説を提案した最初の論文の一つは、ダークマターについての最初の理論論文と同じような興奮に満ちている。(15) 文章内には感嘆符さえ使われているのだ。私はこれまでに感嘆符を使った科学論文を読んだことがあっただろうか。少なくとも、論文作法に外れるのは確かだ。私は、科学論文にこういう熱意や人間らしさが見えるのがとても好きだが、違う意見の人もいるはずだ。そういう人は、科学は人間らしさを排し、客観的で純粋に論理的なものであるべきだと言うだろう。私はそうは思わない。一八世紀から二〇世紀にかけての古い科学論文を読むと、この論文にあるような興奮がみられるし、それだけでなく、自分の誤りを認めたり、次に何をすべきかわからないと白状したりもしている。こういう雰囲気が失われたのが、二〇世紀のどのあたりだったのかはわからない。そうやって人間性を顧みる姿勢が失われた結果、研究のうまくいった部分を大きくみせ、ちょっとした研究成果でも画期的な発見だともてはやすような大げさなふるまいが目立つようになった。そうしたふるまいは協同的思考を損ない、科学をブランド戦略へと格下げする。私にはそれが良いとは思えない。私はあの新しいＥＤＧＥＳ論文にアクセスして、仲間の研究者たちの興奮を感じると同時に、彼らが本当に熱心に努力してきたが、彼ら自身がまだ結果を確信していないことを知るのは大事なことだと思っている。彼らが理論を観測に一致させようと思えば、「楽観的な仮定」なるものを使わなければならないし、そうなれば「途方もない証拠を必要とする途方もない主張」をせざるをえなくなる。新しい理論には「乗り越えねばならない重要な問題」がある。どんな人でも、自分が長年抱いてきた推測を曲げて、新しい理論を取り入れるスペースを作らなければならないからだ。

過剰な背景放射にはそれ以前にも観測例があった。ARCADE 2[16]とLWA[17]という二つの実験では、周波数は異なるものの、説明できない背景放射を検出した。こうした背景放射が本物で、「宇宙の夜明け」の周波数に存在していたなら、温度の谷を説明できる。そうした説の一つが、最初に起こった星の死の痕跡がファーストスターの痕跡に影響を与えているという、見事な対称性のある説だ。種族Ⅲの星が死ぬと、ブラックホールになるか、超新星というすさまじい爆発を起こすと考えられている。どちらの場合にも高速の粒子が生成され、この粒子が加速されるとシンクロトロン放射（本書二四六ページも参照）が生じる。こうしたプロセスで新たな光子の背景放射が生じるが、それは私たちが望んでいるのと反対の効果も生み出す。ブラックホールで生じるX線がガスを加熱し、光子の吸収が弱くなるのだ。したがって、こうした死んだ星からのささやきが背景放射になるためには、その星を高密度のガスが包むような環境も必要になる。こうなると、超新星やブラックホールからのX線は広範囲のガスを加熱できない。背景放射の過剰を用いてEDGESシグナルを再現する方法はいくつかあるが、ダークマターを用いる説と同じように、再現するにはかなりの微調整が求められる。ブラックホールにかかわる研究分野は、つねにより多くのデータを必要としているので、EDGESデータの谷はブラックホールが初期宇宙に存在したことを示しているのではないかという期待がある。天の川銀河をはじめとする大半の渦巻銀河の中心には、質量が太陽の約五〇〇万倍に相当する超大質量ブラックホールがある。そうしたブラックホールはあまりに大きいので、「たった」一三〇億年でどうやってそれほど大きく成長したのかはよくわかっていない。ブラックホールが種族Ⅲの星によって、予想よりもずっと早い暗黒時代に形成されていたとすれば、現在観測されているようなサイズまで成長するのに十分な時間ができるかもしれない。ＥＤＧＥＳによって、別の宇宙の謎が解き明かされた可能性もあるのだ。

＊　＊　＊

ここまでで、ＥＤＧＥＳの結果について、ダークマターが原因とする説と、背景放射過剰が原因とする説を見てきた。そしてさらに、シグナルの検出が不正確だとする、三つめの可能性がある。ＥＤＧＥＳの設計は簡単だが、データ分析は複雑だ。電波望遠鏡のスイッチをオンにして、それをある周波数に合わせた場合、ファーストスターから届いた光子だけが検出されるわけではない。その周波数のあらゆる光子が検出され、そのなかには携帯電話や航空機、ラジオ局が発する、地球で生成されたものも含まれる。天の川も立派な光子発生源で、その数はファーストスターのシグナルの数百倍から数千倍になる。こうしたあらゆる前景放射の下に隠れているシグナルを取り出す方法を確立することが、私の研究テーマだ。それには統計的手法と、各周波数での天の川銀河の明るさについてのすぐれた知識が必要とされる。私たちはそうした解明を得意としているが、いわゆる「未知の未知」があるのではないかという不安がつねにある。もしかしたら、私たちが予想すらせず、そこにあることも知らない光子の発生源が、前景放射に寄与しているのかもしれない。消えそうで消えない前景放射が本物のシグナルになりすまして検出される可能性があるのだ。この前景放射の問題は、さまざまな論文で取り上げられるようになった。EDGESの発表後に開催された学会で、私はEDGES研究チームの一員である科学者のところに行って、前景放射についてお話ししたいんですが、と言った。その人は疲れ切った表情で私を見て、「もちろん、興味がおありですよね」とため息まじりに答えた。たぶんあの学会では、大勢の人に同じ質問をされていたのだろう。あなたたちはアルゴリズムをチェックしましたか？　別の前景放射除去法は試してみましたか？　答えは決まって「しましたよ」だった。それは最初の論文の徹底ぶりをみればわかる。その論文では、検出されたシグナルの発生源について自己満足的に発表するのではなく、発生源ではないものをかなり神経質に列挙している。研究チームは、このシグナルを平易な答えで説明しようと、できるかぎりのことをやっていた。私たちが手にしている理論では手詰まり状態なので、データが増えないかぎり、それを解消することは不可能だ。

暗黒時代の終わり？

この世に暗黒時代は一つではなく、いくつもの形がある。歴史的には、暗黒時代というとおおよそ西暦六世紀初めから一五世紀初めまでの期間のことを指していた。それは異教徒の侵入や黒死病があり、教育や安らぎ、文化が失われたことが思い起こされる語だ。一四世紀に「暗黒時代」という語を生み出したイタリアの学者ペトラルカは、その前の数世紀には文献が残っていないことを示唆するためにこの語を用いていた。この語は、よい書籍が見つけられないことへの一個人のいらだちから使われたのだが、そのまま定着してしまった。しかし時間がたつにつれて、暗黒時代にも科学が進歩し、芸術活動がおこなわれ、文化的な楽しみがあったことを示す証拠が数多く見つかるようになった。その結果、この「暗黒時代」という名称は適切ではないとされるようになってきている。ただし、記録が残されなかった時代という意味で使い続けている歴史家も少数いる。そして後者の意味を広げて、より最近の時代について「デジタル暗黒時代」という言い方もされるようになっている。これは、ファイル形式が時代遅れになって、ファイルの処理や解析ができず、ハードコピーも残っていないという、今後到来すると考えられているデータの暗黒時代のことだ。デジタル時代には、データが削除されてしまったり、アクセス方法がわからないファイル形式で保存されていたりといった事態がよく起こる（一〇代の若者にフロッピーディスクからデータを読み込む方法を質問してみるといい）。データの欠如ということでいえば、私たちは「宇宙の暗黒時代」についての暗黒時代から抜け出しつつあることになる。私たちにはわずかなデータがあり、そこから一つだけ見つかっている歴史的記録によって、解明済みと思っていた歴史を書き換えることになった。まるで中世の遺跡でフロッピーディスクが見つかったみたいに、EDGESの発見によって、私たちは確実だと思っていた多くのことに疑問を抱くようになったのである。

ほかの望遠鏡でも、EDGESシグナルを検証して確認するために、この吸収の谷に相当する周波数に観測対象を変更したものがある。そうした世界各地の望遠鏡では、データ解析に異なるアルゴリズムを使っている。したがって、ある望遠鏡で適切でないアルゴリズムを使ってシグナル検出に成功しても、別の望遠鏡からのデータではその結果が再現されないので、問題に気がつくという期待がある。

パターソンの作品で最後に紹介したいのが、《地球－月－地球》（Earth-Moon-Earth）というものだ。[18] この作品のために、パターソンはベートーベンのピアノソナタ「月光」をモールス符号に変換した。このシグナルを月に向けて送信し、月面で反射させると、月面自体と地球の大気によってシグナルが乱される。そのシグナルを音楽に逆変換して、霊が取り憑《つ》いたように見える自動演奏ピアノを使って演奏させるのだ。月が編曲した「月光」は、聞けばこの曲だとわかるものの、耳障りで聞き心地がよくない。月との往復二・五秒の行程でシグナルの鮮明度がかなり損なわれたことを考えると、一三〇億年の時間をかけて進んできたシグナルがどんな状態になっているか想像できる。現在の宇宙が編曲した「宇宙の夜明け」というソナタならすぐに聞けるが、元はどういう曲だったのかを解き明かすのは私たちの仕事だ。

＊　＊　＊

ＥＤＧＥＳは、これまで見えていなかった時代への扉をこじ開けたように思える。初期宇宙に存在した水素ガスの温度を用いて、その裏に潜んだ種族Ⅲの星の存在を探し当てたのだ。ファーストスターでの核融合反応が本格的に始まると、周囲のガスが加熱されて、背景にある宇宙マイクロ波背景放射よりも高温になった。ＥＤＧＥＳのデータは、ファーストスターがビッグバンの約一億八〇〇〇万年後までには形成されていたことを示しているが、同時に水素ガスが予想よりはるかに低温だったことも示唆している。この原因は、ダークマターが水素ガスとの間で珍しく相互作用した可能性があるが、宇宙マイクロ波背景放射に加えて過剰な背景放射があったためかもしれない。この実験は複雑であり、何らかの確実な結論を出す前に、もっと多くのデータを使って今回の検出結果を検証し、確認する必要がある。

ひどく変形してしまったシグナルからノイズを取り除いて、どの説が正しいかを突き止めるには、さらに研究を重ねる必要がある。すべての説が相いれないわけではない。ひょっとしたら、宇宙の夜明けから実際に届いたシグナルを発見するには、すべての説が少しずつ必要だろうか。そのうえで、誰も考えもしなかった新しい説が必要かもしれない。なにしろ、シグナルの谷の平らな形状を説明できた説はないのだ。おそらく、今ある説すべてを新しい重要な説へと前進させる必要があるだろう。私たちは理解していない。そう考えるとわくわくしないだろうか？

第6章　ファーストスターは孤独か

英国には湖水地方という風光明媚《めいび》な地域がある。多くの山と、当然ながら湖があって、その数は合計で一六だ。イングランド最大の国立公園であり、ユネスコの世界遺産にも登録されている。湖は、ウォータースポーツをしたり、ヨットの上でのんびりと過ごしたりするのに十分な広さがある。ただし、その日が心地よい天気になればだが（湖水地方はもちろん、英国では心地よい天気は決して当たり前のものではない）。私はそこを訪れたとき、楽しい時間を過ごしはしたが、湖そのものには少しがっかりせずにはいられなかった。なぜかって？　私は米国に行ったことがあるからだ。北米にある五大湖の貯水量は、地球上の淡水の五分の一弱に相当する。[1] 湖水地方最大の湖の一つであるウィンダミア湖の面積は約一五平方キロメートルだ。一方、米国の湖では四番目の面積にすぎないエリー湖でも二万六〇〇〇平方キロメートルある。ウィンダミア湖の一七〇〇個分だ。映画『クロコダイル・ダンディー』のせりふをパロディ化するなら「あれが湖だって？　これが湖だ」というところだ〔訳注：元のせりふは「あれがナイフだって？　これがナイフだ」〕。

私は米国旅行で五大湖を訪れたとき、エリー湖は飛ばして先に進んだのだが、行かなかったのを後悔していない。近年この湖の名前に、たばこみたいな健康被害の警告文が添えられているのを見かけるようになったからだ。二〇一四年には、エリー湖の水面に藻のような生物が広がって、毒素を生成したため、周辺地域に住む五〇万人に対して水道水を飲まないよう警告が出される事態になった。[2] その生物は、シアノバクテリア（藍藻《らんそう》）と呼ばれる、顕微鏡でしか見えない青緑色の細菌だった。

シアノバクテリアという名前になじみがない人がいるかもしれないが、これまでにどこかの時点で遭遇しているだろう。可能性が一番高いのは、流れのない水の周りを散歩しているときだ。シアノバクテリア（cyanobacteria）というのは「青緑色の（cyano）細菌（bacteria）」という意味だが、実際の色はさまざまだ。過剰に増殖する条件が整うと、「ブルーム」という現象が起こり、水面に緑色のカーペット状に広がることが多い（ただし赤や黄色、茶色、青になることもある）。見た目はあまり良くないし、その中を泳ぐのは不快だ。なにより体によくないことがある。シアノバクテリアが作り出すカーペットは、太陽光が透過しにくいため、その下の生物に熱や光が届かなくなり、水中の酸素レベルが低下する。さらに一部の生物にとっては致死的なレベルの毒素が生成される場合があり、人間でもその毒素が入った水をグラス一杯飲めば、健康に深刻な影響があるだろう。こう聞くと、とても嫌な生物に思えるが、私たちはシアノバクテリアにとてもお世話になっている。実をいえば、私たちが知っている地球上の生物は、シアノバクテリアの介在がなかったら存在していない。

大酸化イベント

二五億年以上前、地球はほかほかと暖かく、大気には二酸化炭素やメタンなどの温室効果ガスが満ちていた。こうしたガスは入射する太陽光を吸収し、地球を温めた。海水温は約六五℃から八〇℃で、この海にボートでこぎ出したらかなり不安に感じるだろう。参考のためにいうと、風呂の温度や人間の体温は一般に三七℃前後だ。大気中には呼吸できる酸素がないので、現在見られるような複雑な生物にはまだ進化していなかったし、進化していたとしても生存できなかった。そこへ、ある事件が起こった。大酸化イベント、あるいは大酸化危機と呼ばれる事件だ。その呼び名は立場によって違ってくる。シアノバクテリアにとっては前者だし、それ以外の生物にとっては後者だ。シアノバクテリアは、地球史上最大級の大量絶滅の扇動者であると同時に、数少ない生存者だとされている[3]。シアノバクテリアはしばらく前から地球上にいたものの、そのころに進化によって光合成ができるようになったらしい[4]。光合成は、水と二酸化炭素、太陽光によって起こる化学反応で、植物のためのエネルギーをグルコースの形で生成し、廃棄物として酸素を出す。すべてのシアノバクテリアが不要な酸素を排出し始めると、その酸素はまず、別の化学反応にふたたび取り込まれた。死んだ生物の分解に使われたほか、海に溶解していた鉄を酸化させて、縞状《しまじょう》鉄鉱層と呼ばれる赤色の堆積層を作り出した。地球がすっかり酸化すると、酸素は大気以外に行き場がなくなった。大気中で酸素はメタンと反応し、二酸化炭素と水を生成したため、酸素濃度がどんどん高くなるにつれて、メタン濃度は下がった。シアノバクテリアは大気を変え、それによって地球を変えたのだ。酸素が豊富に存在するようになると、酸素を燃料として使う、新たな形の生物が進化できるようになった。そしていつの日か、私たちが人体と呼ぶ、巨大で複雑な構造をした細胞集合体が生み出されるのである。

　地球史の早い時期に大気中へ大量の酸素が放出されたことで、環境と、そこで繁栄できる生命は永遠に姿を変えた。そしてファーストスターも、初期宇宙で同じような役割を果たしている。ファーストスターが生まれたのは、それ自体よりも大規模な構造がまったく存在しない、まっさらな環境だった。現在私たちが目にしている複雑な世界を作り出すには、水素とヘリウムよりも大きな構成要素が必要とされるが、その当時、そうした構成要素をもたらせたのはファーストスターだけだった。ちっぽけなシアノバクテリアと地球のサイズを比較してみるのは、ファーストスターと宇宙のサイズを比較するのとそんなに違いはない。宇宙にとって、ファーストスターは細菌のような存在だった。つまり、ちっぽけで取るに足りないものだったのだ。

ジーンズ質量

第4章で説明した幸運なガス雲の話は、核融合反応のところで終わっている。ガス雲は、重力のとてつもない圧力で収縮し、水素原子同士がくっついて、核融合反応、つまり水素燃焼がスタートした。それによって熱と光が生成し、外向きの圧力が発生して、容赦ない重力の圧力とつり合うようになった。第4章では、一個の星の形成にズームインする考え方をしている。つまり一つのガス雲から一個の星が生まれるということだ。それは的確で、バランスの取れた考え方である。数年前までは、金属を含まない最初の原始星の形成をシミュレーションする場合には、そうした考え方に基づいていた。ガス雲の中心にある一個の大きな星にズームインして、焦点をあてるのだ。当時は、それ以上のシミュレーションができるだけの十分な計算能力はなかった。一個の星の重力と化学的相互作用、磁場を計算するだけでも、必要な計算能力はコンピューターの能力の上限ぎりぎりだ。そのため、この章を数年前に書いていたら、章のタイトルは「孤独な一生」になっていただろう。これは、かつて私がこのテーマのプレゼン資料によくつけていたタイトルだ。ファーストスターは単独で形成され、一生を孤立して過ごすと考えられていた。しかし現在では、ファーストスターは孤独な存在ではなく、むしろ現在観測されている星のゆりかご（星形成領域）のように家族と一緒に形成されたと考えられている。星形成のもとになる、可視光では不透明なガス雲の向こう側を赤外光でのぞいたときに見えるのは、一つのガス雲が一個の大質量星を形成する場面ではなく、ガス雲が分裂してから収縮して、低質量星の群れが生まれる場面だ。

では、一つのガス雲が生み出せる星の数は何によって決まるのだろうか？ ある系が収縮するために到達しなければならない質量は、「ジーンズ質量」として定義される。これは、英国の天文学者サー・ジェームズ・ホップウッド・ジーンズにちなむ用語だ。ジーンズは、この本ですでに紹介した重要な学説に関連して二つの貢献をしている。黒体放射スペクトルの理解を後押ししたことと、定常宇宙論を最初に提案したことだ(5)。ジーンズは、ある系が重力に束縛されるようになる質量は、その系のサイズと温度で決まることに気づいた。低温のガス雲が高温のガス雲よりも収縮しやすいのは、原子のエネルギーが低く、ガス雲から飛び去りにくいからだ。また密度が高いガス雲が密度の小さいガス雲よりも収縮しやすいのは、原子がより狭い空間に詰め込まれているからである。また二つのガスの塊が近くにあるほど、その間に働く引力が強いので、ガスの原子を外向きに動かす力が大きくなる。ジーンズ質量を考えると、太陽と同程度の質量を持つ星の場合、ガスの平均温度を推定二〇Kと仮定すれば、サイズが太陽系の約二五〇倍のガス塊から収縮したことになる(6)。高温の系では、ガスの原子は運動エネルギーが高くてあちこち飛び回っているので、その原子の速度を遅くして内向きに動かすには、より大きな重力が必要になる。つまり、ジーンズ質量が大きくなる。太陽系がほかの星のもっと近くで形成されていたら、ガスは一〇〇Kまで加熱されていたはずだ。その場合、ガス塊が収縮するには、その半径は太陽系のサイズの一二五〇倍近くでなければならなかった。

ガス雲がジーンズ質量に達すると、収縮が始まる。このとき、収縮そのものによってガス雲がかなり加熱されるので、分裂して小さな恒星サイズの塊に収縮することはできない。つまり、ジーンズ質量がまだ大きすぎるのであり、特に温度が高かった初期宇宙ではそうだった。つまり、本当に大質量の雲しか、熱圧力を乗り越えて収縮できるのに十分なサイズではなかったのである。ガス雲が分裂して、恒星サイズの塊になって収縮し始めるには、熱の一部を取り除いて、ジーンズ質量を小さくする必要がある。

　星というきわめて高温のものを作るために、ガス雲を冷やす方法を考えるというのは、変な話に思える。鍵になるのは物事が起こる順番だ。ガス雲は、はじめはかなり密度が低く、なおかつ非常に壊れやすい。一方で、星ははるかに高密度の天体なので、ガス雲を星の密度まで圧縮するときに、収縮するにつれて増加する熱エネルギーでガス雲が破壊されないようにする方法を考えなければならない。ガス雲が収縮すると重力ポテンシャルエネルギーが失われる。そして、加速しつつ落下する気の毒な鯨の話（本書第4章）でわかったように、失われた分のエネルギーは別のものに変わらなければならない。ガスをより狭い空間に押し込める場合、別の言い方をすれば、ある空間をより多くのガス分子で満たす場合、圧力が増加する。それを意図的にやれば、たとえば自動車やバイクのタイヤを膨らますことが可能だ。そうやってガスを狭い空間に押し込めると、分子は移動の自由を失い、分子同士や容器の壁との衝突が増える。つまり、分子の熱エネルギーが増加したことになる。重力ポテンシャルエネルギーが熱エネルギーに変換されて、ガスの温度とエネルギーが高くなり、分子がより激しく動き回るようになったのである。この熱エネルギーがもたらす力、つまり圧力が、重力と逆方向に作用して収縮の速度を遅くすると、重力と圧力の間での綱引きが始まる。重力が優勢ならガス雲は収縮する。一方で圧力のほうが強ければガス雲は広がるが、そうすると成長するはずだった原始星は悲惨な結果になりかねない。空から気の毒な鯨が落ちてきた現場に行けたら、大きすぎる圧力が招く結果を観察できる。鯨が浜辺に座礁するのは悲しい話だが、その後片付けは大変な作業だ。鯨の体はかなり大きく、腐敗によって死骸《しがい》の中にガスがたまる場合がある。ガスがどんどん蓄積すると、圧力が高くなり、やがてかわいそうな鯨は爆発してしまう。鯨爆発の現場を目撃した不幸

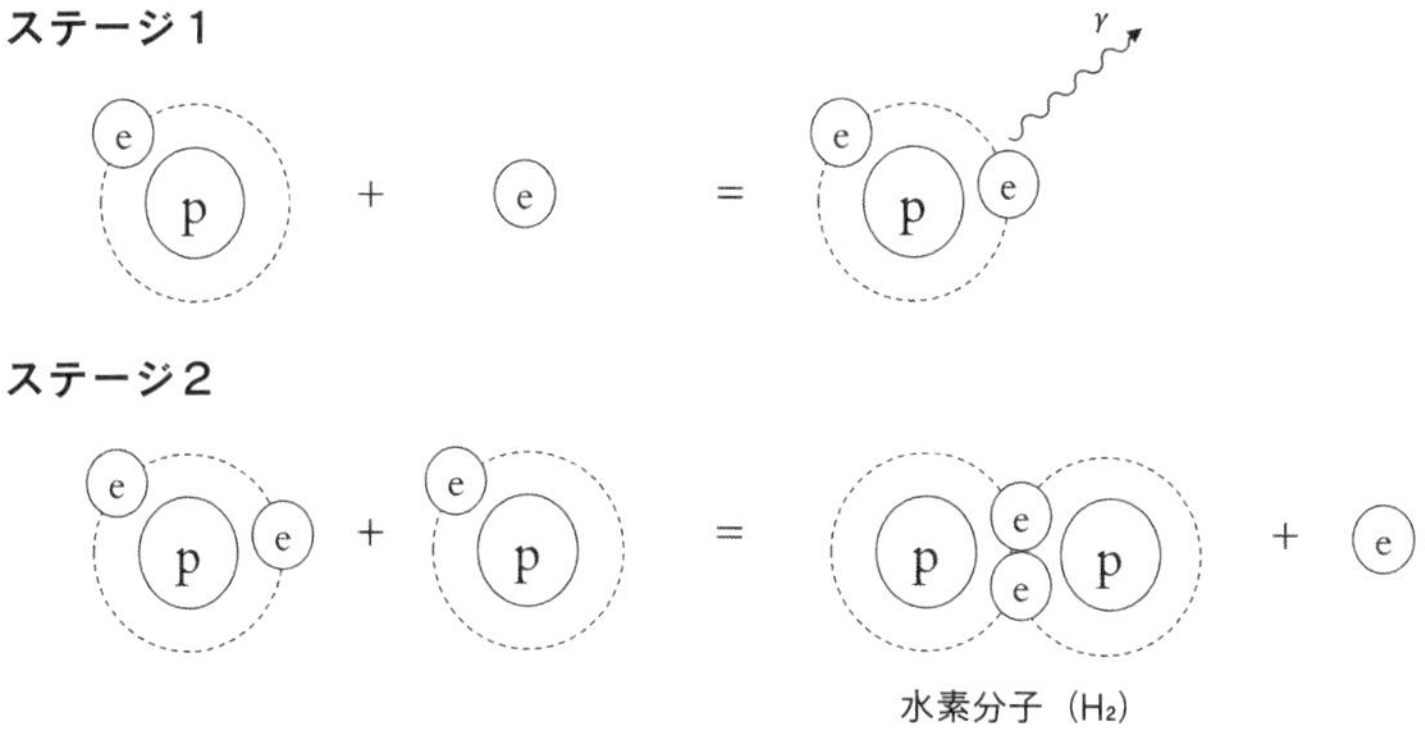

図 17　水素分子による冷却のメカニズム。水素分子が形成される過程で、1 個の光子（γ）が生じる。この光子がエネルギーを運び去り、ガスを冷却する〔訳注：図中の p は陽子、e は電子〕。

な人物がＢＢＣに語った話によれば、爆発が起こると「くさい汚物」まみれになりかねない。「道路上で飛び散った血やらなにやらはひどく気持ちが悪いし、においは本当にひどい[7]」

巨大なファーストスターの形成

冷却の鍵になるのは衝突だ。原子核の周りにある電子は段階的なエネルギー準位を取っており、別の原子の衝突がきっかけで高いエネルギー準位に移動することがある。電子というのは怠け者で、一番低いエネルギー準位にいるのが好きだ。そのため、高いエネルギー準位に移動しても、機会があればすぐに低いエネルギー準位に戻るが、その際に低くなった分のエネルギーを光子として放出する。この方法によって、ガス分子の運動エネルギーは光子の形で放射エネルギーに変換されるが、光子はガス雲をより簡単に抜け出すことができる。金属を含まない始原的なガス雲では、起こりうる衝突の種類はそれほど豊富ではない。水素原子が互いに衝突するくらいの話だ。水素原子二個が衝突すると、結合して水素分子を形成できる。地球上だけでなく、宇宙全体で観測される水素のほとんどが水素分子の状態になっている。水素分子が作られる際には、「触媒」となる電子の助けを借りる。触媒電子は水素原子に捕獲され、そのプロセスで光子を生成する。電子を捕獲した水素「陰イオン」は、通常の水素原子と結合して水素分子を作る。一方で触媒電子は水素分子から放出され、続けてさらに多くの反応を引き起こす（図17）。

この中間段階で生成される光子が、ガスから一定量のエネルギーを運び去り、温度を下げるという重要な役割を果たしている。この反応は水素ガス雲内で起こりやすく、多くの光子が生成されると、結果的に系全体の熱エネルギーが減少し、温度と内部圧力が下がって、ガス雲を収縮させることになる。始原的ガス雲では、こうした水素分子による冷却によってガス雲の温度が数百Kまで下がった。それに対して、現在のガス雲にはもっと効率的な冷却手段が存在する。金属存在量の多さなどが理由で、現在のガス雲はわずか数十Kというはるかに低い温度まで冷却できるのだ。始原的ガス雲の温度の高さは、ファーストスターの性質に大きく影響した。現在の星形成プロセスでは、ガス雲の温度が低ければ、ジーンズ質量が一太陽質量程度になるので、結果として太陽くらいのサイズの星が形成されることになる。しかし、高温の始原的ガス雲の場合は、ジーンズ質量はそれより何百倍も大きく、ガス雲が分裂してはるかに大きなガス塊になったため、巨大なファーストスターが生まれた。同じようなサイズの星は現在でも存在はするが、珍しい。それに対して、ファーストスターが膨大な質量を持つのは普通のことだった。ファーストスターの一生はスケールがまったく違っていたのである。

有毒な星

二五億年前の地球にいた生物は、シアノバクテリアを別とすればほとんどが嫌気性生物だったので、酸素がなくても生きていけたし、むしろ酸素から悪影響を受けることすらあった。嫌気性生物にとって、大酸化イベントは実のところ絶滅に等しかった。それはダブルパンチをくらわせた。あらゆる嫌気性生物が殺されただけでなく、たとえ生き残っても生きていくのがとても大変になったのだ。大気中のメタン濃度が下がったので、地球は太陽光を吸収できなくなった。地球はどんどん冷えていって、五億年近く続く氷河期に突入した。この時期の地球は氷に覆われた「スノーボール」(雪玉)[8]か、少なくとも赤道地方の海は軟氷《スラッシュ》に覆われ、南極や北極に近い地方は氷河に覆われた「スラッシュボール」になったという仮説さえある〔訳注:「スノーボールアース仮説」と呼ばれる〕。やがてこの氷河期が終わったのは、おそらく海底火山が噴火して火山灰を噴出し、温室効果ガスが大気中に戻ってきて、太陽光を閉じ込める能力が高まったからだろう。[9]シアノバクテリアはこの氷河期を生きのびた。一般的に細菌は回復力がかなり高い。現在でも、イエローストーン国立公園の火山性温泉の中や、南極の氷の下、アタカマ砂漠の真ん中でも細菌が繁殖しているのが見つかる。それと比べると英国人ときたら、気温が五℃から二五℃の間で、霧雨か小雨より強い雨が降っていないときしか、家から出られない。スノーボールアースや大酸化イベントといった環境圧があったため、その時代を生きのびられたのは特に回復力の高い生物だけだった。そしてそうした生物がやがて多細胞生物になり、いくつもの方向へと進化したその先に、恐竜、ハムスター、そしてミック・ジャガーといった生物がいるのである。

シアノバクテリアとは違って、ファーストスターは、自らの介入によって変化したあとの世界では生き残れなかった可能性が高い。

ファーストスターは表面温度が約一〇万Kあり(太陽の表面温度は五八〇〇Kだ)、これは大量の高エネルギー光子を生成したことを意味する。問題は、この放射のほとんどが、ライマン-ヴェルナー帯というエネルギー帯の紫外線光子の形をとっていることだ。これはちょうど、水素分子H_2に含まれる電子をやや過剰に励起させられるエネルギーにあたる。ファーストスターを取り巻く残存ガス中の水素分子がこうした紫外線光子を吸収すると、分子は破壊されてしまう。水素分子には、ガスを十分に冷却して、収縮して星になれるようにするという重要な役割がある。水素分子がなかったら、ガス雲は収縮しようとするのにいぜんとして温度が高いので、反対に拡散してガス雲のままになる。このように、ファーストスターはその周囲の環境にとっては有害な存在だといえる。始原ガスから形成される原始星が冷却のために必要とする物質（水素分子）を破壊してしまうからだ。こうした作用のせいで、周辺領域ではそれ以上の星形成が進まなくなった。水素分子はファーストスター誕生の鍵となったが、その努力のむくいとして破壊されてしまったのである。

ファーストスターは、あとに続く星たちのために宇宙を変え、単純な世界から複雑な世界への移行を開始するという使命を帯びた星だった。ファーストスターが介入する前には、宇宙は暗闇の中にあった。ダークマターでできた隠れたクモの巣構造にそって、目に見えないガス雲が集まっていた。そしてファーストスターが介入したあとの時代には、宇宙はさまざまな色や形、サイズを持つ構造であふれた。現在の宇宙には、赤色巨星や青色巨星、白色矮星、褐色矮星、渦巻銀河、ブラックホール、ヒト、そしてカモノハシがいる。金属をほとんど含まない星（種族Ⅱ）や、金属含有量がもっと多い星（種族Ⅰ）もあるが、明らかに金属がゼロの星（種族Ⅲ）はない。ファーストスターが宇宙のどこかに存在していて、自分が準備をしたショーを楽しんでいるという気配はない。ファーストスターは、自らが設計した大量絶滅の犠牲になったのだ。ファーストスターが死んで、その内部にあった金属を放出した結果、金属による冷却が可能になってようやく、次世代の星が誕生できるようになった。

このことはファーストスターが孤独な星だったことを意味していると、私たちは長い間考えていた。一個のファーストスターが形成されれば、すぐにその星形成領域は破壊されてしまうので、きょうだい星は形成できないということだ。暗くて空っぽの宇宙に、星が単独で生まれ、育っていくというストーリーは、謎に満ちている。とはいえ、ファーストスターが孤独な星だったという説は、真実味を失いつつある。

星のきょうだい

現在の星形成プロセスでは、星が「星のゆりかご」と呼ばれる場所で形成されるところが見られる。大きなガス雲が分裂してできた、恒星サイズのガス塊が収縮し、家族のように近くに集まった星が生まれる。これが星のゆりかごだ。こうしたことが起こるのは、このガスが低温で、ジーンズ質量が小さいため、ガス雲内の低質量の塊でも重力的に束縛されて、収縮することができるからだ。きわめて初期の宇宙では、金属が存在しない独特な組成になっていたため、収縮できるのは大きなガス雲だけだった。そうしたガス雲には、十分に冷却できるだけの金属が存在せず、非常に高温だったことから、放射圧に打ち勝つにはより大きな質量が必要だったのだ。数年前の時点では、種族Ⅲの星での星形成は単発的に生じるものと考えられていた。つまり種族Ⅲの星は、単独で生まれ、一生を過ごし、死んでいったということだ。しかしコンピューターの性能が向上したことで、詳細な化学反応と重力相互作用にかんする計算を、ガス雲中心部の塊だけでなく、ガス雲全体についても同じレベルでおこなえるようになった[10]。

まず、私たちが想定している球対称のガス雲が現実的なものかどうか確認しなければならない。そういう形のダークマターハローが形成されて、その中にガスハローができる場合、ガスハローは周囲にあるハローと重力による相互作用をする。この作用によって、トルク（ガス雲の回転速度）が加わる。はじめはこの回転速度は小さいが、ガス雲が収縮するにつれて急激に増していく。ちょうど、フィギュアスケーターがスピンするときに、腕を身体に近づけると回転速度が速くなるのと同じだ。そうした回転速度の増加によって、球形だったガス雲はつぶれた円盤形になって、渦を巻くようになり、中心に最初の原始星が形成される。この円盤は降着円盤と呼ばれる。時間がたつと、ガスはこの降着円盤の中を動いていき、中心にある原始星に降り積もって（降着）、原始星をどんどん成長させる。この原始星ははじめは小さく、太陽質量の一パーセントほどだったが、時間とともに非常に多くの水素が降着して、太陽半径の約一〇〇倍の大きさになる。原始星への降着の速度が速いので、そのガスの流れは原始星の物理的サイズを増やすのではなく、体積を圧縮するように作用する。この圧縮は、原始星が太陽質量の一〇〇倍以上に成長するまで続くが、その時点で半径は太陽のわずか数倍だ。[11] この部分はしばらく前からわかっていたが、最近になってようやく、ズームアウトして視野を広げ、降着円盤のほかの部分でどんなことが起こっているのかを追いかけられるようになった。図18では、わずか一一〇年というまさに人間の一生のタイムスケールで、一個ではなく四個の原始星が形成される様子を観察できる。ここで起こっているのは降着円盤の分裂だ。この分裂の原因としては、たとえば降着円盤内で乱流が発生して、ジーンズ質量が小さい部分が局地的に生まれるなど、さまざまな要因が考えられている。原始星にガスが降着する速度は原始星の質量に比例するが、最初にガス雲の中心にできる原始星の質量は間違いなく大きい。一方で、周囲の質量が円盤の上に落下していく速度では、中心に向かって十分速く移動できない。そのため円盤全体が質量であふれかえり、圧縮によって密度が高くなって、ジーンズ質量が低くなる。すると、最初の原始星が形成された直後に、円盤の複数の局所領域で収縮が起こりうるのだ。これまでに複数のシミュレーションがおこなわれていて、そのすべてが同じ結果を示している。ファーストスターは決して孤独ではない、ということだ。[12][13][14] 降着円盤

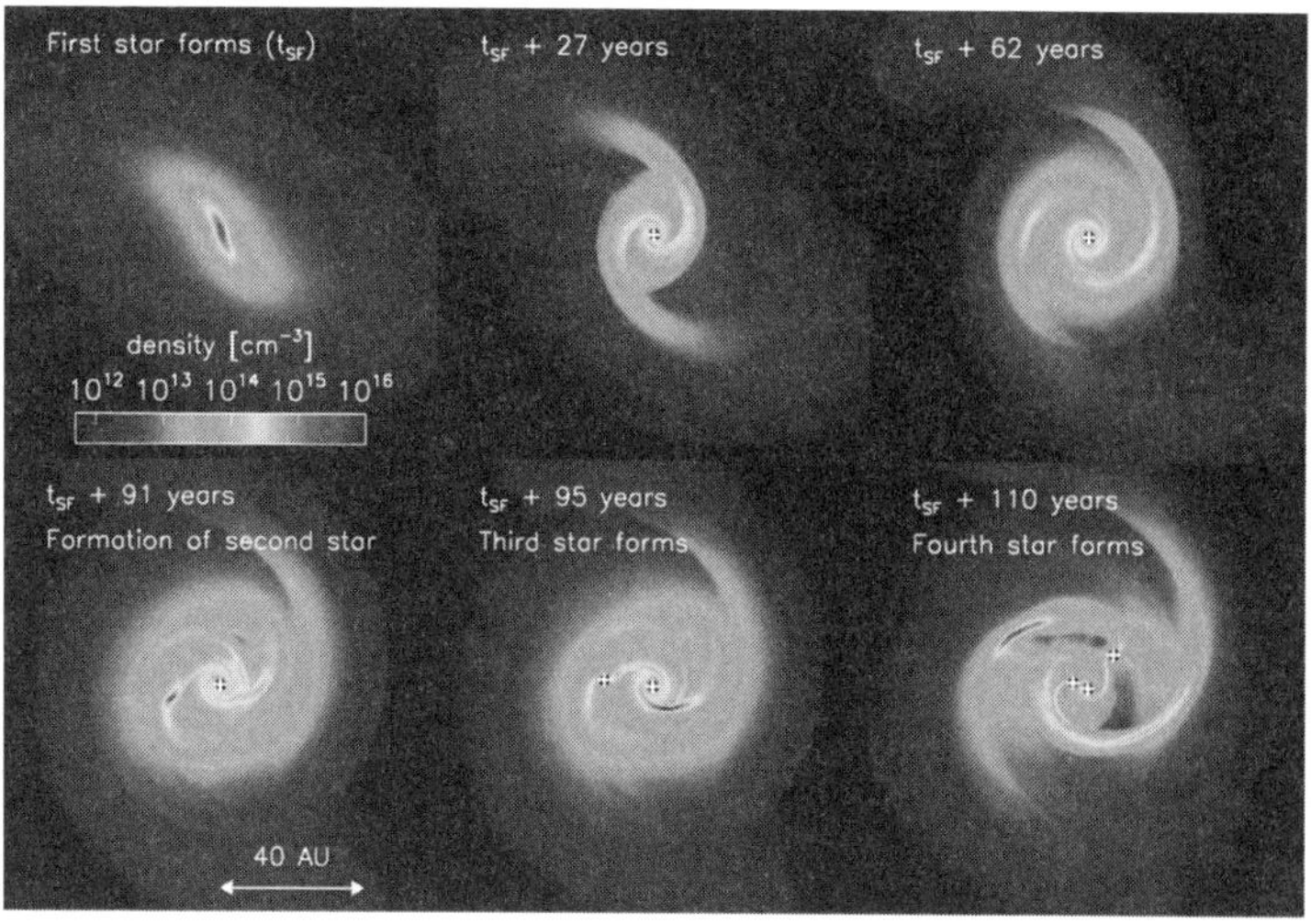

図 18　種族Ⅲの星の形成プロセス。この 6 枚の画像はシミュレーションのスナップショットで、わずか 110 年という短いタイムスケールで、ガス円盤が分裂して 4 個の原始星ができるのがわかる。1AU（天文単位）は地球と太陽の間の距離。© *Science* Clark et al. 2011.[10]

で最初に形成されたファーストスターには、一個から数個のきょうだい星がいるという予測もあれば、数百個という予測もある[15]。きょうだい星の質量は、太陽一個分弱から一〇〇〇個分まで、非常に幅が広い。こうしたシミュレーションで形成される「主たる」ファーストスターは質量が大きく、さらに形成直後に周囲の星形成のプロセスを止めてしまう。しかしそれまでにはやや時間があったので、家族の星々の形成を妨げることはなかった。

ファーストスターは単独で形成されていたわけではなかったかもしれないが、「幸せな家族」ではなかっただろう。ほかよりも小さな原始星が降着円盤内にとどまるとはかぎらない。別々のきょうだい星のままでいる星もあれば、メインの原始星と合体して、重力で束縛していた水素をメインの原始星の燃料源に加える星もある。それ以外では、おそらく全体の半分程度の星が降着円盤の外にはじき出されるだろう[15]。そうした星は軌道速度が速すぎて、ハロー内にとどまれない。このはじき出された低質量のきょうだい星は、生きた化石となって、私たちにこの時代を振り返るすべを与えてくれるかもしれない。巨大な星の隣にいたらいつか完全に破壊されるが、はじき出されたきょうだい星にはその心配がないからだ。

宇宙の大酸化イベント

こうしたファーストスターは、形成されたあとははかない運命をたどる。その原因はほかでもない、質量の大きさだ。ファーストスターは強い重力圧と戦おうとするときに、燃料をきわめて短時間で燃焼させ、その過程で重い金属を生成する。コアでは水素核融合反応が始まり、その星の一生を通じて、コア周辺のシェル（殻）領域でどんどんと水素が燃焼し、シェルの半径が大きく伸展していく。この水素燃焼殻の下では、次の段階の核融合反応が進みうる。ヘリウム燃焼だ。ヘリウムが存在すると、より多くの核融合反応がスタートして、炭素やベリリウム、ネオンや酸素を生成することができる。この流れは元素周期表に沿って進み、星にはタマネギ状の殻構造ができて、その中でさらに重い金属が生成されていく。こうした核融合反応の結果として、星を押しつぶそうとする絶え間ない重力の圧力に抵抗して、その星を支えるのに必要なエネルギーと圧力が生み出される。しかし、その星が水素を使い果たして、より重い元素の燃焼に進むにつれて、重力を押し返すのに必要なリソースを生み出すのがどんどん難しくなっていく。重い元素ほど、燃料の単位質量あたりのエネルギー生成量が少なくなるので、星を支えるのに必要な同量のエネルギーを維持するために、燃料がより短時間で使い尽くされることになる。太陽質量の二〇倍の星では、コアでの水素燃焼は一〇〇〇万年間続くが、ヘリウム燃焼の継続時間は一〇〇万年だ。[16] 炭素燃焼〔訳注：炭素の核融合反応〕になると、継続期間は三〇〇年間で、酸素では二〇〇日だ。ケイ素燃焼〔訳注：ケイ素の核融合反応）は二日間しか続かず、そして鉄に到達すると、核融合のエンジンはガタゴトと止まってしまう。鉄の核融合反応が可能なエネルギーでは、光子のエネルギーも高くなるため、光子は鉄などの重い元素の原子核を破壊できる。すると重元素は構成要素である陽子と中性子に分かれ、星の圧力は急激に減少する。いったん鉄の核融合反応が始まると、その星はもはや同じ量のエネルギーを生み出せなくなり、容赦なく押しつける重力が最終的に打ち勝つのだ。そうして星の構造はばらばらになって、金属などあらゆるものが周囲に飛び散る。宇宙の大酸化イベントといってもいい。

　ファーストスターが、星形成の起こっているハローの中に金属を吐き出すと、混じり気がなかった始原ガスは元通りにできないほど金属で汚染された。水素とヘリウムしか含んでいない始原ガスは、金属にきわめて汚染されやすい。第一世代の星が死んで周囲を汚染すると、ガスに含まれる金属の割合はそれまでゼロだったのが、現在の太陽での金属量の一〇〇〇分の一まで増加する。[17] これは、種族Ⅲの星形成から種族Ⅱの星形成への移行を十分に示している。ファーストスターはごく基本的な材料だけで作られていた。バニラエッセンスやココアパウダーを加えていないし、アイシングやチェリーで飾ったりもしていない。ファーストスターと現在の星の違いを決めるのは、それぞれの元素組成だ。ファーストスターが死ぬとすぐに、ガスにはさまざまな元素が含まれるようになるので、そのハロー内では種族Ⅲの星はそれ以上形成できない。そうなると、この高温でさまざまな元素を含むガスは温度を下げ、ふたたび幸運なガス雲と不運なガス雲になって、新世代である種族Ⅱの星形成につなげなければならない。このプロセスは、種族Ⅲの星が超新星爆発を起こしてからわずか一〇〇〇万年から一億年という、宇宙のスケールでは短い期間で起こる。このような宇宙への金属の散布は、宇宙論的にみればほんの一瞬の間に起こった。それは、大酸化イベントが地質学的には一瞬で起こったのと同じだ。

宇宙に浮かぶ島

ファーストスターの超新星爆発のなかには、星形成ハローの外に広がる銀河間物質にまで金属を吐き出すほど強力なものもあるが、吐き出された金属は、実家の空き部屋に戻ってくるミレニアル世代のように、生まれ故郷の重力に引っ張られてハローに戻ってくる。ファーストスターの爆発は強力ではあるが、自らの周りの局所的な環境を変えること以上の成果はあげられない。金属の放出が局所的であるせいで、銀河間物質には金属の多い部分がまばらに存在している。(18) それは星形成ハローの分布と重なっており、宇宙全体でみるとむらがある。星形成ハローは、ダークマターのクモの巣のようなフィラメント構造の交差部分に形成されていて、シミュレーションでは、金属の多い領域がこのクモの巣に沿って存在していることがわかる。*1 仮に超新星爆発のエネルギーがもっと大きければ、金属はそうしたシミュレーションのようにクモの巣に沿って不規則に広がるのではなく、きわめて短時間で均質に広がっていくだろう。時間とともに不規則さを増していく金属の分布は、ペトリ皿で細菌が増殖する様子を思わせる。そうした局地的な汚染から、一つの可能性が浮かび上がってくる。銀河間物質内で金属濃度の高い部分が不規則に存在するとしたら、宇宙のクモの巣構造の中で最も密度が低いボイド（空洞部分）は宇宙に浮かぶ島のようになり、金属で汚染された周囲のガス雲の成長から守られるだろう。そうした避難場所には始原ガスが保存され、低密度ガスのゆっくりとした結合によって、ずっと遅い時代に種族Ⅲの星が作られる可能性がある。繰り返しになるが、ここで扱っているのは今から一三〇億年前というかなり遠い昔のことなので、それだけ古い時代の光をとらえるには望遠鏡ではるか遠くを見なければならない。しかし、そうしたファーストスターをもっと現代に近い時代に形成させる、すなわち距離的に近いところに置くようなプロセスがあれば、それが見える可能性は高くなる。低密度領域、つまり大規模構造がないせいで浮かび上がるボイドに望遠鏡を向けられたら、高密度領域よりもはるかに近い距離でゼロ金属星の証拠が見つかるかもしれない。

＊　＊　＊

ファーストスターは、現在の星とは性質と形成プロセスの両方が異なっている。始原ガスは、水素分子による冷却以外の冷却メカニズムがないせいで、高温でジーンズ質量が大きかったため、収縮できるのは大質量のガス塊だけだった。このことから以前は、ファーストスターが単独で形成されたと考えられていたが、シミュレーション手法の発達によって、ファーストスターの周囲にある降着円盤でどのようなことが起こるかを追いかけられるようになった。現在では、最初にあるガス雲が収縮して、一個の巨大な中心星ができ、その周囲にもっと小さな原始星が形成されると考えられている。そうした原始星のなかには、降着円盤から放出されたり、中心星に吸収されたりするものもあるが、一部は生き残って、ファーストスターとの連星系になった。こうした最初の星形成が急激に起こると、ファーストスター自体が放出する光子によって、冷却に必要な水素分子が破壊されるため、すぐに新しい種族IIIの星が誕生できない環境になってしまう。ファーストスターの一生は短く、核融合反応によって金属を生成して、最終的にそれをごく近い範囲にしっかり落ち着いて吐き出したので、そのガスから形成される星はすべて種族IIに属するものになった。宇宙の時間スケールでいえば一瞬の間に、大質量のファーストスターは姿を消した。しかしそ

＊1　イラストリスプロジェクトのウェブサイトでは、ダークマター、ガス、温度、金属濃度の高い部分など、さまざまな相互作用をする要素の動きを見ることができる。

の遺産は、宇宙全体に散布された金属という形で残っている。

ところで、オーストラリア西オーストラリア州のシャーク湾内[*2]にあるハメリンプール[*3]というエリアでは、シアノバクテリアが細菌マット（細菌が集まってマット状になったもの）を形成している。はるか昔、大酸化イベントの前やその後しばらくは、シアノバクテリアのマットがあちこちに存在したと考えられている。草食性の動物が現れると、このマットはそうした動物のランチになってしまい、現生しているのは何らかの方法で草食動物から守られている数カ所のみだ。シアノバクテリアのマットに海水が打ち寄せると、その上にうっすらと堆積物が積もり、それがシアノバクテリアの粘液によって、それ以前にできていた何千もの層の上に固定されていく。そうしてできる「ストロマトライト」はまさに生きている岩石で、何百年もかけて大きくなり、年に約〇・三ミリメートルの速度で成長する。シャーク湾の海面から飛び出ているようなストロマトライトは、そうやってできた生きた化石だ。一方、実際に化石となったストロマトライトは、地球上で最も古い化石に数えられる。米国モンタナ州のグレイシャー国立公園に行くと、「スライスしたキャベツ」状の岩石になった、一〇億年以上前のストロマトライトを見ることができ、そこには最も古く、最も粘り強い生物の記録が残されている。こうした化石は簡単に見つかるとはかぎらないし、人間活動や地質学的現象の影響を受けている。そして、ほかの堆積物でカモフラージュされている。降着円盤から放り出された、あるいは遅れて形成された種族Ⅲの星が、宇宙を漂っていたり、ほかの恒星系に拾われたりしているところを発見されるとしたら、同じように、その旅の途中で遭遇した金属でカモフラージュされている可能性がとても高い。そんな星を見つけ出すのは簡単ではなく、発掘作業が必要になる。

*2　興味がある人のために説明すると、シャーク湾はサメで有名だというわけではない。シャーク湾の旅行者向けウェブサイトではサメについて、いかにもオーストラリアらしい、のんびりした説明をしている。「シャーク湾のサメは、オーストラリアの他地域のサメほど危険な存在ではありません。シャーク湾で確認されている二八種のサメのうち、ほぼ間違いなく危険とされているのは一、二種類のみです」。なるほど、わかった。危険なサメは一、二種類だけか。

*3　面積はウィンダミア湖八五個分。

第7章　恒星考古学

私は天体物理学者になるのが夢だったわけではない。仲間の研究者には、アマチュア用天体望遠鏡をのぞいていたという人がたくさんいるが、私が夢見ていたのは、象形文字を解読したり、新たに発見された古代エジプトの墓所で、埋もれている遺物を刷毛《はけ》でそっと取り出したりすることだった。私は古代エジプトの言葉を勉強したり（挫折したが）、授業の一環である職業体験の時間を使って、毎週火曜日の午後に地元の博物館で、五〇〇〇年前のエジプトの靴を梱包《こんぽう》したりしていた。一六歳のとき、博物館の学芸員に、エジプト学で仕事が見つかるチャンスはとてつもなく少ないと忠告された。そんなときに図書館の本を見てまわっていて、ふと古代史の棚から目を離すと、近くの棚にタイムトラベルの本があるのに気づいた。ノンフィクションのコーナーに並べてあるのは間違いだろうと思いつつも、その本を借りて帰った記憶がある。そこに書いてあったのは、アインシュタインの特殊相対性理論についてのありとあらゆる話題だった。運動速度が速くなるほど時間が遅くなるのはなぜかとか、運動速度が光速に近づくとものさしが短く見えるのはなぜかというような話だ。特殊相対性理論について自分がそれまで一度も聞いたことがなかったことには驚いた。そして、そこに書いてあることは一言もわからなかった。それでも、過去の世界の探求を忘れて、サイエンスフィクションみたいなものに夢中になるには、この一度の機会だけで十分だった。

大学に進学すると、その本を理解できるようになるために物理学を専攻した。そして物理学を研究するときでも過去をテーマに選んだのは、いかにも私らしかった。研究テーマとしては、ハッキング不可能な量子コンピューターの製作だとか、高速走行ができるような列車の浮上技術の開発でもよかった。テレポーテーションとか、着ると透明になるマントとか、人工知能などを研究するという選択肢もあったが、結局、私が情熱を傾けたのはやはり、それまで発見されていない墓を開くことだった。ただし今度は、宇宙スケールの墓だ。

古代エジプト好きの若者がたいてい出会うのが、古代エジプトをめぐる発見の興奮を何よりもうまくとらえた物語、つまりツタンカーメンの墓の発見をめぐる物語だ。一九二二年一一月、英国の考古学者ハワード・カーターは、ろうそくを掲げて、墓の扉に開けた小さなドリル穴から中をのぞき込んだ。驚きのあまり言葉を失ったカーターは、パトロンであるカーナヴォン卿《きょう》から何か見えるかと聞かれて、なんとか「ええ、素晴らしいものが、素晴らしいものが！」とだけ答えた。[1] そのときの様子を、カーターはのちにこう詳しく説明している。薄暗いろうそくの明かりのなかで、「室の中の細部が、ゆっくりと、霧の中から浮かび上がってきた。かずかずの奇妙な動物、彫像、黄金。いたるところに黄金のきらめきがあった」（ハワード・カーター『ツタンカーメン発掘記』、酒井傳六・熊田亨訳、筑摩書房）。私はこの物語を読むと今でもわくわくする。その瞬間を想像してみてほしい。三〇〇〇年以上開けられていなかった扉にドリルの穴を開け、何が見つかるだろうかと考えているところを。私は今、ファーストスターを追いかけ、ファーストスターが残した可能性のあるものを探し求めながら、同じように感じている。捨てられた靴みたいな、よくわからないものでも役に立つだろう。[*1]

ツタンカーメンの永眠の地が発見されたのは、そのように発見されること自体がとても珍しいという点で、特別な例だといえる。墓が「発見」されても、墓泥棒がすでにその墓を見つけていることがほとんどで、何千年も前に盗掘に遭っているというケースもある。古代エジプト人は、自分が財宝とともに埋葬された位置に巨大なピラミッドで目印をつければ、財宝はたちまち掘り出されてしまうことに、かなり早い段階で気づいた。そこで王や女王の棺《ひつぎ》や副葬品の財宝を地下に隠すようにしたが、それでも財宝を守るには十分ではなかった。ツタンカーメンの墓がめったにない例なのはそういうわけだ。エジプト学研究の多くは、実際にはつぎはぎされた断片的な知識を根拠にしている。石棺の半分とミイラが別々の場所で発見されたり、カノプス壺が屋根裏部屋で見つかったりする。日常生活の残骸《ざんがい》が、数千年分のほこりをかぶり、見ても何だかわからない状態で、奇妙な場所から見つかることには驚かされる。そこには、私たちのファーストスター探しとの類似点がある。ファーストスターが葬られてから、宇宙は大きく変化しているからだ。ファーストスター誕生の場だった始原的な環境は、盗掘に遭い、侵入してきた若い星やそのやっかいな超新星爆発によって汚染されているので、星の墓が未発見のまま残る余地はほとんどない。しかし、私たちの近所の宇宙空間のどこかに、一三〇億年前の遺物がいくつか漂っているかもしれない。それを発見するには、恒星考古学の面から考える必要がある。

＊1　面白いことに、ツタンカーメンの墓の物語には天文学とのつながりもある。ツタンカーメンの右太ももの上に鉄の短剣が見つかった。最近の分析によって、この短剣の鉄が隕石《いんせき》由来であることがわかったのだ。こうした隕石由来の珍しい鉄製品は、古代エジプトの遺跡でほかにも数点見つかっている(2)。

初期質量関数

それはそんなに難しくないはずだ。なにしろ、星の光がきらめけば見逃しようがないし、天の川銀河内に探索すべき場所がないとはとても思えない。ところが、そんなふうに星がどこにでもあることが問題なのだ。天の川銀河にある数十億個の星からゼロ金属星を探し出すのは、テキサス州のがらくた市で、本物の古代エジプトの遺物を探すようなものだ。運良く見つかることもあるかもしれないが、がっかりして、ボロボロの中古のカウボーイハットをかぶって立ち去るのが落ちだろう。ところで星の研究で特に便利なものに、質量と寿命の関係がある。[*2] 星は質量によって寿命が異なる。質量が小さい星は、持っている燃料は少ないが、その燃料を数十億年もかけて核融合反応へと供給し、ゆっくりと使っていく。一方、質量の大きい星には核融合の燃料になる水素がたくさんあるが、それを消費するペースが速いので、数百万年で使い果たしてしまう。シミュレーションでは、ファーストスターの質量は太陽質量の一〇〇倍、あるいは一〇〇〇倍もあった可能性があることがわかっている。質量と寿命の関係から簡単に計算してみると、大質量のファーストスターの寿命はわずか数百万年という短さだったと予想される。これは、ファーストスターを一三〇億年後に観測したい私たちには絶望的な状況だ。

とはいえ、心配しなくていい。すべてのファーストスターが失われているわけではない。種族Ⅲの星についての予想を話題としていたとき、暗に言っていたのは「平均的な」種族Ⅲの星のことだった。今考えているのは、ファーストスターはより低質量の仲間とともに星のゆりかごで形成されたというストーリーだ。確かに全体的にみれば、ファーストスターは現在知られている平均的な星より質量が大きかったと予想される。しかし、どんなものを測定するときでもそうだが、平均値のまわりに測定値が分布していることも考えられる。子ども服を買ったことがあるなら、そのサイズ対応表には「九歳、身長一三二センチ」

と表示してあるのを知っているだろう。これは、実際に世界中の九歳の子どもが一人残らず、三六五日通して一三二センチだということではなく、平均的な九歳児の身長がその高さだということだ。九歳児一〇〇〇人の集団の実際の身長を考えると、その平均の周辺に測定値が分布している。小さな値は平均よりずっと小さく、大きな値は平均よりずっと大きい(3)。

こうした身長の分布は、国や年齢層、時代によって異なる。たとえば北米では、男性の平均身長は、一八九六年には一六八センチだったのが、一九九六年には一七六センチまで高くなった(4)。古い住宅を訪れたときには、気をつけないと頭をぶつけてしまうのはそのせいだ。*3 この身長の分布、つまり過去にさかのぼって身長関数を求めることは、データがあるかぎりは簡単にできる。しかし、ある時点までさかのぼると、人類は食べ物を探したり、疫病と戦うことに忙しすぎて、自分たちの身長を気にしている余裕はなく、まして身長の記録などできない時代に到達してしまう。それでも、十分な数の遺骨サンプルを測定すれば、

＊2　科学の世界で「relation」といえば、毎年クリスマスに会って、礼儀正しい会話をしなければならないやっかいな人、つまり親族（relation）ではなく、二つの性質の間のつながり、関係（relation）のことだ。たとえば、親族と過ごした時間と、そのときに感じるストレスは線形関係になる。指数関数的に増えることもあるかもしれないけれど。

＊3　ここで説明した時代と平均身長の関係が線形的かどうか気になるかもしれない。つまり、人類の身長が今後一〇〇年間でさらに高くなるのかどうかということだ。おそらくそうならないだろう。現在の米国の平均身長は一九九六年とほぼ同じで、過去数十年で身長の増加は停滞傾向にある。これは私たちの身長が、現在の環境的条件において遺伝的に可能な上限に到達したことを示している。オランダ人は一〇〇年間で一三センチという、途方もないペースで急激に身長が増大し、男性の平均身長が世界で最も高い一八三センチになったが、そのオランダでさえ身長増大のペースは落ち着いてきている(5)。

古い時代の身長分布を再構築することはできる。古代エジプトの遺跡から見つかったミイラの身長を測定すれば、人類で最も古い社会の身長関数として、「初期身長関数」とでも呼べるものも割り出せる。たとえば最近の研究では、古代エジプトの王族の男性は平均的に一般市民より背が高いが、王族の女性は平均的に一般市民より背が低いことがわかった。このことは、王族に共通する一つの遺伝的特徴を示すとともに、近親婚をめぐる諸説の説得力を高めることになった(6)。一九歳で亡くなったツタンカーメン王の身長は約一八〇センチで、これは現代の基準で見ても、この年代では高いほうだ。先ほどの研究では、ツタンカーメン王はきょうだい同士の結婚で生まれた可能性が高いとしている。恒星考古学を研究する天文学者も歴史家と同じように、入手可能な間接的証拠を調べることで、種族Ⅲの星の「初期質量関数」を決めなければならない。どの質量の星が何個生まれたのかがわかれば、現在まで残っている古い低質量のファーストスターを見つけられる望みがあるかどうかが判断できる。星の質量と寿命の関係に基づけば、現在まで生き残れるファーストスターは、質量が太陽の八〇パーセント以下の星のみだと推定できる。そうなると、恒星考古学において鍵となる疑問は、種族Ⅲの星の初期質量関数がそんなに小質量側まで広がっていたのかどうかということだ。

地球の近くにある星のグループの場合には、適切な技術があれば、恒星質量関数を比較的簡単に求められる。どの質量の星が何個観測されたのかを数えるだけだ。ファーストスターではそれが難しくなるのは、数を数えられるサンプルがないことだ。種族Ⅲの星は残骸さえ見つかっていないので、推測の手がかりになる古代文明の遺跡から出土した遺骨すらない状況だといえる。その代わりに、起こりうるシナリオをすべて検討するために、できるかぎりの物理学と初期宇宙の知識を駆使したシミュレーションがおこなわれた。そこでわかったのは、種族Ⅲの星の初期質量関数が大質量側に偏った、頭でっかちな形であることだ(7)。

つまり、ある恒星サンプルに含まれる質量のほとんどが大質量星にあるということである。一方で、近くの宇宙で観測される星の一般的な質量関数は小質量側に偏っている。それは、大質量星よりも低質量星の観測数のほうがはるかに多いからだ。この理由としては、一つには古い大質量星の多くが死んでしまっていることがあるが、現在の宇宙はそもそも低質量星の形成に有利だということもある。対照的に初期宇宙では、冷却をおこなう金属が存在しなかったため、より大質量側での星形成に有利だった。種族Ⅲの星は、私たちの周りにある星よりも質量が大きかった。言ってみれば、宇宙での王族男性（あるいはオランダ人）のような存在だったのだ。しかし重要なのは、シミュレーションで種族Ⅲの初期質量関数を推定すると、大質量側に多くの星がある一方で、分布には尾があって、形成された時点の質量が十分に小さく、現在でも観測できるような星も少数あるということだ。[8] 種族Ⅲの初期質量関数には不確定性が大きいが、近くの宇宙に生きた化石が存在している可能性はあり、それがわかっているだけで探索するには十分だ。

探してみて見つからなかったとしても、それは科学の世界ではれっきとした成果だ。箱の中に赤、黄、青のボールを合計一〇〇個入れて、ふたを閉めてあると想像して欲しい。ここで話を面白くするために、この箱から赤いボールを取り出すたびに一〇〇〇ポンドもらえることにする。ボール全体に占める赤いボールの割合は八〇パーセントかもしれないし、二五パーセントかもしれない。一個も入っていない可能性もある。目を閉じて、ボールを一個つかんでみて、それが赤でなかった場合、そこからわかることはほとんどない。赤いボールが隠れられる場所はたくさんあるし、私たちのモデルのほとんどが（赤いボールが一〇〇パーセントというモデル以外は）まだ有効だ。しかし、ボールを何度も取り出しても赤が一個も出てこなかったら、赤いボールにかんする有効なモデルが次々と除外されていくので、私たちは少しずつがっかりしてくる。つまり、モデル空間が制限されていくということだ。この思考実験は、完璧なたとえとはいえない。箱からボールを取り出すのは簡単な操作だが、ゼロ金属星の探索はそうではないからだ。まず、箱（宇宙）がはるかに大きいので、ボールがたくさんあるのに私たちの望遠鏡では手が届きもしない。さらに、あとでわかるように、手が届いた星は、もっと遠くの星と比べると赤である可能性が低い。そして、ボールを取り出すたびに時間と金がかかる。どちらも学問の世界ではとても貴重であり、節約しなければならないので、ボールを無限回取り出してみる余裕などありはしない。さらに、見つかった星が金属をまったく含まない星であり、ただの金属欠乏星ではないという判断自体が複雑である。取り出したボールは箱の中に長い間、ごちゃ混ぜの状態で入っていて、使い込まれて色あせたり、汚れて色がわからなくなったりしている。取り出したのは赤いボールなのか、それとも青いボールなのか？　見分けるのが難しくなっているので、確認する方法が必要だ。

金属組成

人間の目では、一三〇億年前に生まれた太陽質量の〇・八倍の星も、四〇億年前に生まれた太陽質量の〇・八倍の星とかなり同じに見える。しかし、それぞれの恒星スペクトルはかなり異なっている。恒星スペクトルには、鉄原子にある多くのエネルギー準位によって生じる複数の金属吸収線があるが、金属欠乏星ではそれがかなり弱い。それは鉄が少ないからだ。星の金属量を判定するには、恒星スペクトルにみられる金属吸収線の強度に基づいて、特定の金属が星の質量に占める割合を計算して、その割合を太陽での同じ金属の割合と比較する。「金属欠乏」星は、たとえきわめて大きい星で、質量や原子の個数の観点では大量の鉄を含んでいても、鉄が全体に占める割合では太陽よりも小さい。金属にもいろいろあるが、鉄は強い吸収線を生成し、その吸収線は光学望遠鏡で最も観測しやすい。さらに鉄が金属量全体の良い指標

名称	定義
太陽	太陽組成比
金属欠乏（Metal-poor）	太陽の鉄組成の 10 分の 1
非常に金属欠乏（Very metal-poor）	太陽の鉄組成の 100 分の 1
超金属欠乏（Extremely metal-poor）	太陽の鉄組成の 1000 分の 1
極金属欠乏（Ultra metal-poor）	太陽の鉄組成の 1 万分の 1
極超金属欠乏（Hyper metal-poor）	太陽の鉄組成の 10 万分の 1
メガ金属欠乏（Mega metal-poor）	太陽の鉄組成の 100 万分の 1
セプタ（10^7）金属欠乏（Septa metal-poor）	太陽の鉄組成の 1000 万分の 1
オクタ（10^8）金属欠乏（Octa metal-poor）	太陽の鉄組成の 1 億分の 1
ギガ（10^9）金属欠乏（Giga metal-poor）	太陽の鉄組成の 10 億分の 1
とんでもなく金属欠乏（Ridiculously metal-poor）	太陽の鉄組成の 100 億分の 1
スーパーカリフラジリスティックエクスピアリドーシャスに金属欠乏	太陽の鉄組成の 100 億分の 1 未満

図 19　星の金属量を表す用語一覧＊4。Frebel（2018）(11) をもとに作成。

になることもわかっている。ほとんどの星では（例外についてはあとで説明する）、鉄の割合が小さいことをいうのに、「鉄欠乏」と「金属欠乏」を同じ意味で使える。そのため一般的には、鉄の割合、つまり鉄組成が太陽より小さければ、それを「金属欠乏星」と呼び、太陽よりも鉄組成が大きい星をすべて「金属過剰星」と呼んでいる。私たちの周りにある星は金属過剰星だ。それは、前の時代の超新星爆発によって、あらかじめ金属が散布されたガス雲から形成されたからである。太陽の実際の鉄組成は、質量比で約〇・一四パーセントだ(9)。現在形成されている星は通常、質量で約二パーセントの金属を含んでいる(10)。たった二パーセントでも、金属過剰星と呼ばれるのだ。星のメインディッシュは水素であり、ほかの元素に大きく差をつけていることを思い出してほしい。種族Ⅲの星と現在の星の違いといえば、そのメインディッシュに添えられたつけ合わせだけだが、それがあるとないとでは大違いだ（ポテトに散らしたパセリや、ピザの上のバジルがそうであるように）。より古い世代の星を探していくと、もともと小さかった金属量はさらに減少して、きわめて小さな比率を扱うようになっていき、最上級を表す表現を添える必要がでてくる(11)（図19）。実をいえば、恒星考古学の研究者は、鉄組成が太陽の一万分の一より小さい「極金属欠乏星」でないかぎり、新しい星のニュースを聞いても慌ててベッドから起きてくることはめったにない。

金属欠乏星の発見

初めて金属欠乏星が発見されたのは一九五一年で、発見者は米国の天文学者ジョセフ・チェンバレンと、彼の博士課程の指導教官のローレンス・アラーだった。[*5] ふたりは二個の星の鉄組成を測定し、その値が太陽の一〇分の一であることを発見したのである。[(13)] これは太陽との違いとしては小さく思えるかもしれないが、当時としては画期的な発見だった。さらにチェンバレンはこのとき、研究の世界で金鉱を掘り当てたようなものだった。彼が初めて発表したこの論文は、結果的に二〇世紀で最も重要な天文学論文の一つになったからだ。この発見以前は、どんな星でも元素組成は太陽とほぼ同じと考えられていた。金属のスペクトル線の強度が太陽と異なる星も見つかっていたが、これにはそうした星はどれもスペクトル型が太陽と異なると説明すれば問題はなく、まったく別の世代の星であることまではわからなかった。スペクトルはもともと、ジャングルのように混乱していた星の集団を、OBAFGKMという型からなる分類システムで表すために使われたツールであり、水素線の強さが温度の代わりとして使われていた。チェンバレンとアラーの論文を読むと、自分たちの結果を発表するにあたって彼らが抱いていた疑念が感じられ、文章のあちこちに「観測された（鉄）組成は太陽より小さいように見える。ただしこの結論は注意して扱わねばならない」といった表現がはさまれている。チェンバレンらは、測定された鉄組成を「われわれの解釈においては望ましくない要素」だとしている。そういう意味では、これもまた望ましくないノイズが過去の理論的枠組みを粉々に打ち砕いた例だといえる。ただしこのときは、鳩の糞は関係していないが。

あとから振り返ったときに、私たちの世界観を変えた謙虚な論文のなかから、こういったたぐいの言葉ばかりを都合良く選び出すことはいくらでもできる。しかし、私たちが見ているのは優れた科学者たちだ。星はすべて同じで、すべて太陽に似ているという、当時正しいとされた知識に反するものとして、チェンバレンらが用意した金属欠乏星のサンプルのサイズは二個だった。そして、科学者は自分が発表する分析結果に自信を持っているべきだが、ひらめきの瞬間が明確に訪れることはめったにない。「わかった、見つけたぞ！」と叫ぶよりも、「なんか変だな。ちょっと待って、あれは何だ？　あれはもしかして……うーん。ねえ、これを一通りチェックして、私が何かばかなミスをしていないか確かめてくれないかな」と言う場合のほうが多い。反対に、しっくりくるのに実際には間違いだという持説を無理なく捨てるには、たいていは、ひらめきの瞬間が二、三回必要だ。チェンバレンとアラーの論文で引用されている過去の研究をみてみると、たとえばその前年に発表されたナンシー・ローマンの論文において、星は同質だとする理論を支える基盤がすでに揺らぎつつあったことがうかがえる。ナンシー・ローマンは、ハッブル宇宙望遠鏡計画で中心的な役割を果たした米国の天文学者で、米国航空宇宙局（ＮＡＳＡ）で幹部職についた初めての女性だが、そうした仕事の前に、星がどれも同じとはかぎらないことを示す研究をおこなっていた。

＊4　実は最後の行は私が考え出したものだけれど、なかなかいいと思う〔訳注：スーパーカリフラジリスティックエクスピアリドーシャス（Supercalifragilisticexpialidocious）は映画『メリー・ポピンズ』の劇中歌で、魔法の言葉として登場する〕。

＊5　アラーについて興味深いのは、高校を卒業していないにもかかわらず、天体物理学の教授になったという点だ。高校に入学はしたが、父親に無理やり金採掘地に連れていかれたのだ。[12]なんとか逃げ出したアラーは、代わりに星の金属を採掘するようになったのである。

ローマンがしたのは、星のサンプルを集めて、それらを最初は金属線の弱さによって、次に運動速度によって分類することだった。[14] ときをさかのぼって一九二六年には、高速で運動する星のヘルツシュプルング・ラッセル（ＨＲ）図が低速度の星のＨＲ図と明らかに異なっていることが、オランダの天文学者ヤン・オールトによって発見されていた。この違いは、一九四四年にウィルソン山天文台でバーデがおこなった、アンドロメダ銀河の高速と低速の星の観測で確認されている。ちなみにこの観測ができたのは、戦時中の灯火管制が実施されていたためだった。[15] 運動速度が異なる星をさらに調べたローマンが気づいたのは、サンプルを金属線の弱いものと、通常の強さのものに分けると、高速の星は金属線が弱いグループにしかないということだ。ローマンは、金属量の多い星は天の川銀河の円盤部分をゆっくりと移動する傾向があることを発見したのだ。対照的に金属量の少ない星は、高速で楕円形の経路上で見つかる傾向があり、その経路から推定すると、そうした星があるのははるか遠くの銀河ハロー内のことが多かった。そして、その弱い金属線が単にスペクトル型の違いではなく、実際に金属量の少なさを意味することを突き止めるには、チェンバレンとアラーの力が必要だったのである。

銀河の中を探す

チェンバレンとアラーによって初めて発見された金属欠乏星と同じような、鉄組成が太陽の一〇分の一の星はたくさんあるが、恒星考古学者が興味を持つようなレベルまで鉄の割合を下げるのは予想よりもずっと難しかった。それは単に探索範囲が広すぎるからだ。しかし私たちは希望を捨てるべきではない。よく言うように、楽して得られるものはないのだから。それに、先ほどは言わなかったが、ハワード・カーターだってツタンカーメンの墓を偶然見つけたわけではない。一九一四年にカーターとカーナヴォン卿は、その発掘エリアで見つけるべきものはすべて見つけ尽くしたと思い込んでいた考古学者から、発掘許可証を購入した。[*6] その後第一次世界大戦が勃発したため、カーターが作業を始めたのは三年後だった。そのときも、発掘用のコテをいきなり手にして発掘を始めたわけではない。その発掘現場全体を方眼状の小さな区画に分け、五年かけて、計画的かつ慎重に一区画ずつ発掘していった結果、ようやく幸運をつかんだのである。日誌はきっとこんな感じだろう。作業一日目：成果なし。作業二日目：成果なし。作業一八二四日目：成果なし。作業一八二五日目：数え切れないほどの遺物と、行方不明になっていた少年王の無傷のミイラ。朝食の定番であるボリュームたっぷりのビーンズ・オン・トーストを、午後のお茶の時間に食べるみたいなものだ。[*7] インターネットで「天の川銀河には星がいくつあるか」と検索すれば、二五〇〇億個だとわかる。ただし答えにはプラスマイナス一五〇〇億個のひらきがある。これはどうみても大きな誤差範囲だ。天の川銀河にある星の数を数えるのが難しいのは、検出できない暗い星が大量にあるせいだ。天の川銀河で最も明るい星でも私たちにはとても暗く見えるので、それはミルトン・キーンズ〔訳注：ロンドンの北西八〇キロにある新興都市〕の国勢調査データだけをみて、地球の総人口を予測するようなものだ。たとえ推定範囲の低い側である一〇〇〇億個という数を採用するとしても、細かく分析して金属量を求める

＊6　これは、ビートルズと契約しなかった男とか、J・K・ローリングの原稿を受け付けなかった編集者に匹敵するエピソードだ。

＊7　カーナヴォン卿は、カーターにいくら投資しても成果があがらないことにうんざりし始めていて、発見の直前には資金提供をやめていた。カーターはもう一シーズンだけ発掘することを懇願して、無事に資金を提供してもらい、そのシーズンの発掘開始から四日目に歴史上最大の考古学的発見をした。このことが証明しているのは、なくし物はだいたい予想外の場所で見つかるものだが、それは失われたミイラでも同じだということだ。

には、それでもまだとんでもない数の星だ。もし専用望遠鏡があって（実際にはないけれど）、一秒に一個のペースで分析ができても（現実には無理だけれど）、一〇〇〇億個の星すべてをチェックするには三〇〇〇年以上かかるので、探索範囲をもっと狭めなければならない。

天の川銀河の明るい構造には、円盤とバルジ、ハローの三つがある。円盤はパンケーキ状の大きな構造で、その内部に渦状腕構造がある。活発な星形成の舞台であるため、若い種族Ｉの星のすみかになっているので、ここは探索の対象外だ。観光客向けの店で売られているような奇妙な出土品なら見つかるかもしれないが、よい判断とはいえない。円盤内の太陽系付近では、金属欠乏星は恒星二〇万個につき一個程度の割合で存在すると考えられている。(16) バルジは、天の川銀河中心近くにある、星が高密度で集まった回転楕円体構造だ。銀河形成シミュレーションでは、バルジは宇宙で最も古い構造で、初期のガス雲収縮かその直後に形成されたという結果になったので、理論上では発掘に素晴らしく適した場所に思える。しかし現実には、バルジは有望な発掘現場ではあるが、その条件はきわめて厳しい。インディ・ジョーンズがへビだらけの穴を飛び越えるくらいの難しさだ。バルジは最古の構造なので、これまでに超新星によって金属が十分に散布されている。したがって、生き残っている可能性のある数少ない低質量の種族Ⅲの星を見つけるときの邪魔になるような、金属量が多い星がたくさん含まれている。さらに悪いことに、そういう超新星はどれも莫大《ばくだい》な量のダストを生成し、このダストが、その薄暗がりの先を見ようとする望遠鏡を混乱させてしまう。そのため、バルジを探索範囲にするのは理論的には筋が通っているが、技術的にはやっかいなところがある。もちろん、だからといって科学者が挑戦していないわけではない。(17)

そうなると、私たちの期待を背負うのがハローだ。これは円盤とバルジを取り囲む星雲状の明るい構造で、球状星団という種類の星の集団と、どの星団にも属さない散在星を含んでいる。ここで、金属量が少ない星ほど高速で運動しているというローマンの研究とのつながりに気づいて、運動速度が星の識別に役立つと考えるかもしれない。だとすれば、星の速度を測定して、最も速い星にねらいをつければいいだけだ。しかし残念ながら、この速度と金属量の相関関係には、そのような因果関係まではない。低金属量の星の運動速度が本質的に速いわけではないのだ。高速で運動する星ほど、スペクトルの金属線が弱いことが多いのはなぜなのだろうか？　星形成は渦状腕で起こることがほとんどだが、若い星は時間が与えられれば、円盤面を出てハローに移動することがある。ハローには円盤に比べると星の回転運動がほとんどなく、実を言うと、かなりの高速で動いているのは円盤内の天体上にいる私たちのほうなのだ。そのため私たちの視点からは、ハロー内の星は反対方向に動いているように見える。ただしそれ以外に、円盤に対して垂直方向の速度成分があるかもしれない。本当に古い金属欠乏星には、いわゆる「高速度」星は別の平面上で銀河中心を回っている星にすぎない。実際には、銀河円盤から出て、ハローという落ち着いた領域へと漂っていくだけの時間があっただろう。そしてハローでは、私たち自身の回転が速いために、そうした金属欠乏星は、ナンシー・ローマンが観測したように、高速で運動しているようにみえる。したがって、ハローは種族Ⅲの星を探索する範囲として優れているように思える。実際にこれまでの恒星考古学の取り組みのほとんどが、このハローで集中的におこなわれて、めざましい成果をあげてきている。

恒星考古学

二〇一九年なかばの時点で、鉄組成が太陽の一万分の一である星はほんのわずかしか観測されていない。観測に用いる望遠鏡の技術的限界と、ほかの星から受ける干渉のせいで、スペクトル観測結果にはいかにも本物らしい偽物の金属線が紛れ込んでしまう。そのため恒星考古学者の分析では、こうしたスペクトルの汚染に気づいて取り除く作業が不可欠だ。鉄組成の観測値がある星にかぎっていえば、現時点で金属量の最小記録のタイトル保持者はＳＭＳＳ Ｊ１６０５−１４４３だ。[18] 二〇一八年に発見された、このメガ金属欠乏ハロー星は、鉄組成が太陽の一〇〇万分の一未満だ。これはきわめて低い値なので、種族Ⅲの星なのだろうか？　残念ながらそうではない。スペクトルに見られる金属のレベルが高すぎるので、この星が何もないところから自力で生まれたとは考えられない。この星が生まれたガス雲は、前の時代の超新星爆発からそういった金属の「スターターキット」を散布してもらう必要があった。それは、エジプトのミイラの偽物をほぼ完璧に作ったが、その腕にスマートウォッチをつけたままにしたのと同じことだ。ペルシャ・プリンセスの話を聞いたことはないだろうか。二一世紀を迎えるころに、闇市場で売られているのが見つかったミイラだ。二六〇〇年前の遺物で、数百万ドルの価値があるとされたこのミイラをめぐり、パキスタンとイラン、そしてどうやらアフガニスタン・タリバンまでもが所有権を主張した。六カ月におよぶ議論のすえ、この女性のミイラはパキスタン国立博物館で展示されたが、彼女が名声を享受できた日々は短かった。ある米国人考古学者が、そのミイラの作成方法には、体内に残されるはずの心臓がないといった奇妙な点が複数あったことや、石棺に刻まれた文字に文法の誤りがあったことを不審に思い、少し詳しく調べてみた。するとわかったのは、それが二六〇〇年前の王女のミイラではなく、一九九六年ごろに残忍な方法で殺害された二六歳の女性の遺体であることだった。私はそのかわいそうな女性が誰なのか探り出そうとしたが、わかる範囲では、この女性はいまだに身元不明で、彼女を殺害した罪で起訴された人もいなかった。こんなことだから、私は星ばかり見て過ごしているのだ。地上で起こることは何もかも間違っている。それはともかく、言いたいのは、星にしても考古学的遺物にしても、偽物はたくさんあるということだ。

SMSS J1605-1443で検出された鉄のレベルは低いが、鉄が存在しているのは間違いない。一方で、鉄が検出されておらず、その上限値しか決められない星がSM0313-6708だ[19]。観測されたのは二〇一二年であり、二〇一三年の高精度分光観測から明らかになったのは……実はほとんど何もわからなかった。この星には、スペクトルに林立する吸収線は見当たらず、活動はほとんどなく、存在する金属は四種類（リチウム、炭素、マグネシウム、カルシウム）だけだった。スペクトル曲線上で、鉄の存在に関係する落ち込みが見られるはずの位置はすべて、線が平らになっているだけで、鉄が存在しないことを示している。現在の技術では、全体的なノイズの中に小さなギャップが隠れていないと断言はできない。しかし私たちが見ているのが、少なくとも鉄組成が太陽の一〇〇〇万分の一の星であるのは確かであり、それよりはるかに少ない可能性もある。これはかなり見込みがありそうだ。鉄がまったく存在しないように見える星が見つかったのだから、きっとこれは私たちが探している種族Ⅲの星では？　残念ながら、これもはずれだ。検出されている金属元素は四種類しかないかもしれないが、それでもその組成は十分に多く、ファーストスター内での核融合反応だけで生成された可能性はない。しかし、かなり惜しいところまでいったといえる。SM0313-6708で検出された金属量は非常に少ないため、モデル計算によれば、この星を形成したガス雲内に含まれていた金属は、一個の超新星のみによって散布された可能性がある。つまり、ここで私たちが見ているのは種族Ⅲの星ではないが、一世代下の子孫である可能性が高いということだ。この星で観測された金属量から、生みの親とされる星は太陽の六〇倍の質量を持ち、低エネルギー超新星として爆発して、そのあとはブラックホールになったと考えられている。このモデルが観測によく合っているといえるのは、この星には炭素などの金属は存在するが、鉄が存在しないためだ。星が、「重力崩壊型超新星」と呼ばれる低エネルギー超新星として一生を終えるときには、炭素やマグネシウムのような軽い元素だけが爆発の外層へと放出される。この結果、鉄などの重い元素は中心のブラックホールにずっと近い位置に取り残される。ブラックホールの近くにあるのは決して良いことではない。この場合は、ファーストスターが鉄を生成していても、その苦労の成果はすべてブラックホールの中に失われてしまって、第二世代の星はブラックホールを逃れたもっと軽い金属から形成され、金属量全体の評価に使われてきた鉄などの重い金属は含まれないと考えられる。先ほど紹介した、最近発見された金属欠乏星SMSS J1605-1443は、鉄の観測値がある星では金属量が最も少ない星だが、この星もこの重力崩壊型超新星のモデルで説明できる。そして鉄組成が少なく、炭素組成が多いというパターンは、既知の極金属欠乏星の一つ以外では繰り返しみられるものだ。さらにいえば、低エネルギー超新星は、以前考えられていたよりも多く存在している。以前というのは、ファーストスターはすべて、もっと爆発的な超新星として一生を終えたと考えられていたころだ。低エネルギー超新星が多いというのが本当なら、その最初の世代の星が全体としてどのくらいの期間存在できたかに大きく影響する。低エネルギー超新星が宇宙を金属で汚染するときの効率は悪く、金属を含まない領域が保存されるので、種族Ⅲの星が誕生していた期間は従来の説よりも長かった可能性がある。そうなると私たちが見つけられるようなファーストスターも、もっと多く生き残っているかもしれない。

それでは、恒星考古学は限界に行き着いてしまったのだろうか？　私たちは、可能だと期待していたよりも深く掘り進んでいる。科学者のイコ・イブン・ジュニアによって一九八三年に決められた、「汚染限界」という経験則がある。[20] イブンは、星の一生のうちにどのくらいの量の金属降着（重力による星への金属の落下）が起こりうるのかを計算した。それは、ファーストスターは本当は私たちの目と鼻の先にあり、先ほどの思考実験で考えた汚れた赤いボールと同じように、単に正体を隠しているだけなのかを突き止めるためだ。星に固有の金属線の観測は必ず、星にたまっている「汚れ」の量によって制限される。そういった汚れの下に金属欠乏星が存在していても、私たちには見えないのだ。この汚染限界は決定的なものではなく、すでに突破されている。イブンの計算は、単なる目安とするための簡略化した計算だったが、その根底にある、私たちがいつか金属欠乏星の検出可能限界に到達するという見方はほとんど疑う余地はなく、それはそう遠くはないように思える。

＊＊＊

生き残っている種族Ⅲの星がいつか発掘されるという希望は確かにある。種族Ⅲの星の平均的な質量は、太陽質量の数十倍から数百倍だったと考えられているが、シミュレーションによると、同時に小質量側にもわずかに存在していたことがわかる。質量の大きい星ほど寿命が短いので、現在でも近傍の宇宙にまだ存在しているのは、太陽質量の八〇パーセント以下のものだけだろう。そうした星を探し出すのは簡単ではないが、天の川銀河のハローは探索に適した場所だと考えられている。そこは若い星による汚染が少ないし、より古い種族Ⅲの星が円盤からぶらりと出て行って、現在はハローにいるかもしれないからだ。一般的に、鉄の吸収線は星の金属量全体の指標として優れており、水素に対する鉄の割合が太陽よりも小さい星を「金属欠乏星」と呼んでいる。

恒星考古学はすでに大きく前進している。科学者たちは、太陽の鉄組成の一〇〇万分の一しかない金属量まで掘り進んでいて、鉄がまったく検出されないところに到達している。金属欠乏星の探索は難易度が高く、金属の汚染や、汚染の混合によってさらに複雑になっているため、もっと少ない金属量までさらに進むことは考えにくい。ただし、勘違いしてはいけない。恒星考古学は死んだ研究分野ではなく、死んだものの研究分野だ。そしてこの分野は、ファーストスターを探すことから、二世代目の星と言葉を交わし、彼らの先祖の物語を聞かせてもらうことに軸足を移している。今までよりも効率的な技術が開発されて、何十億もの選択肢から最も有望な候補天体を選び出すようになれば、金属欠乏星のサンプル数を増やし、金属欠乏星を作り出した超新星イベントの多様性についてもっと確実な結論が出せると期待されている。そしてそうすることで、そのもとになった種族Ⅲ星の初期質量関数を再現するリバースエンジニアリングができる。あるいは少なくともシミュレーションから得られる初期質量関数に制限を与えられるだろう。

考古学的遺物のなかには、どれだけ探してもそれ以上の発見が期待できないものがある。数千年にわたる劣化によって、布地や食料、木製の道具類はほとんどが損なわれてしまう。低質量星の集団が今でも存在するなら、それは汚染されて、見えなくなっている可能性が高い。そのため、そうした星のカモフラージュに今以上にうまく気づけるかどうかには疑問が残る。

ファーストスター（ゼロ金属星）そのものはまだ検出されていないかもしれないが、次の世代と思われる星、つまりゼロ金属星と金属欠乏星を橋渡しする役割の星はすでに検出されている。これは失敗ではない。クフ王に会って、ギザの大ピラミッドをどうやって建設したのか、財宝はどこに埋まっているのかと質問したいとは誰でも思うだろうが、クレオパトラとおしゃべりできるのなら、きっとそれで満足するはずだ。ただしそうはいっても、古代エジプトをめぐる事実で私が特に気に入っている話が一つある。時間の隔たりでいえば、私たちとクレオパトラの間のほうが、クレオパトラとピラミッドの間より短いということだ。恒星考古学の未来はこの先もずっと続いていく。この分野はよちよち歩きを始めたばかりだし、SM0313-6708が発見されたときに、夜空に掲げたろうそくに浮かび上がったのは、金《きん》のかすかなきらめきだった。あるいは鉄のきらめきと言うべきだろうか？

第8章　共食いする銀河

はるか遠く、厳密にいうと約七万五〇〇〇光年の距離に、Segue 1と呼ばれる小さな星の集まりがある。Segue 1はごく最近、二〇〇六年に偶然発見された。しかしこの一〇年間で、実はそれが宇宙で最も進化が進んでいない銀河の可能性があるという説に対して、反論もあれば、さらにこの説を推す意見もあって、活発な議論がおこなわれてきた。この議論が始まったきっかけは、その説の年齢の問題についてというよりも、「銀河」という部分についてだった。私たちは古い化石銀河を見つけたのだろうか？　それとも、この銀河は実際には銀河ではなく、比較的小規模な若い星の集まりにすぎないのか？

この問題の答えを探すには、手始めとして銀河を定義するのがいいだろう。信頼性の高さで知られる『オックスフォード英語辞典』を調べてみると、こう書いてある。

天の川銀河に似ている形や系など。（のちの用法として）特に、多数の物体からなる系で、しばしば数百万個から数十億個の星からなる。重力によってまとまっており、ガスやダストのようなほかの物質を含み、明確な形をもつ天体として宇宙全域に存在している。

ここで私が言おうとしているのは、この定義はあまり明確ではないということだ。確かに「ほかの物質を含み」という部分にはダークマターも入るが、銀河と呼べるかどうかの鍵を握るのはダークマターなのだから、もっと明確に定義する必要がある。二〇一二年に発表された論文はこうした問題をふまえて、新たな定義を「銀河とは、重力によって束縛された恒星の集団のうち、その性質がバリオン〔「通常」の物質〕とニュートンの重力法則の組み合わせでは説明できないもの」とすることを提案している。(1)

Ｓｅｇｕｅ１の発見を報告する論文は、「犬と猫、髪の毛と英雄：天の川銀河の新たな仲間である五人組」というタイトルだった。(2)「五人組」と言っているのに、このタイトルではっきりと名前があがっている天体は四つしかない。りょうけん座Ⅱ矮小銀河（「りょうけん」は猟犬、つまり犬）、しし座Ⅳ矮小銀河（「しし」はライオン、つまり猫）、かみのけ座矮小銀河（髪の毛）、ヘラクレス座矮小銀河（英雄）だ。矮小銀河は慣例的に、それが観測された星座にちなんで命名されるので、しし座Ⅳ矮小銀河といえばしし座で四番目に発見された矮小銀河ということになる。Ｓｅｇｕｅ１が初めて分析されたとき、あまりに小さいので球状星団とされた。球状星団は銀河系内にある星の集団で、重力に束縛されてはいるが、銀河と分類されるためにはサイズや質量がまったく足りない。その名称は、発見したサーベイ観測の名称からつけることになっている。Ｓｅｇｕｅ１というのは、「ＳＥＧＵＥサーベイ観測」によって見つかった最初の球状星団ということだ。銀河系の近くで新たに発見された四つの銀河に比べると、ただの球状星団は大きなニュースにはならなかった。しかしＳｅｇｕｅ１は単なる星の集団ではなかった。

隠れた質量

明るく光っていて、重力によって束縛されている天体の質量の測定方法は二つある。一つ目の方法は

「光学質量」を測定する方法だ。この方法では、ある星の集団からどのくらいの光が届いているかを調べて、それだけの光を生み出すにはどのくらいの質量が必要かを計算する。二つ目はもっと徹底した方法で、この星の集団に含まれていて、重力を生み出しているあらゆるものの質量を測定する。明るいもの、暗いもの、つまりダークマターも含めて、あらゆるものの質量だ。集団内の星の運動を調べればこの合計質量がわかる。Ｓｅｇｕｅ１の物理的サイズは小さかった。球状星団にあっさりと分類されたほどの小ささだ。しかし、別の研究チームが光度（光学質量の代わりとして）と合計質量を比べたところ、質量－光度比が一三四〇[3]になることがわかった。この値はのちに三四〇〇[4]に修正された。球状星団の場合、質量－光度比は二か三程度と小さく、一にならない理由は単に光を出さない死んだ星の残骸があるというだけであり、ダークマターが束縛されているわけではない。この大きな質量－光度比の発見で、Ｓｅｇｕｅ１の立場は変わり、出演者リストにも載せてもらえないようなつまらない星の集まりだったのが、知られているなかでダークマターの割合が最も大きい銀河として認められる存在になった。このことは、二つの理由からとても面白い。一つ目の理由は、ダークマターは追跡したり、制限をかけたりしにくい存在としてよく知られていることだ。銀河の回転曲線や銀河の質量測定から得られる運動学的証拠によって、ダークマターがそこにあることはわかる。しかしダークマターを粒子の相互作用の観点から見つけ出すこと、それによってダークマターとはどういうものかを定義することにはまだ手が届いていない。これまで検出されたなかで、ダークマターが最も集中して存在しているらしい天体が見つかったこと、しかもそれが天の川銀河のすぐ近くにあったことで、素粒子物理学者たちはみな騒然とした。そして、Ｓｅｇｕｅ１を銀河として定義するのがとても面白いもう一つの理由は、それが小さいことだ。本当に小さい。そしてそれが興味深いのは、銀河が大きくなる途中では、銀河の共食いを経験するからだ。銀河同士が飲み込み合うので、時間が経過すると、たくさんの小さな銀河であふれていた宇宙は、より大きな銀河のある宇宙へと姿を変える。小さな銀河が見つかったとしたら、共食いの生き残りの可能性がある。腹を空かせた天の川銀河が遠い昔、ごちそうを一口分だけ投げ捨てたのだろう。私たちは初代銀河を見つけたのだ。とすると古い初代銀河にはファーストスターが残っているかもしれない。

矮小銀河

天の川銀河のすぐそばにある矮小銀河はＳｅｇｕｅ １だけではない。天の川銀河は局所銀河群という、差し渡し一〇〇〇万光年程度の銀河の集まりの一部だ。銀河にはさまざまな形やサイズがあり、形態によって分類できる。たとえば、渦巻銀河や楕円銀河、不規則銀河、棒渦巻銀河といったぐあいだ。局所銀河群は言ってみれば「銀河の動物園」で、存在する銀河の種類はかなり多い。アンドロメダ銀河、天の川銀河、さんかく座銀河というのが、大きい順に三番目までの銀河だが、局所銀河群にある渦巻銀河はこの三つだけだ。さらに、局所銀河群で四番目と六番目に質量が大きい銀河である、大マゼラン雲と小マゼラン雲のことを聞いたことがあるかもしれないが、これらを別にすれば、ほかの銀河について聞いたことはきっとないだろう。「矮小」銀河と呼ばれるにはどのくらい小さければいいのか、その境目を決めるのはつねに難しい問題である。「背が低い」人の厳密な定義がないのと同じことだ。身長であれば、平均値未満なら背が低く、平均値以上なら背が高いことにしようという意見がすぐに出るだろう。これを銀河に当てはめられないのは確かだ。矮小銀河は、実際には宇宙で最も数が多い銀河だからだ。そう考えると、この名前の付け方はやや不公平だといえる。本当は、矮小銀河を「銀河」と呼び、天の川銀河のような大きな銀河を「巨大銀河」とかいう名前にするべきなのだが、これはいったい誰に意見するべきだろう。それはともかく、矮小銀河にある星の数は最大で数十億個だ。これに対して、天の川銀河にある星は数千億個というレベルなので、矮小銀河はずっと小さく、ずっと暗いことになる。

銀河と同じように、矮小銀河も形態によってさまざまな種類に分類される。大マゼラン雲と小マゼラン雲はどちらも、形が不規則で、楕円や楕円体、渦巻などの形にあてはまらず、矮小不規則銀河に分類されている。この種類の銀河は若く、大量のガスがあって進行中の星形成の燃料となっている。それに対して、矮小楕円体銀河はガスが少ない古い銀河であり、矮小楕円銀河はその中間、つまり長く伸びた楕円体で、星形成のためのガスも多少残っている。そのほかに矮小渦巻銀河も観測されているが、珍しい種類と考えられている。矮小渦巻銀河は、ほかの銀河との間の潮汐《ちょうせき》相互作用（大質量天体を公転する場合に受ける引力の作用）によって壊れやすく、そうすると渦状腕がすぐに破壊されたり、消えたりして、矮小不規則銀河か矮小楕円銀河に進化する。[*1] 大マゼラン雲はこういった例だとされており、現在は渦状腕が一本だけある状態だ。これは小マゼラン雲や天の川銀河との潮汐相互作用を受けたためである。

私たちが関心を持っているのは、矮小楕円体銀河（dSph）と、最も暗い矮小銀河である超低輝度矮小銀河（UFD）だ。矮小楕円体銀河は、ガスは少ないが、その光度には約二〇〇〇万太陽光度〔訳注：太陽の光度を一とする明るさの単位〕からわずか数千太陽光度までとかなりの幅がある。ちなみにアンドロメ

＊1　このような銀河がすれ違うときに一時的に生じる相互作用には、「銀河ハラスメント」という名称がある。学究環境でのセクシャルハラスメントに反対運動をしている身としては、この用語には身震いしてしまうが、同時にこういう名前の選び方はどうしても称賛したくなる。私には、小マゼラン雲の弁解の声が聞こえる。「私には、彼らの存在を揺るがし、その姿を永遠に変えて、美しくて二つとないものを何もかも破壊する気はなかった。ただ私の重力場がとても強いだけだ。あっちから近づいてきたんだ！」

ダ銀河の光度は推定一〇〇億太陽光度だ。矮小楕円体銀河の観測では、ガス供給が十分に長続きしなかったため、現在の宇宙で形成されているような金属の多い星があまり形成されなかったことがわかった。こうした矮小銀河を詳しく観測すれば、恒星考古学でハロー領域の星を調べるのと同じように星を調べることができる。調べてみると、より暗い矮小楕円体銀河ほど、金属量がより少ない星が存在しているようだ。最も暗い矮小銀河を探すことは、金属量が最小の星を集中的に探せる方法であり、矮小銀河考古学分野はかなり楽観的で興奮に満ちた雰囲気に包まれている。恒星考古学と矮小銀河考古学は互いに補い合う手法だといえる。恒星考古学の研究者は、捨てられた遺物を求めて地面を掘り、天の川銀河の屋根裏部屋を探し回る。対照的に、矮小銀河考古学の研究者は乱されていない環境を探す。両方の研究者が、それぞれ異なる種類の情報を持ち寄って、ファーストスターをめぐるパズルを協力して完成させるのだ。矮小銀河は、宇宙で最も古い銀河の例となる可能性がある。ガスを使い果たしたために、星の成分の点では進化をやめてそのままになっている矮小銀河をもし見つけられたら、種族IIIが形成される背景にあった始原的環境を調べられることになる。

銀河の共食い

宇宙には階層構造がある。まずわずかな星だけを含む、小規模な構造があり、それが合体して大きな集団、つまり小さな銀河になる。そうした小さな銀河が合体してより大きな銀河になり、やがて天の川銀河サイズの銀河になる。この階層的な銀河形成プロセスは銀河の共食いと呼ばれるが、私たちのまさに鼻先で起こっている銀河の合体を観測すれば、この銀河の共食いの証拠が見られる。進行中の銀河衝突の例を二つ、カラー口絵に載せてある。マウス銀河と触角銀河（アンテナ銀河とも）はどちらも、二個の銀河が重力によって衝突して引き裂かれている例で、それによってマウス銀河には長い尾のような形が、触角銀河には触角のような形ができている。銀河が衝突すると、内部の星はすっかりごちゃ混ぜになる。合体してできる新しい銀河は、新たな星形成によって前より明るくなることもあれば、ガスの損失によって静穏な時期が訪れることもある。

二個の渦巻銀河が合体する場合には、大きく崩壊するために渦状腕の形が壊れて楕円銀河になりやすい。おそらく天の川銀河でも、アンドロメダ銀河がこちらに向かって進んできて約四五億年後に衝突するときには、そういうことが起こるだろう（偶然だが、四五億年後というのは太陽の寿命が尽きるころなので、そのあたりにいる人類にとってはどうしようもない時代になる）。一方、矮小銀河は「銀河建設現場」の材料であり、たがいに合体し、衝突し、降着した結果、できあがった構造はもはや矮小銀河ではなく、銀河そのものになる。銀河の共食いのプロセスは、現在観測されている構造を説明するのに不可欠ではあるものの、数千個もの矮小銀河があらゆる方向で互いにパチパチとぶつかっていたわけではない。天の川銀河タイプの銀河で起こる階層構造の形成をシミュレーションすると、天の川銀河の内部領域の形成にかかわったのは、わずか三個の大きな矮小銀河だった。外側のハロー領域は、すれ違う矮小銀河間でのあまり激しくない降着が起こる可能性が高い領域で、ここでは質量が小さい八個の矮小銀河から構造が生まれた[5]。現実に起こった矮小銀河と天の川銀河の合体の証拠は、いて座恒星ストリームと呼ばれる曲がりくねった構造に見ることができる。いて座恒星ストリームは、いて座矮小楕円体銀河が長い時間をかけて崩壊していく過程で、かつて矮小銀河を形作っていた星が天の川銀河を取り囲んでリボン状の形に取り残されてできた。天の川銀河は、あまりにも近くをさまよう矮小銀河には優しくないのだ。

矮小銀河を定義する

銀河の共食いというプロセスを考えると、矮小銀河が見つかれば、それは古い銀河である可能性が高く、おそらくは階層的な銀河形成の材料の残りということになる。矮小銀河の多くは、天の川銀河のような銀河と比べると小さいものの、球状星団と比べればやはり間違いなく銀河である。球状星団と矮小銀河はもともと簡単に区別できるものだった。前者は小さくて暗く、後者は大きくて明るい。光度と質量の関係を表すグラフ上にこの二つのグループを描き入れると、違いは明確だった。しかし望遠鏡の性能が向上し、超低輝度矮小銀河が観測されるようになると、二つのグループには重なりあうところが出てきて、ある構造が球状星団なのか、それとも矮小銀河なのかを、質量と光度だけから判断するのは難しくなった。

ある構造が矮小銀河かどうか判断するためには、二つの指標を調べる必要がある。一つ目は質量だ。それにはまず星の速度を測定する。星が銀河の中心質量を公転する場合、その運動速度の範囲は、銀河内にある通常物質とダークマターを合わせた質量に比例する。そのため、星の運動速度を調べれば、銀河の質量を見積もれる〔訳注：力学質量。ダークマターの質量を含む〕。さらに、光学質量を測定することでも銀河の質量を推定できる〔訳注：バリオン質量。ダークマターは含まれない〕。このようにすると、力学質量とバリオン質量の二つの質量推定値が得られる。矮小銀河であるためには、力学質量がバリオン質量よりもはるかに大きく、ダークマターが存在することを示していなければならない。こうした質量推定値の違いが、矮小銀河と判断するための一つ目の指標だ。二つ目の指標として調べるのは、銀河内の星の金属量だ。超新星爆発で金属が吐き出されるとき、系全体の重力が十分に小さければ、金属は球状星団などの小さい系の外に排出される。矮小銀河の場合には、球状星団にはないダークマターハローがあるため、超新星爆発の噴出物の一部、または全部が銀河内に引き戻されて、次世代以降の星で使われることになる。このため、新しい世代の星はそれ以前の星よりも金属量の面での多様性が高くなり、球状星団よりも金属量の値が大きくなる。

初代銀河

これで小さな銀河を球状星団と区別する方法は見つかったかもしれないが、このことから、私たちが見つけたのが最近作られた複製品の銀河ではなく、最初の銀河（初代銀河）だと言えるのだろうか？　ファーストスターを定義するのは簡単だ。始原ガスから形成され、そのせいで金属を含まない星である。一方で、初代銀河とは何かを定義するのは、歴史的にみてももう少し面倒な話だ。なにしろ、ダークマターハロー内にある種族Ⅲの星の連星系も、ダークマターハロー内にある重力で束縛された恒星系という定義にしたがえば、銀河の条件を満たしているのだから。しかしこの連星系を銀河だとすることの問題は、その寿命の短さにある。この「銀河」は非常に小さく、ダークマターがかなり少量しかないので、星が寿命を迎えて超新星爆発を起こすとただちに、超新星爆発の風が周囲のガスを吹き飛ばし、星形成がそれ以上できなくなる。銀河であるためには、銀河の状態にしばらくとどまっていられる必要もある。そして銀河であるためには、次世代以降の星形成を維持しなければならないので[6]、一握りの星を持つ初期宇宙の小さなハローはその条件にあてはまらないのだ。

宇宙論モデルに基づけば、大規模な構造は、もっと小規模な構造の降着や合体によって存在する。したがって初期宇宙には多数の小さな構造があったと考えられる。初期宇宙にあった小さなハローはミニハローと呼ばれ、質量は太陽の一〇〇万倍程度だった。ミニハローの中では、第6章で説明したような形で、最初の幸運なガス雲が分裂してファーストスターになった。初期宇宙ではミニハローの合体は速いペースで起こり、互いの重力で引き合って合体を繰り返し、より大きなハローに成長していった。この時代には、ファーストスターがその短い一生を送り、死ぬときに周囲の環境に金属を散布していた。およそ一〇個のミニハローが合体したころには、[7] 金属が豊富なガスの塊と種族Ⅲの星の残りがいくつかあり、それらをはるかに大きなダークマターハローが囲むという状況になった。この時点でミニハローは、「原子冷却ハロー」というはるかに安定性の高い構造になった。

始原ガスには、冷却の役割を果たすものが水素分子しかない。二個の水素原子が結合して一個の水素分子になるというプロセスで、系から離れていく光子の形でエネルギーを解放し、ガス全体を冷却する。この冷却によって、ガス雲の分裂とファーストスター形成が起こることになった。一方で金属が豊富なガスにはもっと多くの冷却手段がある。ミニハローがすっかり合体すると、環境の温度が高くなって水素原子単独でも冷却がおこなえるようになる。そのため、ミニハローの合体で生まれた恒星系は原子冷却ハローというのだ。原子冷却ハローが宇宙で最初の銀河とされるのは、星の死によって生じる暴力的な環境効果に耐えるのに十分な大きさがあるからだ。金属が存在する場合、ガスは冷却されて、ずっと小さな規模まで分裂し、太陽程度のサイズになる可能性がある。種族Ⅲの星の超新星爆発から短ければ一〇〇〇万年、長くとも一億年で、[8] 高温で金属を多く含むガスがふたたびまとまり、分裂して第二世代の星を形成した。シミュレーションでは、最初の超新星が周囲に金属を散布する効率が非常によかったので、第二世代の星はこの時点ですでに種族Ⅱになっていることがわかった。[9] 種族Ⅲの星が宇宙を支配していたのは約二〇〇〇万年から二億年の間だけであり、ビッグバンのわずか四億年後には種族Ⅱの星が優勢なグループになったと考えられている。[10] そうなると、ファーストスターだけで構成される初代銀河が存在していたとは考えにくい。むしろファーストスターは小さなハロー内にあって、やがてこのハローが合体して最初の矮小銀河を形成したのだろう。そうした銀河はすぐに金属を含むようになり、種族IIの星が多くなる。そしてその矮小銀河では星形成が続き、ほかの矮小銀河も降着してどんどん大きくなり、現在私たちが目にするような巨大銀河になった。しかし、すべての矮小銀河が争いのなかでほかの銀河に飲み込まれたわけではない。天の川銀河周辺には、最初の小さな銀河の五パーセントから一五パーセントが無傷のまま化石銀河として生き残っていると推定されている[11]。

矮小銀河の化学組成

化石化した初代銀河の候補がいくつかあるなかで、Ｓｅｇｕｅ １は最有力候補の一つだ。そのサイズは目安の一つだが、それだけでは判断できない。決定的証拠となるのは、星の化学組成だ。恒星考古学者は天の川銀河内の星を調べるときと同じ方法を使って、矮小銀河の星を調べ、金属欠乏星を探すことができる。それが難しい作業であるのは、天の川銀河内で調べられている星に比べて、矮小銀河はとても遠くにあるからだ。そうなると、最も明るい星でしか分光分析がおこなえない。たとえばＳｅｇｕｅ １では、メンバーだとわかっている星は七一個しかなく[4]、そのうち高分解能分光分析ができる明るい赤色巨星はわずか七個だ。その七個のうち、三個は鉄組成が太陽の一〇〇〇分の一の超金属欠乏星であり、この点で、Ｓｅｇｕｅ １は知られているなかで化学的進化が最も進んでいない銀河ということになる[12]。天の川銀河では鉄がもっと少ない星も検出されているものの、金属欠乏星の数が少ないので、探索作業にはつねに根気が必要だった。一方でＳｅｇｕｅ １では、銀河に存在する星全体のかなりの割合が金属欠乏星であるようだ。

鉄が存在しないことは、その銀河の金属量の少なさを示す唯一の指標ではない。Ｓｅｇｕｅ １ではほどの星でもアルファ元素の組成が大きい。ヘリウムが重元素に変換される経路の一つにアルファ反応があり、これは恒星内でのヘリウム原子核の連続的な核融合反応で起こる。ヘリウム原子核はアルファ粒子と呼ばれており、英国の原子物理学者のアーネスト・ラザフォードが発見したものだ。ラザフォードは、放射性粒子にはこのアルファ粒子（陽子二個と中性子二個からなるヘリウム原子核）とベータ粒子（陽電子または電子）の二種類があることを初めて明らかにした。酸素やネオン、マグネシウム、ケイ素のことをアルファ元素という。その理由は、こうした元素がすべてアルファ反応で作られており、その最も安定な同位体は複数のヘリウム原子核でできているからだ（たとえば酸素は四個のアルファ粒子、ネオンは五個のアルファ粒子に相当する）。質量が大きいファーストスターでは、アルファ元素が大量に生成された。その星が寿命を迎えるとそうしたアルファ元素は星間物質に放出され、次世代の星形成に使われた。時間が経過するにつれ、星間物質は恒星内や超新星爆発で生成された金属を含むようになる。当初、そうした超新星の種類は、重力崩壊型超新星か対《つい》不安定型超新星（本書二一六－二一七ページ）のどちらかだった。しかし一億年ほどあとには星の進化が進み、Ｉ型超新星（炭素と酸素に富む白色矮星の爆発）が起こるような組成を持つようになった。この種類の超新星爆発では鉄が生成されるので、星の最終状態としてＩ型超新星が主流になると、それ以降は銀河に存在する鉄の量が一気に増加する。恒星考古学ではほとんどの元素について、鉄の組成と比較する。鉄に対するアルファ元素の組成比（アルファ元素／鉄比）を考えると、ファーストスターや、その次世代の低金属量星ではきわめて高いだろう。アルファ元素の量は多いが、鉄は少ないからだ。そのあと、Ｉ型超新星が鉄を生成するようになってからは、アルファ元素／鉄比ははるかに小さくなる。そのため矮小銀河かどうかにかかわらず大半の銀河では、年老いた低金属量の星ではアルファ元素／鉄比の値が横ばいになり、それが若い高金属量の星になると小さくなるという傾向がみられる。Ｓｅｇｕｅ １ではこうした値の低下がまったく見られない。これが示すのは、この銀河では、あとから登場したI型超新星からの大規模な元素の供給が起こらず、星形成が途中で止まったということだ[13]。この化学的パターンからは、Ｓｅｇｕｅ １が本当に化石銀河であることがうかがえる。それは、星形成がそれほど進まなかった初代銀河だ。数世代の星形成はあったが、そこで止まったのである。Ｓｅｇｕｅ １が一生のうちに生成した星の質量はおそらく、太陽質量の一五〇〇倍にすぎないだろう。矮小銀河のスケールでみても、これはかなり少ない[14]といえる。

初代銀河であることを確かめるのに使えるもう一つのツールが、中性子捕獲元素だ。この重元素は、鉄などの原子核を種《たね》として、それに中性子が合体することで形成される。そうした中性子捕獲元素は、ファーストスターの時代よりもかなりあとに起こった現象によって形成されると考えられている。その形成現場としては中性子星の合体などが候補とされるが、ファーストスターの短い寿命の間には、中性子星が形成されるための時間はなかった。別の形成現場が、中質量星の一生のうち最後の一パーセントの時間に、漸近巨星分枝《ぜんきんきょせいぶんし》星《せい》（ＡＧＢ星）になるときだ。ＡＧＢ星は、不活発な炭素と酸素の中心核をヘリウムと水素が取り囲む構造になっており、ファーストスターの時代から一〇億年ほどあとにならないと存在しない。それは中質量星がその一生を送り、燃料を燃やすには長い時間がかかるからだ。銀河内の中性子捕獲元素の存在量は、のちの時代にみられる中性子捕獲元素生成現象がどのくらい起こったかを示している[15]。Ｓｅｇｕｅ １に中性子捕獲元素がとても少ないことは、中性子捕獲元素の生成現象の回数は多くても一回で[12]、ＡＧＢ星として一生を終えた中質量星の一群もなければ、中性子が合体して、重元素をガス雲に吐き出すようなダンスパーティーもなかったことを意味している。どうやらＳｅｇｕｅ １内の星を形成したガスは、そうした現象によって中性子捕獲元素を供給されたことがなかったようだ。このことも、アルファ元素の場合と同じように、星形成が早い段階で止まったことを示している。

Ｓｅｇｕｅ１で私たちが観測できる星は、長寿の低質量星だろう。Ｓｅｇｕｅ１はおそらくさまざまな質量の星から構成されていたが、今では質量の大きい星はすでに短い一生を終えていて、その残骸は私たちには見えない。現在光っている星は、質量の範囲、つまり初期質量関数の小質量側に限られている。さまざまな初期質量関数がありえると考えられるので、かつては大質量側の星も存在していたと推測できる。そうした大質量星は死ぬときにガスに金属を放出した。その量はどの質量分布関数を使うかによるが、太陽質量の四五倍から九〇〇倍に相当する。[12] それに対して、Ｓｅｇｕｅ１で実際に計測されている重金属の量はわずか〇・〇一太陽質量なので、金属を含むガスは、その金属を生成した超新星爆発の風によってほとんどがＳｅｇｕｅ１の外に吹き飛ばされたと結論できる。放出された金属が、Ｓｅｇｕｅ１に残っている星にほとんど取り込まれていないことは、星形成がかなり早い時期に止まったことを示しており、それも最初期の超新星爆発が起こったことで止まった可能性さえある。ファーストスターが超新星爆発を起こして、銀河内のガスを追い出してしまい、Ｓｅｇｕｅ１には新たに星を形成するための原材料が何もなくなったというシナリオだ。そして、それ以前に形成されていた低金属量星は小さな銀河の中に取り残され、何十億年もそのままの姿でいる運命をたどったのである。

アルファ元素の組成比の大きさや、中性子捕獲元素の存在量の少なさ、全体的な金属量の少なさといった、矮小銀河の星に特有な化学的痕跡は、興味深い診断ツールになる。天の川銀河ハロー内に同じような化学的パターンを持つ星が見つかれば、その起源はＳｅｇｕｅ１によく似た化石銀河だと推測できるかもしれない。矮小銀河と天の川銀河ハローの星を比較すると、天の川銀河ハローにある超金属欠乏星の最大で半数が、中性子捕獲元素の少ない、Ｓｅｇｕｅ１のような銀河で形成された可能性があることがわかる。中性子捕獲元素の少なさが年老いた星であることを意味するという説を取り入れるなら、この指標は、私たちの恒星のカタログの中から太古の星を探すのに使うことができる。理想をいえば、中性子捕獲元素をまったく含まない星を探し出せば、その先には本当に最初に生まれた星があるだろう。しかし今のところ、サーベイ観測がおこなわれた星のなかに中性子捕獲元素がゼロのものは見つかっていない[16]。探索は続いている。

矮小銀河考古学

最も小さな化石銀河を判別する方法はあるし、そうした化石銀河が化学進化が最も進んでいない銀河に数えられることもわかっている。だとすれば、化石銀河はゼロ金属星探索にとって、つまり天の川銀河の恒星考古学から始まった探索活動にとって、申し分のないターゲットに思える。天の川銀河は全体的にはかなり平穏に暮らせる場所のようだが、これまでに銀河のすれ違いによる合体は何度か起こっており、ハローが乱されて、初期の天の川銀河にあった星と、すれ違った矮小銀河から来た星が混ぜ合わされた証拠がある。ここに、天の川銀河でゼロ金属星を探すのが難しい理由がある。私たちが見ているのは汚れのない環境ではない。久しく忘れられていた種々雑多のがらくたでいっぱいの、ほこりの積もった屋根裏部屋なのだ。ある研究グループが、さまざまな銀河で種族Ⅲ星が見つかる確率の計算に取り組んだ[17]。このグループは、天の川銀河からSegue 1のようなきわめて小さな銀河まで、種類や質量が異なる多くの銀河についてシミュレーションをおこなった。そしてシミュレーションした銀河ごとに、種族Ⅲ星が形成された数をカウントし、その銀河の星の数全体に占める割合を計算した（カラー口絵の「矮小銀河の中から銀河ファーストスターを探す」というグラフを参照）。グラフ内のそれぞれの円はシミュレーションした銀河であり、円の中の色は種族Ⅲ星の生き残りが銀河に占める割合を表す。白い円は、その銀河ではシミュレーションで種族Ⅲ星が形成されなかったか、現在まで生き残れなかったことを示している。銀河ごとにある垂直線はそれぞれの質量で、これは上部の横軸に対応しており、右にいくにつれて増加する。このグラフからわかるのは、銀河の質量が小さいほど、その銀河で種族Ⅲ星の生き残りが占める割合が増加することだ。ただしこれはある質量までしかあてはまらず、質量がそれより小さくなると、普通は生き残りの星は存在しなくなる。このグラフは、ある限界質量以上の矮小銀河はゼロ金属星を探すのに理想的な場所であることを示しているが、それ以外にも考えなければならない要素がある。観測が可能かどうかだ。理想的な世界であれば、銀河に照準を合わせて、星のスペクトルを一つ残らず測定し、金属が豊富な星と少ない星に分ければいい。しかしこれには問題が二つある。一つめの問題は、望遠鏡による観測時間が足りないことだ。必要なスペクトル情報を取得するには、星一個あたり数時間かかるので、数十億個の星がある銀河ではすべてを観測するという選択肢はない。もう一つの問題は、矮小銀河の星は非常に遠くて暗いため、観測精度がどうであれ、最も明るい星しか検出できないことだ。種族Ⅲの初期質量関数で最も低い側にあたる約〇・八太陽質量の星は、現在では赤色巨星として寿命の最終段階を迎えつつあるだろう。そうした赤色巨星なら観測するのに十分明るいので、私たちのターゲットはこうした星になる。先ほどのグラフでは、天の川銀河とそれにともなう矮小銀河を表す円の位置から、それぞれの銀河に赤色巨星となった種族Ⅲ星が少なくとも一個ある確率がわかる（下部の横軸の値では、1・0が確率一〇〇パーセント、0・5が確率五〇パーセントに対応する）。たとえば天の川銀河の場合、サイズが大きいおかげで、赤色巨星である種族Ⅲ星を含む確率は一〇〇パーセントだ。一方、りゅう座矮小銀河（グラフ内ではDraco）に赤色巨星の種族Ⅲ星が一個ある確率は五〇パーセントである。さらにこれらの円の色が表す、種族Ⅲ星の生き残りが占める割合が大きいほど〔訳注：色が暖色側になるほど〕生き残りの星を見つけやすくなる。選り分けなければならない無関係の星が少ないからだ。このグラフで、Segue 1には種族III星の生き残りがある可能性がまったくない〔訳注：円が白色〕ことに気づいたかもしれないが、それは単に星の数が少なすぎるせいだ。

これはトレードオフの問題だ。探索のターゲットにする矮小銀河が小さいほど、種族III星の生き残りの割合が大きくなる。ただしそこにある星の数自体が少ないので、観測可能な赤色巨星が含まれる確率は低い。反対に質量の大きい銀河をターゲットにすれば、赤色巨星の種族III星はたくさんあると予想されるが、種族III星の生き残りが全体に占める割合は小さくなり、発見するためにはたくさんの星を詳しく調べなければならない。最善の戦略はこの間のどこかにあると考えられる。

銀河の中のダークマター実験室

確かにSegue 1はファーストスターを探すのに最善の場所ではないかもしれないが、だからといって研究する価値がないわけではない。Segue 1が注目された理由の一つはそのサイズだが、もう一つの理由はダークマターの存在量が多いことである。Segue 1のような超低輝度矮小銀河は私たちの最も近くにあるダークマターハローなので、ダークマターの間接検出実験を簡単におこなえる対象だといえる。第5章で説明したように、ダークマターは宇宙に存在する謎めいた成分で、光と相互作用しない。その存在を推測するには、現時点では周囲に与える重力効果による方法しかない。たとえば、銀河にダークマターが存在すると、星が銀河中心を回る速度が予想よりも速くなる。理想をいえば、ダークマターを直接検出し、さらにそれを構成する原子や分子を生成するなり、捕獲するなりして詳しく調べられればいい。しかし、ダークマターと通常物質の相互作用は弱いか、まったく起こらないので、たとえば重力効果から推測するといった間接的な方法で、できるだけ多くのことを調べるしかない。そのためには、仮説を検証し、ダークマターとはどんなもので、どのようにふるまうのかについての可能性を狭めることのできる、天空の実験室が必要だ。超低輝度矮小銀河では星形成が起こっていないので、ダークマターハローへのフィードバック効果が小さく、乱されていない状態が保たれる。超低輝度矮小銀河は理想的な実験台になるのだ。

Segue 1の集中的な観測にはこの数年、フェルミガンマ線宇宙望遠鏡のLAT検出器（Fermi-LAT）とフロリアン・ゲーベル解像型大気ガンマ線チェレンコフ望遠鏡（MAGIC《マジック》）という二つの観測装置が使われてきた。Fermi-LATは宇宙望遠鏡だが、MAGICは地上に設置された望遠鏡だ。どちらもWIMP対《つい》消滅の生成物を探している。WIMP（弱相互作用重粒子）はダークマター候補とされる仮説上の粒子だ。WIMP対消滅というのは、二個のダークマター粒子が相互作用して最終的に破壊され、別の粒子になるという、やはり仮説上のプロセスである。こうした生成物がどのようなものなのか、確かなことは不明だが、このプロセス中にガンマ線が放射される可能性があることはわかっている。ガンマ線は、エネルギーが最も高く、波長が最も短い光であり、宇宙空間の磁場によって曲げられずに進むことができる。したがって、ダークマター対消滅によって生じるガンマ線は、考えうるたいていの生成物とは違って、対消滅の現場から私たちのところまで届く可能性が高い。そうしたガンマ線を検出できれば、そのエネルギーと検出数から、ダークマターについて、そしてその対消滅について多くのことが推測できる。Fermi-LATとMAGICはともに、何らかのシグナルが検出できることを期待して、Segue 1のガンマ線観測をおこなってきた。(18)(19) 今までのところ何も見つかっていないが、前に言ったとおり、検出されないこと自体から何かが分かる可能性がある。ダークマター粒子が対消滅して別の粒子になる方法には何通りもあるが、そうした方法のことをチャンネルという。たとえば、タウ粒子と反タウ粒子が生成するチャンネルや、ニュートリノと反ニュートリノが生成するチャンネルがある。素粒子物理学者は、Ｓｅｇｕｅ１に存在すると予測されるダークマターの量に基づいて、各チャンネルからどれくらいのガンマ線放射が検出されるかを計算している。何も検出されなかったという事実があれば、さまざまな可能性を絞り込み、特定のチャンネルを排除することができるのである。私たちが本当に求めているのは、宇宙の標準的な背景ガンマ線を超過するガンマ線を検出し、ダークマター対消滅が起こっていることを明らかにすることだ。こうしたガンマ線超過は、あるよく知られた場所ですでに検出されている。天の川銀河の中心だ。[20] Ｆｅｒｍｉ－ＬＡＴは、天の川銀河中心を囲む領域でガンマ線超過を検出している。これに対する一般的な解釈としては、ガンマ線を放射する正体不明の天体の集まりがある証拠だとする見方と、ダークマター対消滅の証拠だとする見方がある。矮小銀河のいずれかでガンマ線超過の証拠が見つかれば、Ｆｅｒｍｉ－ＬＡＴが天の川銀河中心でダークマター対消滅を検出していたという見方が確実になることから、複数の矮小銀河を対象にした継続的な観測がおこなわれている。さらにＷＩＭＰ対消滅では、電子や陽電子などの対消滅生成物が電波やＸ線を放射している可能性もある。電子と陽電子は荷電粒子なので、宇宙空間を進んでくる経路がいたるところで曲げられるため、こうした放射の検出はより難しい。それでも、科学者たちはそうした生成物の検出を試みており、ＷＩＭＰに対して、Ｆｅｒｍｉ－ＬＡＴの観測や相補的な低エネルギーでの観測によるものに匹敵する制限を与えている。[21][22]

矮小銀河はＷＩＭＰだけでなく、ダークマターにかんするあらゆる理論をテストするのに絶好の場所だ。ＭＡＣＨＯ《マッチョ》（質量を持つコンパクトなハロー天体）は、別の種類のダークマター候補として提案されているもので、具体的には初期宇宙で形成されたブラックホールだと考えられている。[*2] ブラックホールは非常に暗く、重力によってその存在を示すので、MACHOがダークマターだとするのは妥当で興味深い考えだ。MACHOは、重力相互作用によって系にエネルギーを注入する性質を持つ。球状星団のような、すべてが重力で互いに結びついた星からなる恒星の集まりをモデル化し、そこにいくつかMACHOを追加すれば、重力相互作用が増加して、その中の星の軌道は広がる。すると星の集まりは膨らむが、あまりにも大きく膨らんで、銀河にあるもっと広大な星の分布の中へ消えていくことがある。一方で、超低輝度矮小銀河はダークマターの占める割合がきわめて大きいので、この効果がはっきりと見えると予想される。MACHOがダークマターなら、矮小銀河の恒星系の軌道は大きくなると予想される。逆の言い方をすれば、矮小銀河がすき間の少ないしっかりした構造をしていることや、矮小銀河内に球状星団があることは、MACHOがダークマターだとする説の反証になるだろう。エリダヌス座II矮小銀河にちゃんとした球状星団があることや、さらに言えばもっと小さな矮小銀河がそもそも存在することから、ダークマターが月質量の約三倍より重いMACHOだけからなるとは考えられない。(23) そうなると、月質量の三倍以下というのはブラックホールの質量としては小さすぎるので、MACHOがダークマターである可能性はWIMPよりも低いという見方が強くなっている。

行方不明の矮小銀河

この数十年で矮小銀河の発見数は増加しているにもかかわらず、その全体数についてはまだはっきりしないところがある。冷たいダークマターモデル（本書第5章）に基づく宇宙では、ダークマターハローは小質量のものの数が特に多く、天の川銀河の周りには小さなダークマターハローが数百個、あるいはもしかすると数千個[24]あると予測されている。観測装置の感度が向上するなかで、今後もさらに多くの矮小銀河が見つかると予想されるが、天の川銀河ハロー内に未発見の矮小銀河が一〇〇〇個以上あるというのは、なかなか想像しにくい。

これは歴史的に「ミッシングサテライト問題」といわれている。宇宙論に基づいて考えると、天の川銀河の周りには〔訳注：衛星《サテライト》銀河として〕数百個から数千個もの矮小銀河があると予測されているのに、実際に検出されているのは一〇〇個に満たないのだ。しかし最近、矮小銀河が行方不明《ミッシング》なわけではないという考え方が提案された。ダークマターハローがあるからといって、必ずしもそれは銀河があるという意味ではない。ファーストスターによるガスの電離と、ファーストスターの死で生じた超新星風は、ガスが合体して星や最初の銀河になるのを妨げるようなフィードバック効果をもたらす。このフィードバックは低質量銀河に壊滅的な影響を与えるため、ダークマターハローでは太陽質量の約一〇億倍が、それ以下では銀河が形成されないという質量カットオフ（下限）になっているようだ。研究者らは、中に何もなくて、現在の技術では見ることのできないダークマターハローがどのくらいあるのかという観点から、シミュレーションをやり直した。最も暗い超低輝度矮小銀河の一つであるＳｅｇｕｅ１の光度は、太陽の三四〇倍しかない。シミュレーションした銀河のうち、光度がこの下限以下の銀河はすべて観測できないと仮定すると、ミッシングサテライト問題は解決する。私たちの頭の周りには数千とまではいかずとも、数百個の

＊２　そう、物理学者たちは、自分たちが提案した主な二つのダークマター候補をＭＡＣＨＯ（macho、「たくましい男」の意）とＷＩＭＰ（wimp、「弱虫」）と名付けて、これらを頭字語にできるような、なんとなく筋の通った専門用語を考え出したのである。かなりの労力だったはずだ。

ダークマターハローがブンブンと飛び回っているが、その多くは、宇宙初期にファーストスターからのフィードバックに打ち勝てるほどの大きさがなかった、中に何もない暗い物質の塊なのだろう。星を持つハローはさらに多いかもしれないが、そうした暗い恒星系の光度は感知できないレベルであり、私たちの観測能力を超えている。最近の矮小銀河の観測では、この不完全さによるバイアスを考慮して調整した代替理論は観測個数を二個と予想したが、観測データからは六個の矮小銀河が出てきた。これは代替理論にはまだ微調整の必要があること、そしてこれからはミッシングサテライト問題の代わりに、過剰サテライト問題が出てくるかもしれないことを意味している[25]。

小さな銀河、宇宙の疑問

矮小銀河考古学は新しい分野で、最近まで一握りの矮小銀河しか見つかっていなかった。二〇〇〇年代初頭にスローン・デジタル・スカイサーベイ（SDSS）が始まると、多くの矮小銀河が発見され、確認済みの矮小銀河の数は二倍になった。二〇一三年にダークエネルギーサーベイ（DES）が始まると、その数はさらに二倍になった（図20）。矮小銀河に関連した観測を次におこなう大型望遠鏡は大型シノプティック・サーベイ望遠鏡（LSST）で、二〇二二年後半か二〇二三年初頭に運用を暫定的にスタートする予定だ。これは南米チリの高地に設置される口径八メートルの望遠鏡であり、全天サーベイ観測をたった三日間でおこない、それを一〇年にわたって繰り返して、宇宙のより深い画像を作成する。つまり、より遠くの銀河の画像ということだ。これでまた矮小銀河の数が爆発的に増え、これまでの二倍以上になると期待されている。英国ダーラム大学のシミュレーショングループは、天の川銀河とアンドロメダ銀河の環境を想定した宇宙論的シミュレーションを実行し、局所銀河群にあるこの二つの銀河周辺に未検出の矮

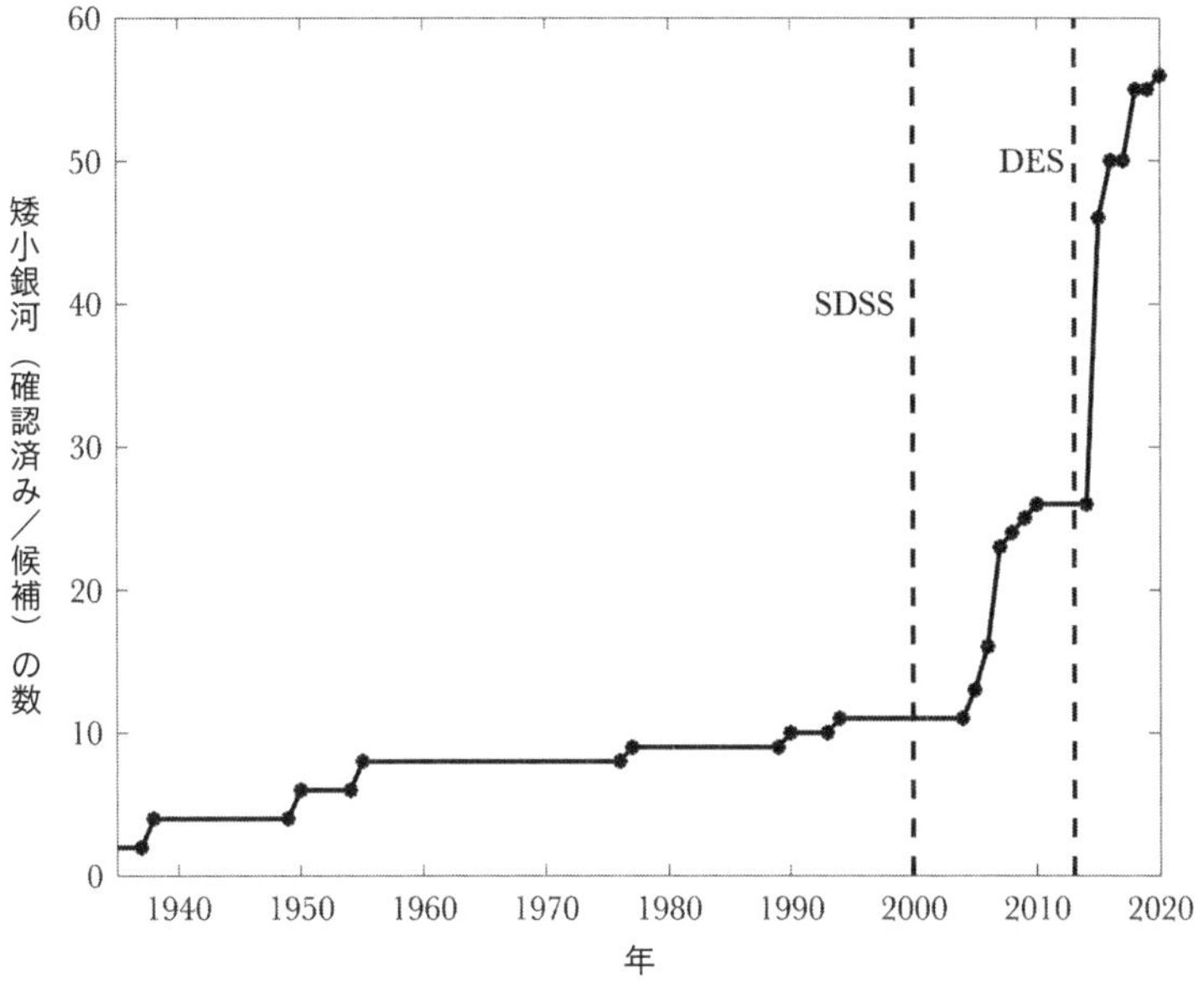

図 20　既知の矮小銀河の数は近年急激に増加しており、最近実施されたSDSSとDESという2つのサーベイによって、二度にわたって倍増している。LSSTの観測開始後には、すぐにまた2倍になることが期待できる。このグラフはSimon (2019)[27] のデータを使って作成した。

小銀河が大量に集まっていることを予測した[26]。矮小銀河の数は非常に多く、そのすべてについて、星の運動速度と金属量の測定を通じた分光学的側面での確認が必要になる。これには、時間をかけた高分解能観測が必要だ。そういう意味では、矮小銀河考古学を研究テーマとするには、発見されたばかりの宝を前にしても動じずに、かなり根気強く仕事を進めていく能力が求められるだろう。

大学生はたいてい、自分の大学がある街に思い入れがあるものだ。私もダーラムという街に深い愛着があるので、ここで『ビル・ブライソンのイギリス見て歩き』からダーラムについて書かれた部分をそのまま紹介しよう。「読者のみなさんに言いたい。『もしダーラムに行ったことがないなら、すぐ行ってみなさい。車を貸してあげます。すばらしいところですよ』と」（『ビル・ブライソンのイギリス見て歩き』、古川修訳、中央公論社、一九九八年）。この大聖堂で開かれた私たちの卒業式で、当時ダーラム大学の総長だったビル・ブライソンは、この大聖堂が一〇〇〇年前に建てられて以来、事実上すべてのレンガがどこかの時点で新しいものに取り替えられているのだと語った。大聖堂は進化し、新しくなっているのだ。宇宙にある大きな銀河も同じだということが、私の心にときおり浮かぶ。銀河ははるか昔に組み立てられた、しっかりとしていて変化しない巨大な構造物に思えるかもしれないが、実際には今でも進化を続けている。そうした銀河の中に見える星は、天の川銀河が形成されたときにそこにあった星とは違う。最近になって新しく生まれた星の間に、奇妙な古い星が隠れているかもしれないが、そういう星を見つけるのは簡単な仕事ではない。数十億年の間に、天の川銀河の構造自体も原型をとどめないほど変化している可能性がある。天の川銀河の周りにある銀河を見る場合、そこに見られる驚くほどの多様性は、考えられる歴史の数を物語っている。それはまるで、誰かが大聖堂のレンガを、色やパターン、サイズを気にせずに取り替えたかのようだ。そうした銀河の中に最初期の銀河が残っている可能性はあるだろうか？　つまり、ほかの銀河との合体をことごとく回避し、星形成によって強いられる絶え間ない進化もどうにかして避け、壊滅的な現象によって消し去られるような事態もすべてうまくかわしてきた銀河があるのかということだ。Ｓｅｇｕｅ　１というのは、荒れ狂う初期宇宙のなかでも、一部の銀河はがれきの中で保護されて、生き残っていたことの証拠に思える。望遠鏡の感度が向上すれば、さらに多くの化石銀河が発見されるだろうし、もしかしたらファーストスターも見つかるかもしれない。

＊　＊　＊

「良いものは小さな包みに入っている」といわれる。矮小銀河の場合、この言葉には確かにある程度の真実味があるようだ。矮小銀河というものが存在し、そこにはダークマターハローと、最大で数十億個の星が含まれることはずいぶん前から知られていたが、数はとても少なかった。この二〇年で確認済みの矮小銀河の数は爆発的に増加し、新たなサーベイが実施されるたびに数が二倍になった。天の川銀河は矮小銀河に囲まれているが、これは階層的な構造形成プロセスの名残である。このプロセスでは、大きい銀河は小さな構造の合体によって作られた。そうした矮小銀河のなかで特に小さなものは、宇宙で最も進化が進んでいない銀河で、種族Ⅲの星を含んでいる可能性がある。とはいえ、初代銀河にはすでに種族Ⅱ星が含まれていて、これは短時間で進化した種族Ⅲ星の複数のハローから形成されたと考えられている。したがって、最も小さな銀河をゼロ金属星探索のターゲットにするのは、賢明な選択とはいえない。そうした数少ないゼロ金属星のどれかが観測可能な状態にある確率が低いためだ。天体物理学的な価値のほかに、超低輝度矮小銀河は知られているなかでダークマターの比率が最も高い系であることがわかっている。いっぽうで素粒子物理学実験では、とらえにくいダークマター粒子の検出を目指すようになっている。近々観測を始める予定の高感度望遠鏡があれば、矮小銀河考古学を研究する天文学者のもとにはデータがどっと押し寄せるだろう。彼らは、分光学の面からの確認作業の対象天体を注意深く選び、宝の位置に×印がついた地図を山ほど手にしても動じずに、根気強く作業しなければならない。

二〇一九年七月、私は母校のダーラム大学で開かれた、「小さな銀河、宇宙の疑問」という矮小銀河関連の学会に参加する機会に恵まれた。私はいろいろな学会に参加しているが、私たち研究者は狭い専門分野にこもりがちなので、出かけていった学会で知り合いが誰もいないことはめずらしい。普通は研究者でいる間ずっと、同じ五〇人ほどの人たちと顔を合わせ続けることになる。しかしこの会議では、私は初期宇宙分野からの侵入者として、ほんの少しだけ関わりがあった研究テーマを探ってみるという立場だったので、そこにいた知り合いは全部で二人だった。違う分野の違う研究者たちを見るのはとても面白かった。この分野は始まったばかりで、探索すべき研究のルートがとてもたくさんある。あるセッションでは、そこでのやり取りに切迫した雰囲気がないことに衝撃を受けた。私の研究分野である、高赤方偏移からの二一センチメートル線検出（詳しいことは第10章で説明する）では、長い間待ち望んでいた検出がもうすぐ実現するという段階なので、研究者はみな競争しつつも、進む先にある多くの障害を解消するために、率直に話し合い、協力し合う姿勢を見せている。私たちは焦っていて、すべての疑問に答えるための十分な時間もないし、人もいない。しかしこの学会では、それと同じような切迫感やストレスが感じられなかった。代わりにあったのは、くつろいだ雰囲気と満ち足りたような興奮で、まるで山ほどのプレゼントを開けてみたあとで、まずどれで遊んでいいかわからずにいる子どものようだった。私は、そこで問題が（冗談として）学習機会として提示されていたことにも驚いた。聴衆の一人は、そうした問題を解決するのではなく、もっと多くの問題を作りだす、つまり矮小銀河についてわかっていないことをもっと見つけ出すという発想に立つべきだと提案した。私はこの学会に行くまで、矮小銀河考古学という分野が持つ応用範囲の真の広がりをきちんと理解していなかった。自分は結束の固いクラブに侵入してしまったのではなく、複数の家族からなる新しいコミュニティーを目の前にしているのだということを私は悟った。そこには素粒子物理学者がいて、矮小銀河でダークマターを探したいと考えていた。恒星考古学の研究者たちは、自分たちにとって価値あるゼロ金属星を探すべき、より範囲が絞られたエリアが増えたことに興奮していた。銀河形成を専門とする人々は、現在私たちが目にしている巨大銀河の形成プロセスを理解するために、その構成要素である矮小銀河を使おうと考えてその場にいた。そして、星形成中の若い矮小銀河は、宇宙で最も古い星形成銀河と同じようなものとして扱えると提案している、私のような初期宇宙が専門の天文学者がいた。しかしその学会でのいろいろな議論の中では、私が主な話題だと思っていたものにはほとんど触れなかった。Ｓｅｇｕｅ１だ。初の化石銀河の発見をめぐる興奮は薄れており、天文学者たちはすでにほかの候補天体を調べたり、楽しそうに今後の観測計画を立てたりしていた。だからといって、Ｓｅｇｕｅ１について知ることが重要ではないというわけではない。まったく反対だ。Ｓｅｇｕｅ１は最初に見つかった化石銀河だが、これが決して最後ではないし、その性質を判断するのに使った手法は広く応用可能である。矮小銀河考古学は、今まさに地位を築きつつある分野だ。この分野は衛星のように付属するいくつかの研究対象からなっていて、それらはみな同じ目標の周りを回っている。その目標とは、小さな化石銀河を見つけ出し、宇宙の構造を理解するための実験室として使うことである。

第９章　宇宙の夜明け

私はこれから数週間で一三人分のクリスマスディナーを料理しなければならない。集まるのは身近な家族や義理の家族で、年代も、必要とする栄養も、政治的信条も本当に多種多様だ。ナプキンの折り方や、テーブルクロスの色がいきなり緊急の問題となり、私は料理の準備を進めるためにプロジェクト工程表を用意している。この表には私のお気に入りのレシピがいくつも並んでいて、それを見ればどのタイミングでジャガイモの皮を剝《む》いたり、芽キャベツを蒸したりすればよいのかがわかる。義父が好きなカリフラワー・チーズを作るのにどのくらい時間がかかるかとか、ニンジンをハチミツ煮にしたり（一番上の娘用）、ゆでたり（赤ちゃん用）、生のままスライスしたり（真ん中の娘用）、ローストしたり（そのほかの人用）するタイミングも書き込んである。各段階を完璧に実行できるかどうかが成功を左右する。期待は大きいとはいえ、プレッシャーはそれほど大きくない。というのも、起こりうる最悪の事態は何かと考えてみたら、五〇ポンド分の食材を真っ黒焦げにして、簡単レシピのミンスパイを用意しなければいけなくなるという程度だ。それでも、プレッシャーがゼロではなくて、パースニップ（アメリカボウフウ）の分量で悩んだりしているのは、私が責任を負っているからだ。その意味では、現代の宇宙ミッションの責任を人々がどう背負っているのか、私にはわからない。たとえばジェイムズ・ウェッブ宇宙望遠鏡（ＪＷＳＴ）[1]のことを考えてみよう。一九九六年に開発が始まったこのミッションは、早ければ二〇二一年夏に打上げ予定で、九〇億ドルの費用がかかっている。[*1] この望遠鏡は計画期間がかなり長期にわたったため、使用される技術のいくつかは計画段階ではまだ存在せず、この望遠鏡用に開発されたものだ。私が人気料理研究家メアリー・ベリーのレシピ本にひたすら忠実なのとは違って、ジェイムズ・ウェッブ宇宙望遠鏡を支えている人々は、おいしそうな料理をその場のひらめきで創作する、キッチンの前衛芸術家タイプだ。

ジェイムズ・ウェッブ宇宙望遠鏡

この宇宙望遠鏡そのものは、クリスマスの朝にツリーの下に置いてあった旧型のトランスフォーマーのおもちゃとか、ディナーテーブルの上に置いてある、白鳥の形に折りたたんだナプキンを連想させる。観測面（主鏡）は直径六・五メートルで、ハッブル宇宙望遠鏡の三倍近くあり、性能は一〇〇倍向上した。この主鏡を打上げロケットに収納するためにも、専用の折りたたみメカニズムを開発しなければならなかった。この構造は、クリスマスなどの人が集まる機会に広げられるダイニングテーブルと似たようなもので、主鏡の両サイドがきっちりと折りたたまれている。宇宙空間では、この主鏡がはめ込まれて平らな表面になるよう、折りたたんだ部分をうまく展開しなければならない。さらにサンシールドがある。これは五層構造のポリイミド製で、厚さは人間の髪の毛ほどだが、広さはテニスコート一面分もあって、太陽や地球からの熱をできるだけ反射するようになっている。このサンシールドはロケット内に格納するために一二回折りたたまれる予定になっている。別の言い方をすれば、一二回折りたたまれたサンシールドを宇宙空間でぴったりと計画通りに広げて、観測装置が太陽放射のせいで機能停止することがないようにしなければならないということだ。宇宙空間でのジェイムズ・ウェッブ宇宙望遠鏡の展開方法を紹介したアニメーションがあるが、[2]打上げ後の丸一カ月をかけて、望遠鏡の各部分が開いたり、広がったり、回転したり、ほどけたり、傾いたりしていく様子は、見ていて息が詰まるほどだ。

ジェイムズ・ウェッブ宇宙望遠鏡は、地球と太陽が作る重力場内のL2ラグランジュ点という特別な位置に置かれることになっている。地球と太陽の作る重力場には、地球と太陽の引力が人工衛星の軌道運動とぴったり釣り合うため、地球と太陽との相対位置を保つことができる特別な場所が五つあり、ラグランジュ点という（図21）。このうちL2ラグランジュ点では、太陽と地球の両方の引力と、人工衛星の軌道運動で生じる、引力と反対向きの遠心力が正確に釣り合う。宇宙マイクロ波背景放射の見事な全天マップを作成したプランク衛星とWMAP衛星もこのL2ラグランジュ点にあった。ここが天文観測に最適だとされるのは、望遠鏡が地球と太陽の両方の光から遮蔽される一方で、地球と通信するには十分近いからだ。太陽と地球の両方を背にすることで、深宇宙の暗闇が見えてくる。とはいえ、ジェイムズ・ウェッブ宇宙望遠鏡までの距離は遠い。ハッブル宇宙望遠鏡の場合、打上げ後に主鏡の故障が判明し、それを直すために宇宙飛行士が実施した修理作業は確かに複雑なものだった。ただし、ハッブル宇宙望遠鏡は低地球軌道という近いところにあった。地球から五五〇キロメートルほどしか離れていないので、整備士を呼ぶのはそんなに面倒ではなかった。それに対して、ジェイムズ・ウェッブ宇宙望遠鏡までは一五〇万キロメートル以上ある。月までの距離の四倍で、NASAの故障対応サービス対象範囲のずっとずっと外側だ。そんなわけで、ジェイムズ・ウェッブ宇宙望遠鏡では万全を期す必要があるため、すべての部品について試験

＊1　二〇二〇年八月現在。打上げ時期と予算は変更の可能性がある〔訳注：二〇二一年一二月に打上げ成功。その後、サンシールドや主鏡など主要部分の展開も無事完了し、L2ラグランジュ点にも到達した（二〇二二年一月時点）〕。

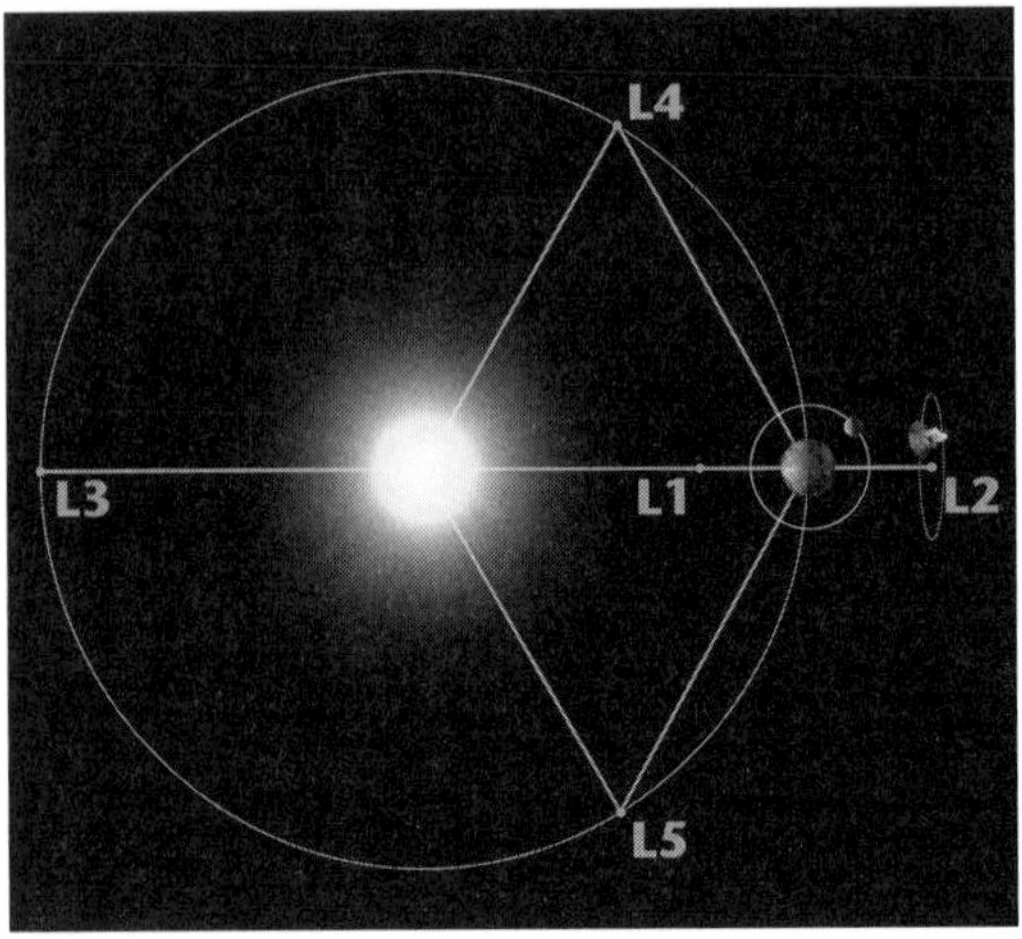

図 21　ラグランジュ点の模式図。ラグランジュ点は、地球と太陽による重力場の中にある駐車スペースのようなものだ。L2 ラグランジュ点は、何にも遮られずに宇宙を見渡せる一方で、探査機が「自宅に電話する」には十分近いので、天文観測に特に都合が良い。

に試験を重ね、大切な日にすべてが計画通り進むように確認した。このように完璧を目指したせいで、開発予算は例を見ないような規模まで増え、提案時には一〇億ドルだったのが、二〇二〇年時点では九〇億ドルになっている。とはいえ、ある天体物理学者の指摘によれば、米国のポテトチップスの年間総支出額だけでこの額になるという[3]。これは、宇宙で最も古い天体を見ることを考えれば、たいしたことのない金額ではないだろうか？　ジェイムズ・ウェッブ宇宙望遠鏡は、投資額が大きいが見返りも大きい。テレビの生放送で、レシピ本を見ずに女王のためのクリスマスディナーを作るようなものだ。

第7章では、恒星考古学を用いれば、低質量の種族Ⅲの星の数（星の初期質量関数）を導き出せることを説明した。最も質量の小さい、太陽質量の八〇パーセントほどの星は寿命が長いので、現在もまだ存在しているはずだ。私たちはそれを見つけさえすればいい。一方、初期質量関数の大質量側はかなり話がややこしい。そうした星は寿命がわずか数百万年と短いからだ。私たちが天の川銀河の周辺で発見するには、そうした星は一三〇億年間生き続ける必要があるが、大質量星の寿命はまったくそこまで届かない。星の初期質量関数の大質量側にあたる星を見つけるには、過去にさかのぼって調べるしかなく、それには活動的なものにしろ、死にかけているものにしろ、ファーストスターの光が観測できるほど遠くの宇宙を見る必要がある。

ハッブル宇宙望遠鏡によって得られた最も象徴的な画像の一つが、「ハッブル・ウルトラ・ディープ・フィールド」だ（巻頭のカラー口絵に掲載）。二〇〇四年に撮影された、この驚くようなスナップ写真では、小さな空の一角に一万個もの多種多様な銀河がひしめいている。この一万個の銀河すべてが収まっている範囲は、英国の五ペンス硬貨か米国の一〇セント硬貨を二三メートル先の距離に置いたときにちょうど隠れる面積だ。銀河までの距離は異なっているので、写真にあるのは宇宙の歴史の異なる時代に存在する銀河だ。小さくて赤い銀河からの光は、おそらくビッグバンのわずか数億年後から届いたものだろう。一方で、明るくて形の良い渦巻銀河からの光は、ビッグバンから一〇億年近くたった時代のものの可能性が高い。

私は自宅のリビングルームの壁に、ハッブル・ウルトラ・ディープ・フィールドの大きなパネルを飾っているので、それを見るのは日課になっている。見るたびに、小さな渦巻や塊がすべて銀河であり、想像もできないスケールのダンスの途中で立ち止まっているということを理解しようと、私の頭は必死になる。いつ見ても畏敬の念を抱く。自分の存在の小ささを思い知らされる。そしてそうした銀河すべてがあるのは、空のほんの一角なのだ。ハッブル宇宙望遠鏡は観測スケールの面で大きな成果をあげたが、それと肩を並べるようなことを、ジェイムズ・ウェッブ宇宙望遠鏡は観測対象天体の年齢の面でなしとげるだろうと私は考えている。ジェイムズ・ウェッブ宇宙望遠鏡は、宇宙の夜明け時代に銀河が発した光のごくかすかな痕跡をとらえ、そうした銀河がどのように形成され、成長したかについて直接的な証拠をもたらすだろう。天の川銀河の祖先にあたる銀河を見ることで、私たちは個人としても、種としても、惑星としても、あるいは銀河としてもどれだけ若いのかが理解できるようになる。そうすることで、私たちは銀河進化の流れを学び、時間の重みを感じることになると私は思っている。

ジェイムズ・ウェッブ宇宙望遠鏡は、ハッブル宇宙望遠鏡に続く次世代大型望遠鏡という位置づけだが、直接の後継機とはいえない。ハッブル宇宙望遠鏡は可視光で観測しているが、ジェイムズ・ウェッブ宇宙望遠鏡が見るのは赤外線だ。赤外線は扱いにくい波長域だといえる。地球大気が幅広い波長の赤外線をブロックするので、ジェイムズ・ウェッブ地球望遠鏡があっても役に立たない。とにかく地球を離れたほうがいい。いやむしろ、地球上のあらゆる赤外線放射源から身を隠すべきだろう。そうした放射源は、観測したいシグナルを覆い隠してしまうからだ。つまり、その望遠鏡は宇宙に浮かび、さらに巨大なサンシールドを広げて、地球と太陽の両方から届く赤外線シグナルを遮ることになる。地球と太陽からのシグナルを遮れば、ジェイムズ・ウェッブ宇宙望遠鏡は暗い宇宙空間をはっきりと見渡して、赤外線シグナルを検出できるようになる。この望遠鏡にはさまざまな科学的目標が見事にそろっている。系外惑星大気の検出や、生命の痕跡の探索、さまざまな時代の銀河の撮影、宇宙構造形成の時系列の作成などだ。近傍宇宙では、光学望遠鏡の視線を遮っているダストをすっかり通り抜けて、星形成領域を詳しく調べる。それによって、現在起こっている星形成について研究する（光の進む時間を考えれば、現在といっても、過去数千年の範囲だ。これでも十分近い）。初期宇宙からの光は大きく赤方偏移しているので、赤外線波長で見える。そう考えると、理想的には同じ方法でファーストスターからの放射を見つけられることになる。惜しいことに、折りたたみ式の巨大な主鏡を使っても、ジェイムズ・ウェッブ宇宙望遠鏡には宇宙の夜明け時代のそれぞれの星を見るだけの感度はない。特に質量の大きい星が形成されたり[4]、近くの星団で星が形成されたりすれば[5]、全体の光度が大きくなるので多少の例外も期待できるものの、ファーストスターが直接観測される可能性は低い。それよりもありそうなのは、ファーストスターの死の証拠を見つけることで、ファーストスターの姿を初めて垣間見ることだ。

星の運命

星の質量は、燃料の核融合反応が進む速度を左右する。したがってその寿命も質量で決まる。質量は、星が死ぬときのプロセスを決定するうえでも重要だ。

【八太陽質量未満：白色矮星】　小さな星の場合、コアでの水素とヘリウムの核融合反応が終わったときに、温度が低すぎて炭素の核融合反応を点火できない。コアは収縮し、外層が徐々に吹き飛ばされ、惑星状星雲という天体になる。コアは完全には収縮せずに、コア内を飛び回る電子の圧力とつり合った状態になる。これが白色矮星だ。その正体は、電子の圧力に支えられた、冷えつつある星のコアである。白色矮星は、電子の圧力と重力が釣り合うようになるところまで収縮しているので、密度がとても高い。平均的な白色矮星は、質量は太陽程度だが、それが地球サイズの空間に押し込められている。密度は一立方メートルあたり約一〇億キログラムで、これはクリスマス用の七面鳥一羽の重さが象三〇〇〇頭分あるのと同じようなものだ。

【八〜二〇太陽質量：中性子星】 もっと質量の大きい星では、内部圧力も高くなるので、コアは高温になり、炭素、酸素、ケイ素など、あらゆる種類の核融合反応を点火できる。ケイ素核融合反応によって鉄が生成されてしまうと、コアは収縮する。その理由は、その先の鉄の核融合反応というのは、使われるエネルギーのほうが生成されるエネルギーより大きいプロセスで、コアではこのプロセスが起こらないからだ。白色矮星よりも質量が大きい場合、コアは電子が生み出す圧力に負けずに収縮し続けられるので、大量の陽子と電子が圧縮されて中性子になる。この中性子がおよぼす圧力が最終的に収縮を止めることになる。中性子が生成されると急激な跳ね返りが起こって、外側への衝撃波が発生し、星の外層を吹き飛ばして、超新星爆発が起こる。そのあとに残る星の名残が、低温で暗い中性子星だ。これは白色矮星よりもさらに密度が高く、一立方メートルあたり一兆×一〇万キログラム（一〇京キログラム）になる。七面鳥一羽に小さな小惑星の重さがある計算だ。

【二〇〜一〇〇太陽質量：ブラックホール】 この規模の星では、コア内の中性子の圧力が星の外層を支えきれなくなって、ブラックホールが形成される。収縮が継続し、物質が圧縮されてきわめて強い重力場を持つまでになる。ブラックホール周辺には、事象の地平線《イベント・ホライズン》という境界があり、その内側からはダストや金属、ガスはもちろん、光さえも脱出不可能だ。重力場が非常に強いので、もしあなたが事象の地平線の内側に入ったら、足のほうが頭よりも重力場の影響が大きいので、麺のように引き延ばされてしまう。これをスパゲッティ化現象（またはヌードル効果）という。この強い重力場は時間を歪めるので、外にいる観察者からは時間が止まっているように思える。スパゲッティ化したあなたは、事象の地平線で凍りつき、ヌードルのようにだらだらと死に向かっていくように見える。一方で、事象の地平線の内側にいるあなたは、時間がいつもどおりに流れるように感じるし、死は一瞬にして起こるだろう。あなたの体は、構成要素である分子や原子、電子、陽子、クォークに分解される。くれぐれもブラックホールには落ちないように。

ブラックホールは、歩いて近づいていったり、実験室でいじったりできるたぐいのものではない。二〇一九年四月までは、天体物理学者でさえブラックホールがどんな見かけをしているのかをよく知らなかった。それ以前にあなたが見ていたブラックホールの画像は、どれもシミュレーション結果か、イラストレーターが描いた想像図だった。実際のところ、この二つは同じものだと私は思っている。シミュレーションをするのに、ソフトウェアを使うか、人間の頭脳を使うかの違いだ。たとえば映画『インターステラー』では、ブラックホールの描写がリアルなことが科学コミュニティーで話題になったが、この映画では物理学者の助言を受けて、特殊効果が物理理論に合うようにしていた。(6)「ブラックホール」という用語は、英語の単語として広く使われるようになっているとはいえ、この用語が表しているのは実のところ、密度が非常に大きいため、ある半径内では、いかなるものも、たとえ光でさえもその重力から逃れられない宇宙空間の点という、かなり不思議な感じのする存在だ。この「光でさえ」逃れられないという考え方はかなり人々の間に広まっており、さらにブラックホールという単語が日常会話で使われることもあって、この考え方がいかに信じがたいことなのかを私たちはたぶん忘れているだろう。なにしろ光は、あらゆる状況に耐えられるのだ。光子はビッグバンの時代からずっと自由に動き回っている。たまに原子と相互作用したり、惑星大気を通過するときには多少ひどい目にあったりもするが、だいたいは自分の好きなようにやっている。光子のふるまいで思い浮かぶのは、曲芸飛行チームがフォーメーション飛行に始まって、高速で飛び、乱気流や悪天候にも負けずに、何キロも正確なフォーメーションを保ち続けながら、一糸乱れずに飛ぶ素晴らしい光景だ。宇宙は光にあまり干渉せずに、好きなようにやらせておくものだ。それに何といっても、私たちが探しているのは「最初の光（*First Light*）」なのだから、光は本書 *First Light*（原題）が描く物語のヒーローであり、宇宙を観察する主要な方法でもある。そしてどのヒーローにも手ごわい相手、つまりアンチヒーローが必要だ。私たちにとっては、ブラックホールがアンチヒーローの役目を果たす。光は一三〇億年の間、一秒間に三億メートルというゆったりとした速度でのろのろ進んでくることができたが、運悪くブラックホールに近づきすぎるとたちまち永遠に失われる。ブラックホールを何かにたとえるなら、なじみのある通常の物理法則がうんざりして昼寝に行ってしまったので、私たちはソファーに座って、「ルールにしばられない」タイプの気まぐれで変わり者のおばの相手を任されてしまう、そんな宇宙の一角のようなものだ。

　二〇一九年四月一〇日水曜日、私は世界で最も古い電波天文学専用アンテナを備えるジョドレルバンク天文台の近くで開催された、電波天文学の学会に参加していた。ほかには三五〇人の天文学者が参加していた。その日、イベント・ホライズン・テレスコープ（ＥＨＴ）[7]の記者会見で世界初のブラックホールの画像[8]が発表されるところを、私たちは学会会場の講堂に座り、ライブ中継で見ていた。ＥＵの研究担当欧州委員が、これは「人類にとって大きなブレイクスルーだ。私たちが撮影しようとしているのは……」と言ったところで、ジョークではなく、スクリーンが真っ暗になった。これがそうなのか？　結局、ブラックホールというのは……いやそうではなく、インターネット接続が切れたのだった。接続が回復すると突然、それが見えた。黄色とオレンジ色のコーヒーの染みのようにも、『ロード・オブ・ザ・リング』に登場する「サウロンの目」のようにも、そして記者発表の席でＥＨＴの責任者がやや熱が入りすぎた様子で形容したように、「地獄の門」にも見えた。私たちの間に感動の拍手喝采が巻き起こった。それは、その画像の科学的な面に驚嘆したせいでもあったが、この画像の撮影を成功させた人々が友人や同僚だからでもあった。これを実現させるために、彼らが何年もかけてどれほど大変な努力を重ねてきたのか、そしてこれだけ大規模な実験を成功させるためには、どれだけ多くの歯車がきちんとかみ合わなければならなかったのか、私たちはわかっていた。この画像は、世界各地にある八つの望遠鏡での観測結果を組み合わせて作成したものだ。その二年前、八つの望遠鏡すべてが同時刻に同じおとめ座の方角に向けられ、M87銀河にある超大質量ブラックホールをとらえた。八カ所すべてが好天に恵まれるのを待つだけでも大変な難題だった。こうした望遠鏡は、誰かが使うのをのんびりと待っているたぐいのものではない。どの望遠鏡も観測時間を確保するための競争がとても激しく、もしあなたに割り当てられた観測時間の天気が悪くても、お気の毒にとしか言いようがないのだ。M87の超大質量ブラックホールの事象の地平線を撮影した画像は、協同作業によって実現した驚くべき偉業だった。そして天の川銀河の中心にあるブラックホールの撮影を目指して、EHTによる観測は続けられることになっている。

ブラックホールはどんなものもそこから逃れられない点だと説明したが、そんなブラックホールをどうやって撮影したのだろうか？　これまで私たちは重力を使って、つまりブラックホールが重力によって周囲の宇宙に与える影響を通じて、ブラックホールを「見て」きた。たとえばショッピングモールで有名人を見かけるとき、あなた自身がその人を最初に目撃することは少なく、むしろ大勢の人々があらゆる方向から一つの点に向かっていく様子から、何かが起こっているのに気づくことが多い。それと同じように、天の川銀河の中心部にブラックホールがあるのがわかるのは、そこに何も見えなくても、その領域の星がすべて巨大な質量の周りを回るように動いているためだ（ただし見えなかったのはこれまでの話だ。EHTがそれを変える可能性がある）。ブラックホールの重力のせいで、そこから一定の範囲内にある物体はすべてブラックホールに引き寄せられる。そして重力によって引き裂かれるため、星形成プロセスと同じように、物質が降着円盤を作る。降着円盤で生じる摩擦でガスが高温になり、私たちに見える光を放射する。EHTで見ているのは、この降着円盤がブラックホール本体の影を取り囲んでいる様子だ。ブラックホールはこの降着円盤があることによって宇宙で最も明るい天体になっているが、それでも地球からの距離を考えれば、ブラックホールのシルエットを撮影するというのは大変な成果なのである。

この項目がほかより長くなったのは、率直にいうと、ブラックホールが驚異的な存在だからだ。過去の逸話や現実的な比喩を使ってどれだけうまく言い表そうとしても、ブラックホールはそれを超越する。EHTで観測されたような超大質量ブラックホールは、太陽質量の数百万倍から数十億倍もある。こうした銀河中心のブラックホールではなく、一個の星から形成されるブラックホールははるかに小さいが、小型だからといってその驚きが色あせることはない。ブラックホールは私たちが存在している時空の究極の歪みであり、二〇太陽質量から一〇〇太陽質量の範囲にある星の大半がブラックホールになるので、数が足りなくなることはない。

【一〇〇〜二六〇太陽質量：対不安定型超新星】 この質量範囲では、ヘリウム燃焼のあとにコアがきわめて高温になるため、「対生成《ついせいせい》」というプロセスによって光子が電子－陽電子対に変換される。陽電子は電子と対になる反粒子だ。これは、電子と陽電子は対消滅してエネルギーに変わることを意味するが、言い換えれば、エネルギーを与えれば電子－陽電子対が生成するということでもある。対生成が発生すると、外向きに作用していた光子の圧力の一部が失われる。圧力が急に失われると、外層が重力のままに急激に落下するため、結果としてコアの収縮が急激に進む。一四〇太陽質量未満の星では、質量殻の外向きの爆発が繰り返し起こることで脈動が発生する。一方、一四〇太陽質量から二六〇太陽質量までの星では、外層の物質が急激に崩壊すると、コアの収縮中に起こる酸素とケイ素の急激な核融合反応によって、星全体を崩壊させるような爆発が生じる。すべてが爆発して、残骸は何一つ残らない。墓石はもちろん、小さな木製の十字架すらなしだ。爆発によって金属も含めて何もかもが周囲に吹き飛ばされ、その金属が種族IIの星へと掃き集められるので、こうした対不安定型超新星（PISN）は、種族IIの星へのとても優れた金属供給源になる。対不安定型超新星は宇宙で見つかっているなかで特に大規模な熱核爆発を起こす。放出するエネルギーは、太陽が生まれてから死ぬまでに放出するエネルギーの一〇〇億倍に相当する。とても明るい現象ではあるが、距離が非常に遠いせいで暗いので、観測データからはめったに見つからない。五年間のサーベイをおこなってもごく少数しか検出されない可能性がある[9][10]。

【二六〇太陽質量以上：直接崩壊型ブラックホール】　このブラックホールは、現時点では理論上の存在であり、適切な場所と時間にあるガス雲から形成される。ガス雲のほとんどは水素分子で冷却されて原始星を形成するが、そのステージにたどりつかなかったガス雲もあるだろう。そうしたガス雲が別の星形成領域の隣にあると、その領域で形成された星からの放射が押し寄せてきて、ガス雲の水素分子をばらばらにする可能性がある。このガス雲（ダークマターハロー）では、水素分子が破壊されたせいで冷却がおこなえなくなり、ジーンズ質量が大きくなって分裂が抑えられる。するとガス雲全体が一体として収縮し、巨大な原始星になる。降着現象は質量に比例して起こるので、このガス雲には周囲のガスが最大で年に太陽一個分のペースで降着し、すぐに一万太陽質量から一〇万太陽質量のブラックホールへと収縮する。ブラックホールが形成される時点で、そこには収縮したジーンズ質量の約九〇パーセントがとどまっている。

つまり、ガス雲のかなりの部分が最終的にブラックホールになったことになる。私がこの考え方をとても面白いと思う理由は、これまではブラックホールができる前には星がなければならないと考えられてきたのに、このシナリオでは最初のブラックホールとファーストスターが並行して形成されるからだ。これは連鎖反応にもなっていると考えられる。直接崩壊型ブラックホールからの放射が近くのハローの水素分子を解離させ、それが原因でさらに多くの直接崩壊型ブラックホールが生まれるのだ。こうした直接崩壊型ブラックホールの形成は一億五〇〇〇万年にわたって起こった。[11] そのあとは、星と直接崩壊型ブラックホールによる放射が続いたせいで、星形成のガスがなくなり、星もブラックホールもそれ以上形成されなくなった。やがてファーストスターが死ぬときに生成した金属が、ガス雲の冷却に使われるようになる。EHTの観測で降着円盤が役立ったように、直接崩壊型ブラックホールの周囲の降着円盤はファーストスターのありかを示す標識になることから、ジェイムズ・ウェッブ宇宙望遠鏡での観測が期待されている。[12]

重すぎるブラックホール

ファーストスターは質量が非常に大きいので、対不安定型超新星か直接崩壊型ブラックホールとして一生を終える可能性が高い。この二つの現象は空で最も明るい現象に数えられているので、ジェイムズ・ウェッブ宇宙望遠鏡では少なくともこうした現象の観測機会はあるだろう。そうした観測は、恒星考古学と補い合うような関係になる。ファーストスターの死の様子を分析して、それぞれの質量範囲にどのくらいの数が分類されるかを調べれば、星の寿命が短いせいで恒星考古学では手が届かない、星の初期質量関数の大質量側を埋めることができる。

直接崩壊型ブラックホールが研究対象として特に重要なのは、初期質量関数の大質量側を調べる手段になるというだけでなく、地球の近くにある謎を説明するのにも役立つからだ。私たちの周りにある多くの銀河には超大質量ブラックホールが存在する証拠が見つかっており、過去を振り返れば（あなたがよくするように）、ビッグバンのわずか六億九〇〇〇万年後という遠い過去にも超大質量ブラックホールが見つかっている。(13) ただ、わからないことがある。それほど早い時期にどうやって大質量になったのだろうか？クリスマスなどの機会に一〇代の姪や甥に会って、「ずいぶん大きくなって！」と声をかけるのはよくあるかもしれない。では、クリスマスに遊びに来た彼らが五〇歳くらいの見かけになっていたらどうなるだろうか。その奇妙な世界では、たった十数年で彼らがあっという間に成長して、中年に見えるようになった理由を考えなければならない。彼らがそれだけの皺《しわ》を刻む時間はないはずなのだから。

ブラックホールにかんして言えば、降着できる質量には上限がある。*2 ブラックホールに降着する質量が多くなると、降着円盤からの放射も多くなり、落下してくる物質を押し戻す。そしてどこかの時点で、この放射圧が重力と釣り合って、ブラックホールは降着の上限に到達してしまう。ここで種族Ⅲの星のあとにできたブラックホール（一〇〜一〇〇太陽質量）の質量を考えて、そこへの降着がつねに最大限度で進むと仮定しよう（ただしその可能性はかなり低い。ガスの絶え間ない供給が必要だが、ガスは星形成で使い尽くされるからだ）。その場合でも、どういう方向に計算しようとも、観測されているような超大質量ブラックホールにはならない。(14) このやっかいな状況を切り抜ける方法の一つが、超大質量ブラックホールが直接崩壊型ブラックホールとして誕生したと考えることだ。直接崩壊型ブラックホールはこのシステムをうまくごまかして、一万太陽質量から一〇万太陽質量というはるかに大きな質量からスタートする。こ

＊2　悲しいことに、クリスマスなどの時期に私に「降着」できる質量には上限がない。

うしたブラックホールなら、観測されている超大質量ブラックホールを形成するためのガスが降着する時間があるので、すっきりとした解決策になる。[15] ジェイムズ・ウェッブ宇宙望遠鏡が打上げられれば、直接崩壊型ブラックホールが存在する割合やサイズを突き止められるようになるので、こうした問題の抜本的な解決に向けた光が投じられるだろう。ファーストスターと同じように、直接崩壊型ブラックホールはそれ自体で一つの種だといえる。形成されていた期間はわずか一億五〇〇〇万年程度なので、ファーストスターと同様、これもまた失われた種として近いうちに再発見される可能性がある。

重力波

ファーストスターの死を記録することを目指している望遠鏡は、ジェイムズ・ウェッブ宇宙望遠鏡だけではない。別の大規模な研究協力から生まれたのがＬＩＧＯ《ライゴ》実験だ。[16] ＬＩＧＯは米国ルイジアナ州リヴィングストンとワシントン州ハンフォードにある二つの観測施設からなり、どちらの観測施設も重力波の検出を目指している。重力波とは、中性子星やブラックホールのような大質量コンパクト天体の衝突で生じる、時空のさざ波だ。アインシュタインの一般相対性理論によれば、質量は加速を受けると重力波を発する。このさざ波はとても小さく、ＬＩＧＯのような観測装置で検出できるほど大きな重力波が生じるのは、質量が本当に大きい二つの天体が衝突の最終段階になって、互いの周りをらせん状に回るときに限られる。重力波が物体の中を通過すると、物体の形が歪む。重力波は時空の歪みなので、接近しながらボールをある方向に引っ張るが、ボールから離れるときには別の方向に引っ張る様子を想像できるだろう。ＬＩＧＯ実験では、同じL字型をした二本の長い腕のようなトンネル施設を使い、そのトンネルに沿って生じる時空の歪みを測定する設計になっている。二本のトンネルに沿ってレーザー光が送出され、トンネルの端の鏡で反射する。重力波が通過している場合には、二本のトンネルの長さが異なるので、反射して戻ってくる光のパターンにはきわめてわずかながら違いが生じることが予想される。この実験のためには驚異的な技術が求められる。鏡は人間の髪の毛ほどの細さのワイヤでぶら下げてあるし、月や太陽の引力でも鏡が揺れるので、位置を一定にするための磁石が必要だ[17]。

二〇一五年九月一四日にＬＩＧＯは、二個のブラックホールが互いの周りを回っているブラックホール連星系が、合体の直前に発したシグナルをとらえた[18]。毎秒数百回のスピードでらせん状に運動し、光速に近づいていくとき、二個のブラックホールは「チャープ」という特徴的な波形の重力波を送り出す。重力波はきわめて検出しにくいので、波が測定できるほどの大きさになるのは、ブラックホールがらせんを描いて落下していく最後の数ミリ秒だけだ。この重力波でＬＩＧＯのトンネルの長さに生じる変化は、陽子の直径程度である。それだけ小さなものの検出結果が本物だと言い切るには、別の検出結果によって証明する必要がある。ハンフォードとリヴィングストンの観測所では、同じシグナルが異なる時間に検出されたが、これは単に観測所が地球上で異なる位置にあるからだ。この位置の違いを考慮すると、このシグナルは厳密に同じ時刻に受信されていた。二つの検出結果は互いを完璧に裏付けたのだ。ＬＩＧＯで初めて検出された天体の合体は、恒星起源のブラックホール同士の合体だった。つまりどちらのブラックホールも、二〇太陽質量から一〇〇太陽質量の星が収縮するという「通常の」方法で形成されたものだった。宇宙の夜明け時代にあった超大質量ブラックホールを検出するには、もっと大規模なレーザーが必要になる。二〇三七年に打上げ予定の宇宙重力波望遠鏡ＬＩＳＡ《リサ》は、数百万キロメートル間隔で三角形に配置した三機の衛星で構成される宇宙干渉計だ[19]。重力波イベントのなかには、重力波シグナルの周波数があまりに低くて、波長が地球よりも大きいものがあるため、より大きな距離を取らなければならないというのがこの望遠鏡の意図だ。重力波が通過すると、衛星の間の距離がわずかに変化する。すべてがうまくいけば、だが。正直なところ、宇宙望遠鏡での観測に頼っている天文学者はみな、はたしてきちんと眠れているのだろうか。私だったら、ずっとパニック状態だろう。

＊　＊　＊

ファーストスターは、対不安定型超新星として一生を終えた可能性が高い。あるいは、原始星形成の早い段階で、収縮によって直接ブラックホールが形成されたことも考えられる。私たちには今後、宇宙の夜明け、あるいはファーストスターが最後に沈んだ宇宙の夕暮れというべき時代を調べる方法が二つ用意されている。一つ目は、折りたたみメカニズムを備えた赤外線望遠鏡で超新星を観測すること、もう一つは超大質量ブラックホールの衝突によって発生する重力波が通過するときに、宇宙空間に三角形に配置した衛星による干渉計で検出することだ。どちらの方法にも、精密な計画とテスト、そしてそのために不可欠な研究助成金が必要になる。そしてどちらも、宇宙空間を長く飛行し、そののち観測装置を展開することになるので、天体物理学者の神経を絶えずぴりぴりさせるようなタイプの実験だ。しかし、そうしたリスクを感じることには大きな見返りがある。観測対象との間に地球の大気がないので、はるか遠くの宇宙の片隅を観測できるし、ファーストスターそのものまではいかなくても、ファーストスターの死後の様子を明らかにできるのだ。それは一生分のクリスマスが一度に来るようなものだ。

第10章　宇宙再電離期

「ああ、何か別の名前にして！　名前がなんだというの？　バラと呼ばれるあの花は、ほかの名前で呼ぼうとも、甘い香りは変わらない」（シェイクスピア『新訳　ロミオとジュリエット』、河合祥一郎訳、角川文庫、二〇〇五年）。ウィリアム・シェイクスピアの戯曲でおそらく最も有名な「ロミオとジュリエット」のなかでも、特にこの一節は聞けばすぐわかる。ジュリエットは、自分が恋に落ちた青年の姓がモンタギューであることを嘆く。それはジュリエットのキャピュレット家がさげすむ家の名だからだ。さまざまな感情とたたかいながら、ジュリエットはロミオの名に意味はない、その名がモンタギューでさえなければ、これは禁じられた恋、つまり「星回りの悪い」恋ではないのにと嘆く。

ジュリエットの気持ちはわかる。私はライフワークである宇宙再電離期について、同じことを思っている。ファーストスター。隠れたブラックホール。過去を見る。私の研究にはこういった切り口があり、どの言葉にも素晴らしい響きがある。だからそれらがすべて「宇宙再電離期」という研究テーマとしてひとくくりにされているのは、なんというか、拍子抜けする。なんてひどい名前。reionisation（再電離）のスペルを自信を持って綴れるようになるのに何カ月もかかったし、正しい発音なんてもってのほかだ。そしてこれは本当のことなのだが、一般向け講演会のタイトルを「宇宙再電離期」にしたら、参加者はゼロだ

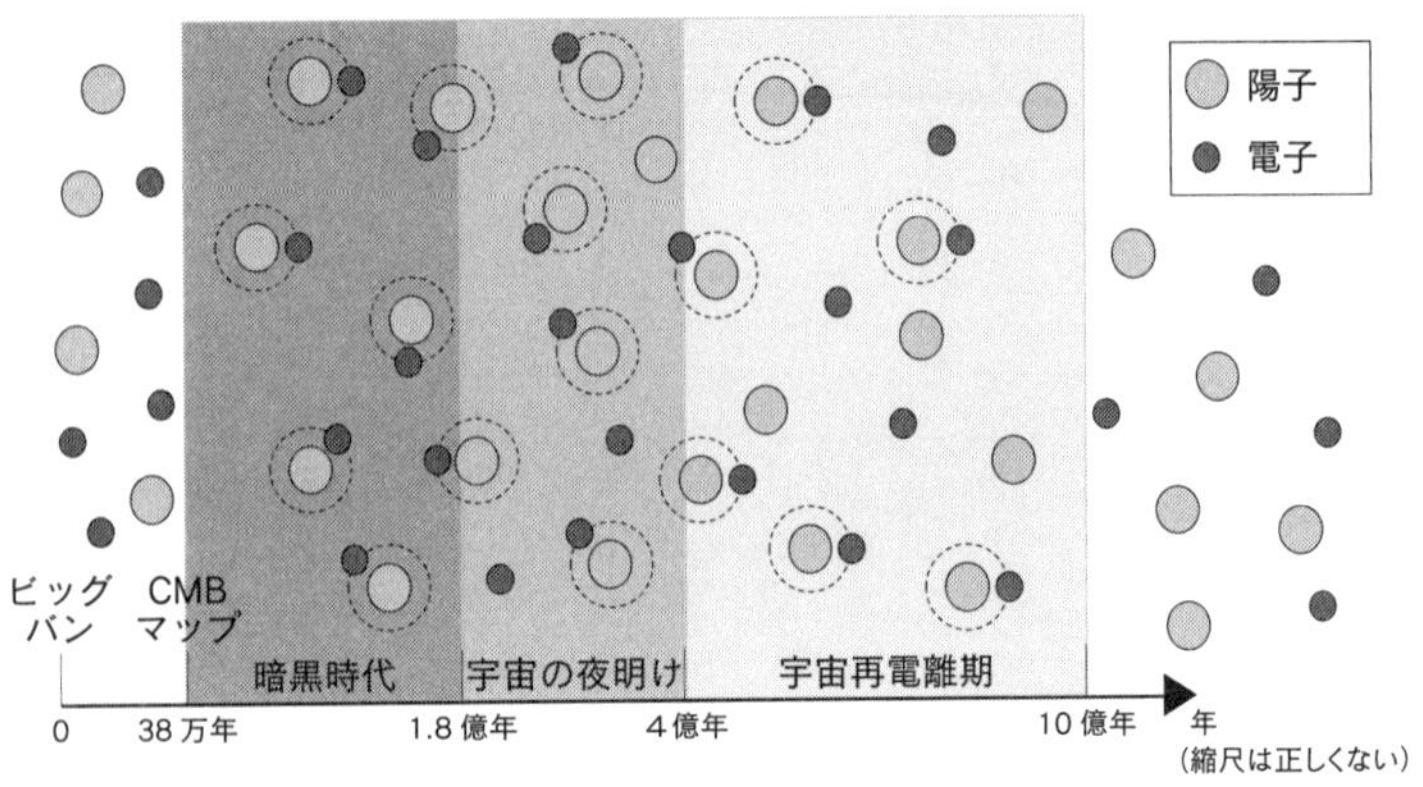

図22 時間とともに、宇宙を満たす水素は電離状態から中性状態になり、さらにファーストスターと銀河の作用によって、ふたたび電離状態になった。

ろう。ところが「宇宙の暗黒時代とファーストスター」だったら、大繁盛だ。*1

再電離

ファーストスター探索はこれまでに大きく前進してきた。恒星考古学を使って宇宙の近いところを調べてきたし、遠い宇宙を見るために、ジェイムズ・ウェッブ宇宙望遠鏡を最大限に利用する準備も進めている。この分野でさらなる成功が訪れるまでの間も、EDGESの結果（本書第5章）と同じような証拠を探し続けることはできる。EDGESでは、宇宙に広がる始原的な水素ガスの加熱が、ファーストスターの形成、つまり宇宙の夜明けのシグナルになっていた。この考え方をその少し後の時期に当てはめて、ファーストスターがその水素ガスを加熱し、やがて電離させたプロセスから、ファーストスターの存在や性質を推測するのだ。ファーストスターの形成と一生は、三つの時期で表される。暗黒時代、宇宙の夜明け、そして宇宙再電離期だ。暗黒時代は、ファーストスターの形成に向けてガスの結合が進んでいく時期だ。宇宙の夜明けは、そうしたガス雲の一部で核融合が始まり、ファーストスターが独立した存在になった時期である。そして宇宙再電離期は、ファーストスター（とブラックホールと銀河）が宇宙を加熱し、電離した時期をいう。

ビッグバンの後、宇宙は高温状態にあった。宇宙を満たしているばらばらの電子と陽子、光子は互いに衝突し合っており、何一つ安定して存在できなかった。やがて宇宙が膨張して温度が下がると、電子は漂っていた陽子と仲間になり、水素原子になった。そうすると光子は何にも邪魔されずに進めるようになった。この時点で、宇宙は光子に対して透明になり、現在は宇宙マイクロ波背景放射（ＣＭＢ）として観測されている光を生み出したとされている。この状態のたとえとして、駅のコンコースや広場に大人（陽子）と、ひどく元気な子ども（電子）がたくさんいて、子どもはあらゆる方向に駆け回っているとしよう。通りがかりの人から見ると、あなた（光子）が子どもを素早くかわしたり、大きく遠回りしたりせずに、コンコースや広場を真っ直ぐに通り抜けて、反対側まで歩いて行くのは不可能だ。ところが、大人が自分の子どもの腕をつかみ、じっとさせたら、あなたは遠回りせずにずっと簡単に通り抜けられるようになる。ビッグバンの三八万年後の宇宙を満たしていた始原ガスでは、水素原子の割合が圧倒的に高かった。原子の電荷（電子では負、陽子では正）が釣り合った状態にある場合、この原子は中性であるという。水素原子の電荷は釣り合っていて、現在の水素もそうだが、正電荷を持つ陽子一個と負電荷を持つ電子一個からなっている。初期宇宙はこの「中性」水素で満ちていた。それからわずか数億年の間に、この水素の一部はファーストスターになった。一方で、ファーストスターにならなかった水素は「電離」して、構成要素

＊1　大繁盛というのは比喩だ。研究者になったばかりのころ、一般向け講演会のお礼で一番よかったのはドーナッツ一個で、それでもありがたく思ったものだ。

である電子と陽子の状態に戻った（図22）。このように宇宙の水素が再び中性状態から電離状態に変化することを、宇宙の再電離という。それはビッグバン直後の最初の形に戻るようなものだ。再電離（reionisation）の「re」の部分も、ビッグバン直後の宇宙初期時代の電離状態に戻ることを指している。

宇宙再電離期は、星や銀河の形成の面で宇宙が動き始めた時期でもある。そうしたガスの変化の原因となったのは、宇宙にファーストスターや初代銀河、最初のブラックホールが存在するようになったことだ。私たちはこの点をひっくり返して、最初の天体についての知識を得るためにそうしたガスを使えるだろうかと考えている。宇宙再電離期は慌ただしい時代だった。この時代が終わるころには、ファーストスターは死に、初代銀河はできあがっていた。そして最初のブラックホールは周りの物質をむさぼり食って、恐ろしい存在に近づいていた。宇宙の夜明けを観測したEDGESは、ファーストスターによる水素の加熱を明らかにすることで、はるかに複雑なメインイベントの前座として場を熱く盛り上げたのだ（しゃれのつもりだ）。私はそろそろ、聴衆が集まらないのを恐れてほかのタイトルでごまかすのをやめて、宇宙最初の星の光を理解するのにこの時代がどう役立つかを堂々と説明するべきだろう。みなさん、宇宙再電離期へようこそ。

バブルを膨らます

原子は電子、陽子、そして中性子という別々の部品からできているが、いったん原子になったら、そうした部品はばらばらにされるのを嫌がる。分解するにはエネルギーが必要で、それは非常に強力な二個の磁石を引き離すのにエネルギーが必要になるのに似ている。わずかな量のエネルギーを加えても、磁石は離れない。しかしずっと多くのエネルギーを奮い起こせば、磁石は離れるだろう。原子の種類が違えば、

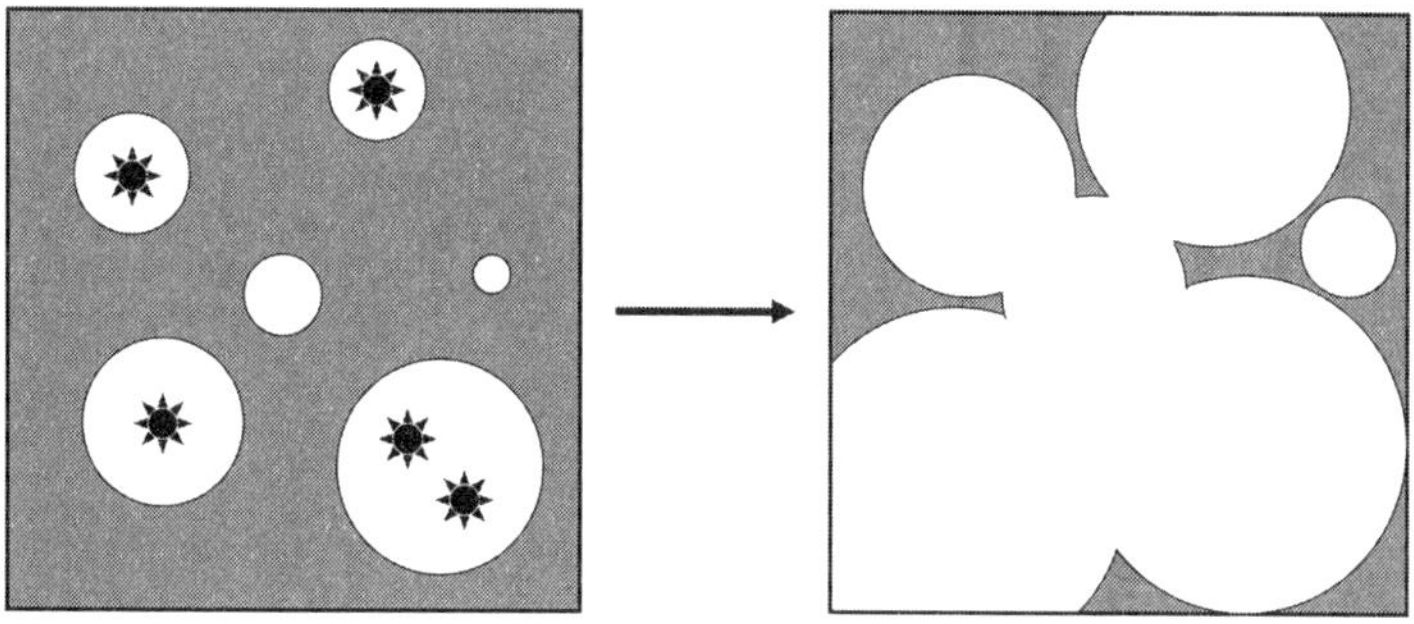

図 23　スイスチーズモデル。ファーストスターそれぞれの周りで、中性水素がバブル状に電離している。時間がたつとこのバブルが大きくなっていき、最終的には完全に重なり合う。

電子を取り除くのに必要なエネルギーは異なるが、たとえば水素など、同じ元素の原子なら要求されるエネルギーはつねに同じだ。水素の場合、電子一個をその唯一のパートナーである陽子から取り去って電離させるには、一三・六電子ボルト（〇・〇〇〇〇〇〇〇〇〇〇〇〇〇〇〇〇〇〇二ジュール）が必要だ。電磁スペクトルの話に戻ると、水素原子を電離させるエネルギーと同等のエネルギーを持つのは、波長が紫外線領域かそれより短い光だけだ。とはいえそのエネルギーは驚くほど小さい。チョコレートバーのマーズバー一本分のエネルギーで、水素原子を一〇〇〇億×一兆個も電離できる。ただし相手は大きな宇宙で、電離すべき水素原子は大量にある。水素を電離させる紫外線光子はどこかからやって来る必要があり、その点でファーストスターは効率的な光子工場だったといえる。

最初の段階では、ファーストスターの周りには非常に多くの中性水素があるので、紫外線光子はすべてごく近くの中性水素を小さなバブル状に電離させるのに使われる。近くの水素が電離すると、紫外線光子は中性水素に遭遇するまでにそれまでより長い距離を進めるので、電離が起こる球殻が徐々に大きくなっていく。時間とともに、電離を引き起こす光子の源（電離光子源）となる星の周りでは、水素がバブル状に電離していく。このバブルは星本体よりも大きく、はるかに観測しやすいので、まさにファーストスターの足跡といえる。ファーストスターから放出される光子は近くにとどまり、近所の水素原子を電離させる傾向がある。そのため、とてもコンパクトな球形のバブルができる。そうしたバブルは大きく広がった中性水素の中にあるので、これは「スイスチーズモデル」といわれている(図23)。

電離光子源：ファーストスター

宇宙再電離期は、光子が水素原子をばらばらにする作業(電離)をしても、水素原子の再形成(「再結合」)がそれをたちまち元通りにしてしまう、戦場のような世界だ。ここでまた、この状況を幼い子どもがいる部屋だと考えれば、第3章と同じように、子どもの半分は積み木で塔を作ろうとしていて、もう半分はそれを崩そうとしていることになる。ファーストスターは、大量の紫外線を放射する。どのくらいかというと、一秒当たり10^{50}個(一の後にゼロが五〇個続くということ)の光子だ。[1] 水素原子一個を電離するのに必要な光子が一個だと仮定すれば、この紫外線によってきわめて大量の水素原子が電離させられる計算になる。しかし原子が電離するとすぐに、電子と陽子(同じ原子にあったものとはかぎらない)はお互いを見つけて、中性水素原子を再形成してしまう。電離状態を保つには、電離をおこなう新しい光子が絶えず供給されなくてはならない。これは、宇宙再電離期初期の一億年ほどは問題にならないが、ファーストスターが死ぬと、光子工場は稼働を停止してしまう。ダークマターのミニハロー内にある種族Ⅲの星は、それぞれの超新星爆発でほかの星を吹き飛ばす傾向があるので、銀河になることはなかった。そのため、ファーストスターが一生の間に放出する光子の数をすべて足し合わせても、今考えている水素をすべて電離させるには十分ではない。一部のシミュレーションでは、種族IIIの星は再電離にわずかしか寄与しなかったという結果が出ている。一方、別のシミュレーションでは、水素の最大二〇パーセントを電離させ、その後の天体形成のしっかりとした基礎を作った可能性があるとされている。(2) 楽観的にも悲観的にも考えられるが、シミュレーション研究によるなら、種族IIIの星以外の電離光子源を探さねばならないのは明らかだといえる。

電離光子源：クエーサー

初期宇宙には、ほかに何があっただろうか？　種族IIIの星の一部は、死ぬときにブラックホールになった。ブラックホールは、ガスやほかの通常物質の降着によって成長する。そしてそうした物質が吸い込まれるときには、移動しながら降着円盤を形成する。これはレコードの上を針が走るのによく似ていて、内側に向かってゆっくりとらせんを描いている。ブラックホールにさらに近づくと、物質は降着円盤内の強い磁場と摩擦によって加熱される。そして何でも加熱されると電磁波を放射する傾向があり、それはブラックホールも同じだ。このブラックホールと明るい降着円盤からなる系をクエーサーという。この降着円盤は、光子の種類としては紫外線よりもエネルギーが高いX線光子を強く放射している。X線光子にも水素原子を電離させるのに十分なエネルギーがある。しかし紫外線光子とは違って、そのエネルギーは、ランダムな方向に飛んでいき、水素原子と衝突するまでにかなりの長距離を進むのにも十分だ。そのためX線による再電離の場合には、先ほどのようなかなり整った形のスイスチーズにはならない。中性水素の海に浮かぶ、十分に電離した球形のバブルの代わりに、部分的に電離した大きなバブルができ、全体としてより均一で急速な再電離が起こる。シミュレーションでは、初期宇宙で生成されるX線の量を増やせば、もっとうっすらとしたバブルになり、全体としてはさらに速く再電離が進むことがわかっている。[3] 最近まで、初期宇宙のクエーサーの数は、距離が遠くなるほど、つまり過去に行くほど少なくなると考えられていた。[4] そのため、再電離への寄与は相対的に小さいとされていた。しかし最近実施された、宇宙再電離期末期の暗いクエーサーの観測から、初期宇宙には予想よりずっと多くのクエーサーがあった可能性が指摘されている。[5] 数が多ければ、電離をおこなう光子の猛攻撃に、数少ない中性水素の島がなんとか持ちこたえているような最終段階でも、クエーサーは水素を電離状態に保つ役割を果たせただろう。さらには、クエーサーだけで水素を電離させるのに十分であり、ファーストスターの寄与は無視できる程度だったという説さえある。[6]

さらにいえば、X線はクエーサーだけで生成されるわけではない。私たちのファーストスターについての理解は進化しており、かつてはファーストスターは孤立した単独の星だと考えられていたが、今ではかなりの割合が連星系を作っているか、[7] もっと密集した星系を作っている可能性があると考えられている。一般に連星系では重力の作用によって、一方の天体から他方の天体へ物質が降着する。ファーストスターに連星系の相手から物質が降着すると、X線連星系になる。そう呼ばれるのは、この連星系での降着の最中にX線が放射されるからだ。少なくとも一つのシミュレーションでは、再電離のごく初期段階で、X線が実際に種族IIIの星の紫外線放射と同じかそれ以上の役割を果たしていたことが示されている。[8] ただし全体としては、X線源の再電離に対する寄与ははっきりしないままだ。最近になって、宇宙再電離期のX線にふたたび関心が集まっているものの、シミュレーションでは、主役として第三の電離光子源の存在を指摘するものがほとんどだ。

電離光子源：銀河

種族Ⅲの星が生まれてのち死に、ガスが安定するころ、より大きく、合体したダークマターハローの中で第二世代の星が形成された。こうした原子冷却ハロー（本書一八六ページ）は初代銀河であり、そのサイズは小さく、内部では分裂が進んだ低温の環境で種族Ⅱの星が形成された。種族Ⅱの星は金属量は多く、質量は小さく、寿命は長かった。紫外線光子を放出していたが、放出する量は種族Ⅲの星より少なかった。シミュレーションでは、実際に再結合を上回るペースで再電離を推し進めて、電離バブルの成長とバブル同士の重ね合わせを実現し、宇宙を完全に電離した状態にしたのは、こうした第二世代星から放出された光子であるらしいという結果が圧倒的多数を占めている。どんな銀河が再電離の時期に存在していたのかがわかれば、こうした銀河主導での再電離を深く理解できる。ハッブル・ウルトラ・ディープ・フィールド（カラー口絵の図版を参照）では、ビッグバンの八億年後に存在した銀河からの光が観測されている。八億年後といえば、ちょうど宇宙の再電離が進んでいると考えられている時期だ。そうした初期銀河が存在した数や光度、スペクトルの性質に制限を与えることによって、ハッブル・ウルトラ・ディープ・フィールドの研究者は、この観測可能な銀河の数だけでは宇宙を再電離できなかったことを明らかにした。どんな望遠鏡でもそうだが、ハッブル宇宙望遠鏡には観測できるものに限界がある。したがって、ハッブル宇宙望遠鏡では観測できない、もっと暗い矮小銀河が存在していて、それが再電離の大部分の原因になっていたはずだと考えられている。[9]

矮小銀河が再電離を引き起こす主な光子源だった可能性は高いが、そこには不確実性が残っている。ここでまたダークマターが出てくる。理論的には、ダークマターの対消滅（二つの粒子が相互作用して破壊され、別の粒子が残るプロセス）は、ファーストスターの形成のはるか前に、ダークマターミニハロー内でガスの加熱と電離の両方をおこなえる。[10] 電離光子源となる光子の全体的な生成量は、多くて数パーセントレベルと考えられているものの、[11] 加熱は、ガスが分裂して星になるのを妨げ、星と銀河の形成を遅らせて、形成時点での星の最小質量を増加させることができる。[12] ダークマターは、EDGESで提案された風変わりな相互作用のほかに、再電離の進み具合にわずかな影響を与える可能性があるのだ。

ファーストスターと初期のブラックホールがいくつ存在したか、それらの放射量はどのくらいだったか、寿命はどのくらいの長さだったかという点については、多種多様なモデルがある。もちろん、こうした現象のすべてが、異なる時期に異なる度合いの寄与をしたというのが実際のところだ。私が最も妥当だと考えるモデルの一つは次のようなものだ。種族Ⅲの星があらかじめ宇宙をわずかに電離させ、その後、ファーストスターが死んだころに、初代銀河が本格的にそのプロセスを加速させた。それに対して、宇宙は再結合と中性水素の島で対抗しようとしたかもしれないが、遅れて形成されたクエーサーと、それが放射する長距離まで届くX線は、電離という作業を最終的にしあげるのに十分だった。とはいえこれは一つの説にすぎない。

宇宙再電離期への制限

私の家にはまさに今、ネズミが一匹いる。直接見てはいないが、いるのは知っている。クリスマスのために、私は夫にサンタクロースの形をしたチョコレートを手渡そうとしたときに、包装紙に小さな穴がいくつも開き、中のチョコレートがかじられているのに気づいた。証拠として小さな歯形が残っていたが、私には小さな子どもが三人いることを考えると、決定的な証拠とはいえなかった。しかし、バッグの底からさらなる証拠が出てきた。ネズミの糞だ。ああ、これで決まりだ。証拠に基づいて結論を出したり、判断を下したりすることはとても直感的な行為なので、現在ではそれ以外の可能性はどれもばかげたものに思える。電離バブルがどのような形状になり、どのように成長するのかという点では、まったく異なる可能性が数多くある。それは古典的な推理小説の犯人捜しのようだ。あるいは原因探しというべきかもしれない。宇宙で何かが水素を電離させたのは確かだ。それは何だろうか？　今考えられている多くのモデルに制限を与えるには、また別の観測データを調べる必要がある。

【制限その一：宇宙マイクロ波背景放射】　宇宙マイクロ波背景放射を利用すれば、宇宙再電離期がどのくらいの期間続いたかを絞り込むことができる。宇宙マイクロ波背景放射は、ビッグバンの名残の光子からなる。ビッグバンから約三八万年後、温度が十分に下がって、中性水素が形成され、粒子の衝突が起こりにくくなったため、その名残の光子はにわかに、宇宙を自由に動けるようになった。その光子は私たちに向かって進む経路上で、宇宙の膨張に逆らうためにエネルギーが変化する。そこから、ある温度分布を示すことが予測され、この分布はペンジアスとウィルソンの観測や、その後のCOBE衛星やWMAP衛星、プランク衛星によって観測的に確認された。WMAP衛星とその後継機のプランク衛星は、宇宙マイクロ波背景放射の全天マップを作製し、全体的な温度のわずかなゆらぎ構造を示した。こうしたゆらぎがどのようにして生じ、どのくらいの規模があったのかは、ダークマターが存在した量や、光子が地球に向かって進む経路上で自由電子によって散乱を受ける度合いなど、多くの宇宙論的要因に左右される。私たちにとって最も重要なのは後者の要素で、それは宇宙再電離期は巨大な自由電子工場そのものだからだ。そしてどのくらいの光子が散乱したかを測定するには、宇宙マイクロ波背景放射のマップにあるゆらぎ構造をみればいい。

一個の光子が私たちに向かって進んできていると考えよう。宇宙に長期にわたって中性水素が満ちていたとすると、その光子と衝突する自由電子は遅い時期まで出現することはない。これは再電離の時期が遅いパターンの宇宙だ。一方、再電離が短期間で完了する、あるいは非常に早い時期に起こる宇宙では、光子が自由電子と衝突する時間がたくさんあるので、宇宙マイクロ波背景放射のマップにも測定可能なレベルの変化が生じる。さまざまな再電離化シナリオを考えて、それぞれのシナリオが起こっていた場合に宇宙マイクロ波背景放射のマップがそれぞれどう変化するかをモデル化できる。プランク衛星で観測された宇宙マイクロ波背景放射は、わずか五億年で中性水素が完全に電離するモデルに一致する。再電離は急激に起こったのだ。

【制限その二：クエーサーのスペクトル】　クエーサーからの放射を調べると、再電離が終わった時期を絞り込むことができる。クエーサーからの放射は電磁スペクトル全域にわたっている。クエーサーが現在、電離がかなり進んだ宇宙の中で私たちに近い距離にあると考えよう。この場合のクエーサーからの放射は、光子を飲み込む水素原子がないので、そのまま私たちのもとに届く。この場合には私たちは放射された全スペクトルを観測することになる。今度はクエーサーがずっと遠くにあって、私たちが見ているクエーサーの光は遠い過去のものだと想像しよう。さらに光が通過してくる宇宙は、宇宙再電離期の間かそれ以前は中性水素で満ちていて、今の宇宙とは明らかに異なっていると考える。一般に中性水素は光子を非常によく吸収するので、これによって吸収線が生じ、スペクトルには小さな減少として現れる。これは、水素が特定波長の光子を吸収するからだ。クエーサーの場合には、遠くにあるほど、光子が中性水素と戦う期間は長くなる。こうした光子は前進するにつれてエネルギーを失い、最初は高かった光子のエネルギーは、

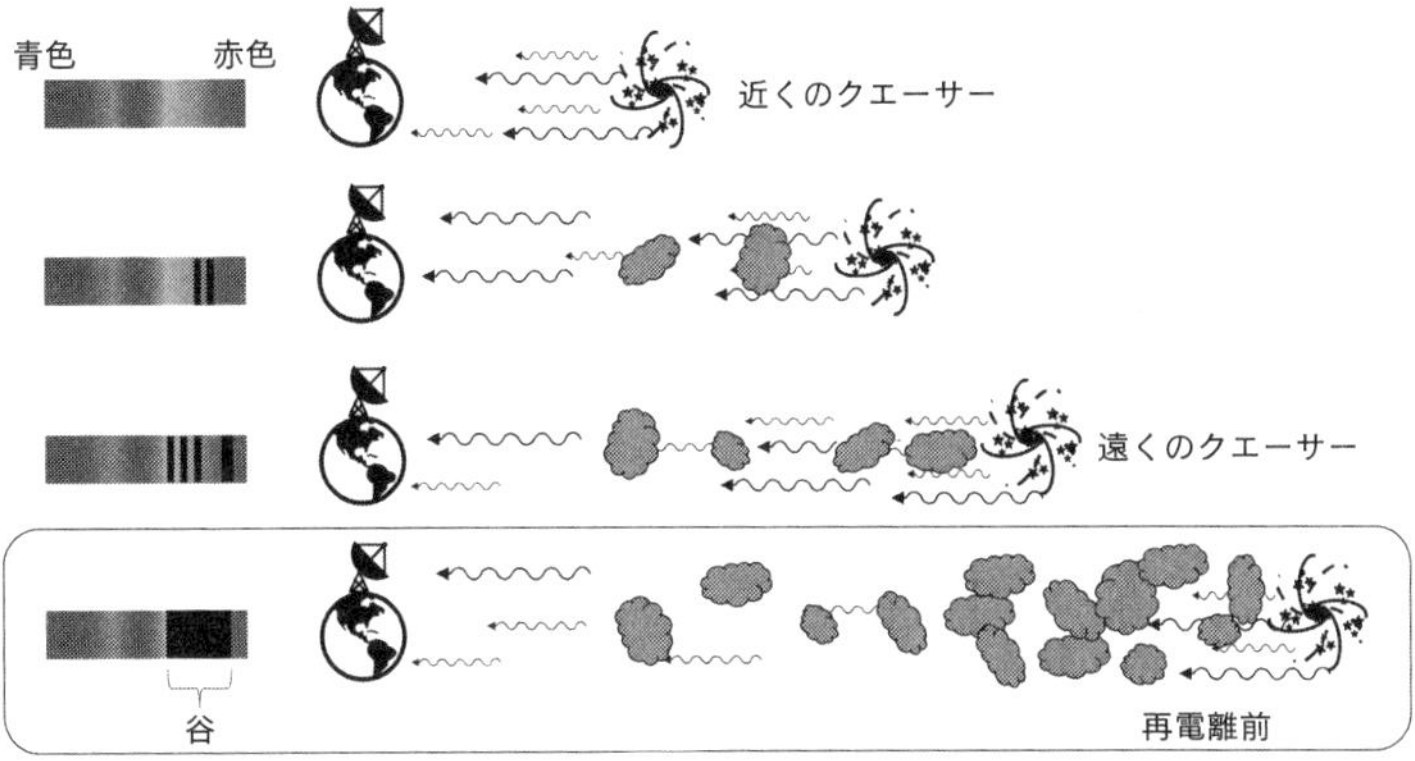

図 24　クエーサーは幅広い波長の電磁波を放射する。その光が中性水素の雲を通過すると、中性水素が光子を吸収し、スペクトルに吸収線ができる。スペクトルにどれだけはっきりした谷ができるかで、宇宙の電離状態がわかる。

水素原子と同程度のエネルギー（波長）になる。水素原子はそのエネルギーの光子をすべて吸収し、別の吸収線を生み出す。私たちとクエーサーの間で光子が遭遇する中性水素の量が多いほど、多くの吸収線がスペクトル上に現れる。そうした吸収線は合体して、スペクトル上に谷を作る（図24）。

クエーサーのスペクトルを観測すると、一般的には再電離期以前か、再電離期中のクエーサーにはよりはっきりした谷があることがわかる。これは、光子がより多くの中性水素の雲を通過してきたので、吸収線が多く存在するためだ。この谷の完全度は時期によって急激に変化し、そこで宇宙に存在する中性水素の量が急に変わったことを示している。この変化から、ビッグバンの一〇億年後ころに宇宙の電離が急速に起こったことがわかる。さらに、クエーサーがすべて同じ環境にあったわけではないこともはっきりしている。谷がきれいにできているクエーサーもあれば、同じ距離（時代）に観測されても、もっと谷が不完全なクエーサーもあり、その時代の別の場所では中性水素が少なかったことを示している。このことが意味するのは、再電離の進み方にはむらがあったということだ。驚くにはあたらないかもしれないが、ファーストスターやブラックホールは広大な宇宙全体で足並みをそろえて作用したわけではない。宇宙のある領域では再電離が素早く進んだ一方で、別のところではゆっくり進んだ。ダークマターが紡ぎ出したクモの巣状の基本構造からは、宇宙には多くの銀河が形成された高密度領域と、ボイド（空洞）という低密度領域があることがわかる。再電離がこの基本構造に沿って起こっていて、高密度領域では電離が速く進み、低密度領域はそのあとを追いかける形になるのは当然だといえる。

宇宙マイクロ波背景放射データからは、再電離が速く進み、五億年ほどしかかからなかったことがわかっている。一方でクエーサーのデータからは、再電離がビッグバンの一〇億年後までには完了したことが導かれている。さらにハッブルのデータをみると、巨大銀河だけで宇宙全体を電離させることは不可能だったことがわかる。こうしたことは、種族Ⅲの星、X線連星、ダークマターの対消滅、クエーサーなど異なる電離光子源を材料として使った、多くの再電離シミュレーションモデルに対する、かなり重要な制限である。いつかバブルそのものが観測されれば、最も貴重な制限が得られることになり、こうしたさまざまな電離光子源の性質が明らかになるだろう。

電離水素のバブルはファーストスターの足跡だ。シャーロック・ホームズは、自分の信頼できる拡大鏡を使って手がかりを間近で観察し、犯人を暴き出すとてつもなく細かな証拠を見つけることを習慣としていた。宇宙を十分に遠い過去までさかのぼって見られるほど大きい拡大鏡、つまり光学望遠鏡は存在しない。たとえあったとしても、水素を観測するときにはあまり役に立たないだろう。水素のことはこれまでいろいろと説明してきた。宇宙で最も多い元素であり（ダークマターがなんであれ、それをここでは考慮していない）、星の主成分で、核融合反応の燃料となり、熱と光をもたらす。ファーストスター検出の鍵も水素からもたらされるというのは、しごく当然のことだ。今ある技術を使って、ファーストスターの周りにある使い残しの水素から宇宙再電離期を理解することができる。とはいえ、ファーストスターが周囲の水素に与える影響は明らかになっているかもしれないが、それがファーストスターの検出にどう役立つのだろうか？　だいたい、地球上で水素の写真を撮ったら、何か見えるだろうか？　水素は目に見えないのだ。しかしそれは、可視光波長で見る場合だけである。光はスペクトルであり、電波の波長では、水素はクリスマスツリーのように明るく光っている。

電波天文学

電波天文学という分野に対する世間の評価は、天文学のほかの分野と比べるとあまりぱっとしない。ハッブル宇宙望遠鏡を考えてみよう。これは現代の天体物理学実験としては最も有名だ。キラキラしていて、何と言っても宇宙にある。学校でいえば、ハッブル宇宙望遠鏡はイケてる生徒だ。学校ではほかの生徒たちに邪魔されずにすっと歩いていて、その発言はいつも注目されている。それは当然のことだ。人間が工学の力によって実現させた、素晴らしい偉業なのだから。たいていの人がハッブル宇宙望遠鏡について聞いたことがあるし、新聞は折あるごとに観測の最新情報を伝えてきた。二〇一八年一〇月に短期間機能停止するとトップニュースになり、天文学者はあちこちのテレビやラジオの番組に呼ばれて、このせいで天文学がすべて終わったわけではないと説明して、視聴者を安心させた。それと比較すると電波天文学はおとなしい生徒だ。休み時間は視聴覚室で古い機械をいじって自分一人で楽しく過ごしているタイプである。電波天文学は（今のところ）、光学天文学よりもずっと地味な研究分野だ。主に使われるのは平原や砂漠に設置した金属の棒であり、まぶしいクリーンルームやロケットの打上げとは対照的だ。しかし電波天文学のことを、光学天文学の出来の悪い、あるいは時代遅れの仲間と見なすような間違いをしてはいけない。私の意見では、電波天文学というのは人間が工学と科学的探求によって極めた頂点だ。平原や砂漠に設置した金属の棒だけを使って、時間をさかのぼり、ファーストスターの足跡を見ることができるインフラや計算技術を私たちは生み出してきた。天文学とはタイムトラベルであり、光学天文学が『バック・トゥ・ザ・フューチャー』のデロリアンなら、電波天文学は『ドクター・フー』のターディスで、宇宙の中でも、ほかの手段では到達できない過去の時代や遠いところに私たちを連れて行ってくれる。

電波天文学は、光学天文学よりもずっと歴史が浅い。光学天文学はおそらく、人類が航海などに星を使ったり、捧げ物を示すのに月を使ったりしてきたころからあった。電波天文学は、第二次世界大戦とレーダーの利用というはるかにわかりやすい形で誕生した。レーダーは、電波を広いエリア全体に送り、そのエリア内のあらゆる物体に反射させる手法だ。レーダーの受信側では、電波が戻ってくるのにかかった時間によって物体までの距離がわかる。レーダー基地では幅の広い電波ビームを送り出すことで、肉眼で可能な範囲をはるかに超えて、一定距離内にある物体を検出したり、追跡したりできる。第二次世界大戦中にレーダーが開発されたことは、連合国側にとって追い風となる重要な転換点になった。ロンドンへの空爆に対してレーダー基地が警報を発するようになっていたので、英国南東部のケント州にある沿岸部を対象としたレーダー基地で、スクリーン上に点滅する光が現れたらすぐに、ロンドン市民は防空壕《ぼうくうごう》に逃げることができた。レーダーは、敵への攻撃を容易にする手段としても使われた。もともと軍が開発したがっていたのは、敵の航空機に向けて電波ビームを集中的に発射して墜落させる「ブラックボックス」だった。これは実現不可能だとわかったので、*2 戦闘機に搭載できるくらい小型のレーダーシステムの開発に関心が移ったという経緯がある。そうしたレーダー装置は、パイロットが難しい地形を飛行したり、目標を正確に攻撃したりするのに役立った。一定距離内にいる敵機を見つけるのにも使えたので、偵察機は早期警戒警報を発することができたし、飛行中にはレーダースクリーンがパイロットに、機体の下方や後方にいる敵機の存在を知らせた。連合国側の航空機がレーダー装置を搭載したことで、ドイツのUボートの脅威は一九四三年のわずか六カ月間でほぼ取り除かれた。連合国側の戦闘機は、海面に浮上したUボートの位置を真っ暗闇の中で把握したうえで、照準を合わせるために攻撃直前の数秒間だけ探照灯を点灯することになっていた。

航空機搭載レーダー装置の開発は、少なからず若手物理学者バーナード・ラヴェルのおかげだ。ラヴェルは文字通りたった一夜で戦時研究にかり出された。一九三九年に所属先のマンチェスター大学から連れ出され、航空機搭載レーダー装置を開発せよという指示を受けて英国中のあちこちの拠点に配属された。同僚とともにこの装置の開発に数年間取り組んだラヴェルは、あまりに熱心に働いたせいで、一九四五年二月には神経衰弱と診断され、四週間の休養を与えられた。戦争中にラヴェルがきちんと休んだのはこのときが初めてだった。現役勤務に戻りたいと希望したラヴェルへの回答には、ラヴェルの信じられないほどの献身ぶりと能力の高さへの評価がはっきりと現れている。英国人物理学者で、レーダー開発チームの上司だったアルバート・パーシヴァル・ロウはラヴェルへの手紙でこう書いている。「君は何も気にする必要はない。君がこれからずっと働かずにいられたら、君のしてきた仕事が正しかったことになるのだから[13]」これは感動的ではあるけれど、ちょっと奇妙な発言だとも思う。

*2　英国空軍省は、約一〇〇メートルの距離から羊を殺せる技術を開発した人に一〇〇〇ポンドの褒賞金を約束したが、これを請求した人はいなかった。

ことわざで「ある人にとってのゴミは、別の人にとっては宝物だ」〔訳注：日本語の「捨てる神あれば拾う神あり」にあたる〕というが、科学の世界ではよく「ある人にとってのノイズは、別の人にとっては宝物だ」と言う。ラヴェルは第二次世界大戦中、レーダー装置の小型化と敵機の検出能力の向上に時間を費やした。そのレーダーシステム自体が完全ではないうえに、システムと干渉する迷惑なシグナルがあった。そのノイズは、電波が電離層（上層大気内の電離した層）と相互作用し、粒子のシャワーを生み出すために生じていると考えられた。ラヴェルは戦前の研究活動の中で、研究室内で「霧箱」という装置を使ってそうした粒子シャワーを調べることで、素粒子の性質を研究しようとしていた。ラヴェルがレーダー開発の仕事を通してつかんだのは、空を巨大な霧箱として使う機会、そして空で発生する粒子シャワーの検出にレーダーシステムを使う機会だった。戦争が終わると、ラヴェルはその研究を始めた。幸運なことに、戦時中の無線装置が使われずにあちこちに転がっていたので、大学の中庭に簡単なアンテナをすぐに立てることができた。それと同じくらいすぐに気づいたのは、都市部の密集地域では、静かな宇宙のシグナルに耳を傾けるにはあまりにもノイズが多すぎることだった。そこでマンチェスターの南に使われていない土地を見つけて、電波観測の初期試験をおこなってみると、そこは宇宙線観測をするには最適な、静かな電波環境であることがわかった。ラヴェルは本格的に電波観測装置を設置して、耳を傾けた。耳障りな音が聞こえたが、今回は地上の電波源ではなく、宇宙から届いたものだった。実際のところ、聞こえたノイズはあまりに多く、理論から予想される粒子シャワーの発生回数とは一致しなかった。予想では一晩に数回だったのに、ラヴェルが聞いたシグナルの音は一時間に一〇回や一二回だった。実は、そのときラヴェルが観測していたのは流星だった。まったく新しい分野が誕生したのだ。それ以前は、レーダーはシグナルを送り、反響を受信するという目的で使われていた。このとき初めて、私たちは宇宙のほかの部分の声を聞いていたのである。

流星の研究に気を取られつつも、ラヴェルは当初の目的を忘れていなかった。地球の電離層に宇宙線が入射し、気体分子が電離して生じる飛跡を検出することだ。どうみても、もっと感度の高い望遠鏡が必要だった。平原に設置したただのアンテナではなく、広い面積で受けた電波を受信機に集めて、流星のざわめきに隠されたはるかに小さなシグナルまでも聞こえるようにする、巨大なパラボラアンテナだ。ラヴェルはそんな望遠鏡をジョドレルバンク天文台に建設した。現在この望遠鏡はラヴェル望遠鏡と呼ばれており、電波天文学の象徴として現役である。この天文台は非常に優れた科学研究の中心地であり、ブルー・ドットという音楽・科学フェスティバルが毎年開催されている（このフェスティバルの名はカール・セーガンが地球を「ペイル・ブルー・ドット」（淡い青色の小さな点）と言い表したことにちなむ）。

もっと大きな電波望遠鏡が必要になる

英国は、電波天文学にとりわけ強い愛着を抱いている。それには、電波天文学の誕生にかかわっていたというだけでなく、研究の大きな動機となる別の理由もある。天気だ。英国の美しい島々にお越しくださったことのある幸運な方々なら、私たちの国の天候には残念なところが多くて、雨と雲が日常だというのをご存じだろう。英国の大学でよくあるのだが、気温が二五℃を超えると、生粋の英国人《ブリット》はその日を勝手に海水浴日和と決めて出かけてしまうので、海外出身の研究者はたいてい、気づけばオフィスに自分しかいないのに気づいて、途方に暮れてしまう。世界最大級の光学望遠鏡は、ハワイとカナリア諸島テネリフェ島、そしてチリにある。どこも天気が良いことで有名であり、多くの予算をつぎ込んだ観測計画が曇り空のせいで台なしになるなんてことは起こりそうにない。それにひきかえ英国は、だいたいにおいて光学天文学に理想的な土地ではない。しかし電波望遠鏡なら、はるかに多様な気象条件での観測が可能なので、英国では理想的な観測ツールだといえる。

ラヴェル望遠鏡は、専用観測施設による電波天文学の始まりの象徴だ。この望遠鏡によって、宇宙はにぎやかな場所であり、その中にあるかすかなシグナルを聞き取るには大きな望遠鏡が必要だという正しい基本原則が確立した。一三〇億年前から届くシグナル、つまり宇宙のありとあらゆる場所から届く音のシンフォニーの中に埋もれた小さなシグナルを受信するには、とても大きなアンテナが必要になる。カラー口絵を開いて、直径九〇メートルのグリーンバンク電波望遠鏡の写真を見てほしい。左が一九八八年一一月一五日、右が一九八八年一一月一六日に撮影されたものだ。何が起こっているかわかるだろうか？ グリーンバンク望遠鏡は長年稼働して、素晴らしい科学的成果をあげていた。しかし最終的にこうして倒壊してしまったのは、構造上の問題のせいだった。そして望遠鏡が大きくなるほど、構造上の問題は起こりやすくなる。これはつまり、私たちが受信できるシグナルの小さささには、十分大きなパラボラアンテナの建造能力によって決まる、根本的な限界があるということだろうか？ 私たちにとって、そしてファーストスター探しにとって幸運なことに、答えはノーだ。

電波干渉計での観測

スマートフォンで音楽を聴くときには、二つの方法がある。スピーカーを通して聴くか、イヤホンで聴くかだ。

左右のイヤホンから同時に音楽を聴くのと同じように、電波天文学観測でも、二つのアンテナ[*3]で受信したシグナルを同時に聞くことが可能だ。複数のアンテナで受信したシグナルを組み合わせて観測する電波望遠鏡を「電波干渉計」という。電波干渉計は、はるか遠い過去を観測するときに生じる問題を解決する。アンテナを一〇メートル離して設置し、そのシグナルを組み合わせることによって、大まかにいえば一〇メートルのパラボラアンテナに相当する観測能力が得られるのだ。この観測システムは、アンテナの接続を維持するインフラストラクチャーがあるかぎり、ほぼ無制限に拡大できる。現在では、さまざまな種類の電波干渉計がファーストスターの足跡であるバブルを探して観測をおこなっている。LOFAR《ローファー》（低周波電波干渉計）[14]は、私にとって最も重要な電波干渉計である。私が初めて関わった望遠鏡だからだ。LOFARの大部分はオランダに設置されていて、そこでは中心となる島に多数のアンテナが密集している。さらにドイツや英国、アイルランド、フランスといった西ヨーロッパ各国に密集度の低いアンテナ群が広がっている。現時点で、最も遠く離れているLOFAR観測局間の距離は一五〇〇キロメートルだ。それだけのサイズがある一枚のパラボラアンテナを建造することを考えてみるといい。

　私がLOFARのアンテナを初めて訪れたのは二〇一九年の夏で、LOFARを使った研究を始めてから九年たっていた。そのことは、電波天文学観測が遠隔操作でおこなわれている現状をよく表している。観測室の中に座って、望遠鏡がきしみながら向きを変えるのを不安げに見ていた日々は、もはや過去のものだ。現在では、必然的に遠隔地で操作できるように設計されている、宇宙空間にある光学望遠鏡のほうが身近になっている。私は英国の自宅からLOFARの中心地へ公共交通機関を乗り継いで行ったとき（自宅－エブスフリート－ブリュッセル－アムステルダム－アルメレ－カンペン＝ズイドーメッペルード

＊3　アンテナ（antenna）の複数形は必ずantennasであって、antennaeではない。後者は昆虫の触角の複数形だ〔訳注：単数形は同じantenna〕。

ウィングゲローーエクスローという道のりだ）、七段階目のどこかで、これなら宇宙に行くほうがよほど楽かもしれないという結論に行き着いた。カラー口絵の図版で私の後ろに見えるタイルは、いかにも迫力に欠けると思わないだろうか？　大きなスケールでみれば、ＬＯＦＡＲの小さなアンテナはたいしたものではないが、電波干渉計のすぐれた点は個々の部分ではなく、そうした個々の部分がどのようにたし合わさって、より大きなものになるのかというところにあるのだ。

ＬＯＦＡＲは二五〇〇台近くのアンテナで構成されている。そうしたアンテナで受信する数千のシグナルすべてをうまく組み合わせることによって、小さなシグナルを聞き取れれば、宇宙再電離期まで一気にさかのぼって観測することができる。少なくともそういう計画だった。ＬＯＦＡＲは二〇一一年から観測を開始しているが、今のところファーストスターのシグナルは手に入っていない。シグナルはどこにあるのだろうか？

星からの統計的シグナル

ここで、私たちが何を検出しようとしているのかを考えてみよう。ファーストスターが作ったバブルのマップ、つまりスイスチーズの写真が得られるほどの精度で空の一角を観測できるのが理想だろう。それができれば、そのマップの形状を調べて、多くの材料を使っておこなった多くのシミュレーションのどれが「真実」かを判断できる。しかし、現在の技術では十分な分解能が得られないため、これは不可能だ（ただし、その次のステップについては次章で説明する）。そのため、スイスチーズの写真の代わりに統計的シグナルを探している。

中性水素は、波長が二一センチメートルの光子を放出するが、光子は宇宙の膨張に逆らって進むときに、

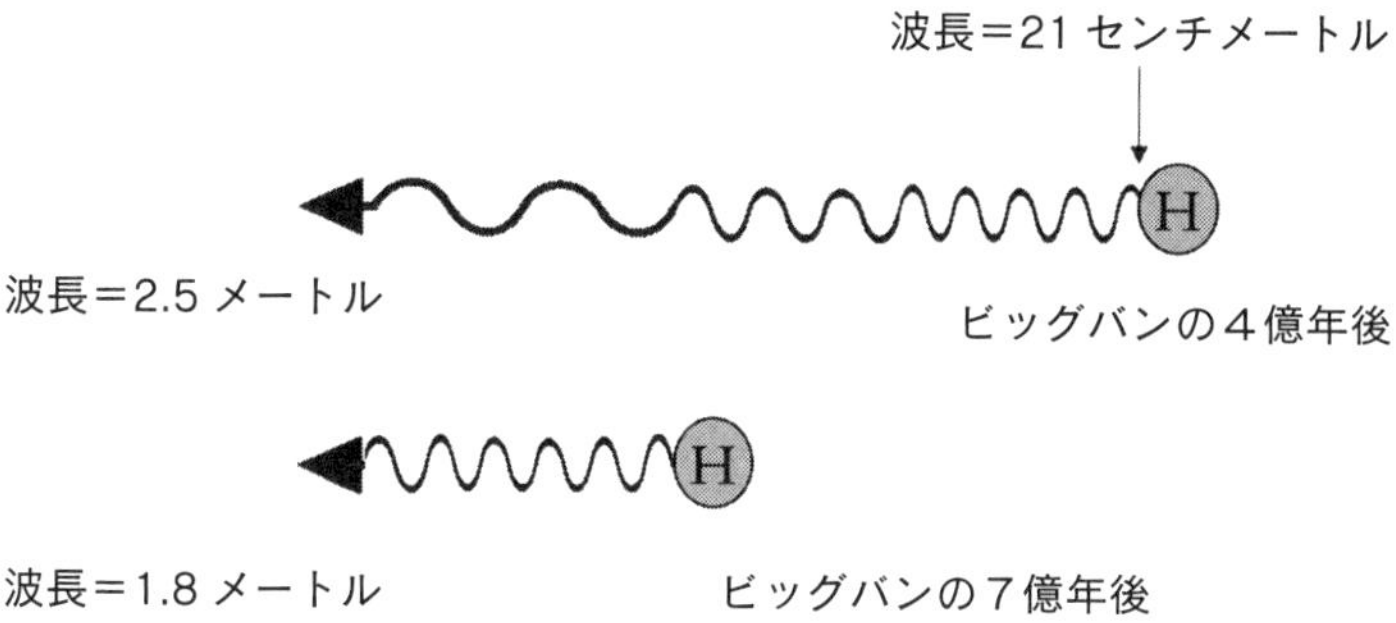

図 25　波長 21 センチメートルの光子は、放出された時期に応じてさまざまな波長に赤方偏移する。電波望遠鏡を調整して、特定の波長だけを調べるようにすれば、宇宙史の特定の時代を観測できる。

エネルギーを失うので、波長が伸びる。ビッグバンの四億年後に放出された光子は、波長が二・五メートルまで伸びる（赤方偏移する）。その少し後、ビッグバンの七億年後に放出された光子は一・八メートルに赤方偏移する。そのため、一度に一つの波長だけを拾うように電波望遠鏡を調整すれば、それぞれの時代に放出された光子のサンプルだけを集めることができる（図25）。ビッグバンの四億年後のサンプルだけを集めるとすれば、その時代は初代銀河がようやく形成されて、再電離を促すのに十分な光子を放出し始めたばかりだ。これは周囲には中性水素がたくさんあり、二一センチメートルで放射されて赤方偏移した光子のシグナルをたくさん検出できるということを示す。しかしその後、宇宙の電離が進むと、中性水素が減少し、二一センチメートル放射も少なくなるので、波長一・八メートルで私たちに届く光子はその前の時代よりも少なくなる。このような、二一センチメートル放射のシグナルがたくさんあった後に、何もなくなるという変化こそ、LOFARのような現在の望遠鏡で検出をめざしているものだ。つまり、グラフが小刻みに動いたあと、真っ直ぐになるという現象である。シンプルだが、まだ検出はされていない。LOFARでも、オーストラリアのマーチソン広視野電波干渉計（MWA）でも、南アフリカの宇宙再電離期探査高精度電波干渉計（PAPER）でも、インドの巨大メートル波電波望遠鏡（GMRT）でも見つかっていない。

不協和音が鳴り響く宇宙

問題は宇宙にノイズが多すぎることだ。電磁波を放射するのは、ファーストスターの周囲にある水素だけではない。宇宙のどの銀河でも、電磁波の放射をともなうさまざまなプロセスが起こっている。地球上の電波望遠鏡をチューニングしたとき、ファーストスターからの電波だけを受信するわけではない。特定の波長に合わせると、同じ波長で地球に届く放射はすべてひとまとめになり、肝心のシグナルが埋もれてしまう。そしてそういう放射はたくさんある。それは、空気ドリルで作業している横を歩きながら、電話の相手の声を聞こうとするようなものだ。天の川銀河内を飛び回っている電子は、磁場の影響を受けて絶えず加速や減速をしている。電子が減速するときに電波を放射するのが、シンクロトロン放射という特別な放射だ。この放射だけで、私たちが探しているファーストスターのシグナルよりも何千倍も強い。さらに、ほかのあらゆる銀河が出している電波もある。それらすべての中にある小さなシグナルを掘り出すのは、とても大変な作業だ。こうした天体活動によるノイズ源を「前景放射」という。さらに悪いことに、観測装置自体もノイズを発している。一般に電気装置は電磁波を生み出し、それを防ぐことはできるが、完全に発生しないようにするのは不可能だ。そのうえ、装置自体からのノイズはファーストスターのシグナルより一〇倍強い。もしよければだが、ゴッサム・シティの住民が、コウモリ型のサーチライト（バットシグナル）を空に向けることで、バットマンに助けを求める場面を考えてみてほしい。ゴッサム・シティにとって幸運なことに、この世を終わらせるような事件はほとんどが夜間に起こるので、ブルース・ウェインはバットシグナルにすぐに気づき、どんな陰謀が進んでいようと阻止できる。しかしジョーカーが太陽の出ている真昼に陰謀を始めたら、バットシグナルはすっかり見えなくなって、シグナルとノイズの差が小さくなり、ジョーカーの思い通りの結果になる。そう考えると、ブルース・ウェインがどうして自宅に電話を引かないのか疑問だ。

前景放射の軽減

ファーストスターのシグナルは、宇宙のほかの部分から届くシグナルよりはるかに小さいかもしれないが、その形は違っているので、ここにシグナルを取り出すチャンスがある。ラジオの周波数を合わせることを考えてみよう。あなたは心地よいクラシック音楽を流すラジオ局に合わせたのに、同じ周波数を使っている海賊ラジオ局の放送が干渉していることに気づいてがっかりする。その海賊ラジオ局もバッハやベートーベンを流していたら、合法なラジオ局と違法なラジオ局のシグナルを見分けるのはやっかいだ。しかし、海賊ラジオ局がデスメタルを好んで流していたら、たとえそのシグナルが合法ラジオ局のものよりずっと強くても、二つのラジオ局をかなり簡単に区別できる。私たちは同じ考え方を使って、ファーストスターのシグナルだけを宇宙から届く音から取り出そうとしている。そのときにしているのが、観測する波長を変えた場合のシグナルの変化を調べることだ。FMラジオの周波数に合わせるのに慣れている人なら、特定のラジオ局が放送をおこなう周波数には幅があることを知っているだろう。たとえばBBCラジオ2は八八〜九一メガヘルツで放送している。天の川銀河やほかの銀河から届く不協和音も同じように、ある幅をもった周波数（あるいは波長）で放送されている。つまり、あるスペクトルを示すということだ。

シンクロトロン放射を受信しながら、波長を徐々に変えていくと、同じ音が違う音量で聞こえてくる。スペクトルがなめらかな形をしているためだ。しかし、ファーストスターのシグナルを同じように受信して、波長を変えていくと、異なる音がいくつも聞こえる。電離水素のバブルは成長し、合体し、再結合するので、私たちがスナップショットを撮影するたびに、電波放射は違っている。そのためファーストスターのスペクトルはでこぼこした、耳障りな音になっている。私たちはクラシック音楽とデスメタルを同時に聴いているのだ。そうしたシグナルの分離の努力が、これまでの私の研究人生の大部分をなしてきた。スペクトルの形の違いに基づいてシグナルを分離するための方法は数多くあり、状況によってはある方法が別の方法よりうまくいくという程度の違いはあるが、どの方法も実際に有効であることは事実だ。探している小さなシグナルよりも前景放射がかなり強いという問題の圧倒的な大きさにもかかわらず、前景放射を除去することはできる。しかし、まだ研究が必要だ。

この手法を適用するときには、実際にはノイズや、前景放射の要素の残りにすぎないものを、シグナルの検出だと言ってしまわないように注意しなければならない。これこそ、証拠に基づいた手法にしたがって、あらゆる証拠にきちんと説明を与えなければならない場面だ。前景放射を除去して、いつか確信を持って検出したと言えるように、科学捜査にも似た分析手法を設計し、データに適用するのが私の毎日の仕事だ。今ではデータは大量にあり、ハードディスクには数ペタバイト[*4]のデータが、誰かが念入りに調べて、その最初のシグナルを見つけてくれるのを待っている。なのにそのデータがそのままになっているのは、私たちの分析手法がいまだ万全ではないからだ。少数のデータサンプルを使って、できるかぎり前景放射を減らし、ノイズを回避しようと何度も試す。試してみた手法がうまくいかないのに気づけば、改良をおこなって、プロセス全体をはじめからやり直す。

「宇宙には驚かされることばかりだ」

ＬＯＦＡＲ宇宙再電離期観測プロジェクト（ＬＯＦＡＲ－ＥＯＲ）の主任研究者（ＰＩ）の一人であるレオン・クープマンス教授は、私がオランダのフローニンゲンにある彼のオフィスで会ったとき、オーストラリア出張によるひどい時差ぼけの最中だった。ちょうどその前に、宇宙再電離期を研究する天文学者たちはオーストラリアのクイーンズランド州にある小さな島に押し寄せて、自分たちの研究についての最近のニュースや、ＭＷＡやＥＤＧＥＳ、そしてもちろんＬＯＦＡＲなどの実験の最新情報を交換していた。一部の科学分野では（どの分野とは言わないが）競争が非常に激しいことで知られていて、研究者同士には非難し合う雰囲気があり、学会があるたびに対決姿勢が見えるのだが、私のいる分野はというと……素晴らしいの一言だ。私たちはたいていどこかの望遠鏡チームに所属しているが、競争はこれ以上ありえないほど健全なものだ。批判や疑問を口にすることがないわけではないが、そうしたことを言ったあとには、助力を申し出たり、実行できる解決策をアドバイスすることが多い。私たちの分野は小さいが、かなり良い付き合いをしている。このあとの仕事人生でもずっと、少なくとも年に二回、同じ顔ぶれと同じ部屋に居合わせるだろうと考えれば、これは本当に良いことだ。

私が訪問したクープマンス教授のオフィスは、その建物ではもう残り少ない、黒板のある部屋だった。その黒板には疑問がたくさん書かれていた。いつの時代でも、誇りある物理学者の黒板は必ずそうなっているものだ。さらに、クープマンス教授のオフィスにある時計には、文字盤に数字が一一個しかなく、五

＊4　一ペタバイトは、ＭＰ３形式の音楽ならおよそ二〇〇〇年分に相当する。

五分までしか表せないことに、私はすぐ気づいた。クープマンス教授がその時計の意味について、学者というのは「時間が足りないといつも感じているものだから」だと笑いながら説明したあとで、実は二週間もそのままその時計を使っていて、ようやくそれが普通の時計ではないことに気づいたのだと打ち明けてくれたのは、いかにも彼らしかった。研究というのは忙しい世界であり、クープマンス教授はたいていの研究者以上に忙しくしていた。LOFAR－EORの共同主任研究者であり、次世代電波望遠鏡のスクエア・キロメートル・アレイ（SKA）のマネージメントチームの一員であり、さらに月面に設置予定のオランダ－中国低周波観測装置（NCLE）の開発にもかかわっていた（後ろ二つについては次章で詳しく述べる）。クープマンス教授が宇宙再電離期の研究を始めたのは、LOFARのアイデアが誕生したときからで、電波望遠鏡でこの二一センチメートルシグナルの観測をやってみることに決めたいきさつを話してくれた。彼の博士論文研究の指導教官であり、のちに研究仲間になったゲール・デ・ブロインはその考えに夢中で、一九七〇年代に建造されたヴェステルボルク望遠鏡ですぐにでも観測に取りかかりたがっていたが、クープマンス教授のほうは、彼の言葉によれば、つねにもう少し慎重だったという。こうした情熱家と慎重派の組み合わせが、LOFAR－EORプロジェクトをシグナルの初検出に導いた、最高の原動力だったのである。もちろん、これは冗談で、シグナルはまだ検出されていないが、この本が出版されるときまでに、できたらその段階に進んでいてほしいと願っている。だから、仮置きの文章として「検出に導いた」としておいても悪くないと思っている。クープマンス教授はもともと強い重力レンズ効果を専門分野としていたので、研究テーマをまったく違ったものに変えた理由を聞いてみた。すると「それは、私は挑戦するのが好きで、これはまさしく挑戦だったからだよ！」という答えだった。

LOFARが、そして宇宙再電離期を観測するあらゆる電波干渉計が直面する課題は途方もなく大きく、いくらか予測不可能なところがある。二〇一二年にLOFARが完成したときには、楽観ムードがあった。二〇一三年に私は博士論文で、最初に取得された宇宙再電離期のデータを発表することまでしている。それは主にノイズだったが、それでもデータはデータだ。しかしそれから七年以上がたっているが、検出の日が迫ってきているということはない。シグナルを探しているとは言いながら、実際にはすでにシグナルを手に入れているという点において、私たちの観測はなによりも奇妙だといえる。シグナルは目の前にあって、私たちが集めた数千時間分の観測データのなかに埋もれている。土を一層ずつていねいに刷毛で払って、その下のシグナルを発掘するのが私たちの仕事だ。そのときには、探している繊細なシグナルをうっかり払いのけてしまわぬよう、土の一粒にいたるまで理解するようにしなければならない。私がクープマンス教授に、現世代の望遠鏡での検出が実現するという確信があるかどうか聞くと、答えるのにやや間があった。「間違いなく興奮はある。今も興奮は続いている。ただ、私たちはみんな、ずっと現実的になっているのではないかな……私たちが今学んでいるのは、やり方だと思う……私の一つめの目標は検出を実現すること。それがまず第一だね。そして第二としては……宇宙には驚かされることばかりだ。データは私たちに、宇宙がどんなことをしているのか教えてくれるだろう。それがいろんなモデルと違っていても、私は驚かないよ」

驚きといえば、私はクープマンス教授に、宇宙再電離期の研究者がみんな知っていながら話題にしたがらない例のもの、つまりEDGESのことを聞いてみた。この実験の結果を信じていますか？「いつも言っているのだが、九〇パーセントは疑っていて、一〇パーセントは信じている。しかしその一〇パーセントがあれば、そのフォローアップから始めて、「EDGESの」最新結果を調べてみるには十分だ。そこには何かがあるようにみえる」。その小さなシグナルを見つけようとするだけで大変な作業が待ち構えていることを考えれば、懐疑的に考えるのは、暗黒時代の研究であれ、宇宙再電離期の研究であれ、この分野で持つべき健全な態度だといえる。EDGESがそうであるように、宇宙再電離期にかんするどんな検出結果でも、真の信頼を勝ち取るまでには、おそらくはまったく別の実験による確認と検証が必要になる。

＊＊＊

宇宙再電離期は、宇宙に充満する中性水素がファーストスターや初代銀河、ブラックホールによって電離した時代だ。さまざまな時代の宇宙の電離度を測定することで、それぞれの時代にどんな天体が存在していて、どのようにふるまっていたのかを理解できる。電離をおこなう光子の生成では、暗い（矮小）銀河が主役だったと考えられ、種族Ⅲの星やクエーサーの寄与は小さい。この時代の観測を目指すにあたっては、中性水素は窓の役目を果たす。中性水素は波長二一センチメートルの光子を生み出すが、光子が地球に届くまでの間に、波長が伸びて電波の波長になるため、その観測には電波望遠鏡を使わなければならない。一三〇億年前をのぞくには巨大な望遠鏡が必要で、そのために世界各地にあるたくさんのアンテナを組み合わせて作り上げる、電波干渉計という観測装置が使われている。現在ではいくつかの電波干渉計が稼働中だが、宇宙はきわめてノイズが多いので、不協和音に埋もれているファーストスターの小さなシグナルを発掘するには時間がかかるだろう。

ＬＯＦＡＲデータをきれいにする作業はいつ完了するのだろうか？　いい質問だ。二〇一〇年に私は、二〇一三年まではシグナルが検出されているだろうと思っていた。二〇二〇年の今、どう思っているかって？　二年以内に検出されるのに賭けよう。さあ、仕事に取りかからなくては。

第11章　未知の未知

科学には、「既知の既知」（すでに知っていること）と「既知の未知」（気づいていること）、そして「未知の未知」（予測すらしなかったこと）がある。現代の望遠鏡は猛烈な勢いでデータを生み出しているので、そのデータの中から通常とは異なるものをリアルタイムで見つけ出すのは不可能に近い。しかし、データを保管しておいて、あとで確認できる場合には、驚くような結果が飛び出してくることがある。これまでにも、大型望遠鏡のデータアーカイブの中から多くの発見があった。その一例が、オーストラリアのパークス天文台のデータアーカイブから見つかった「高速電波バースト」だ。[1] これはきわめて明るい電波突発現象で、天の川銀河の外が起源と考えられている。高速電波バースト研究は進み方がとても速くて、この本の下書きを書き直すたびに、その起源について有望な新しいモデルが登場していたほどだ。とはいえ、今のところはっきりした答えは出ていない。二〇〇七年の発見以来、高速電波バースト検出のペースが年々加速しているのは、世界中の観測データアーカイブがくまなく調べられた成果であり、さらに新たな高速電波バースト探しに望遠鏡が割り当てられているからでもある。全天では一日に一〇〇〇個以上の高速電波バーストが発生していると予測されている。[2] それだけ多いのに、なぜこれまで地球上の私たちは見逃していたのだろうか？　それは単に探していなかったからだ。高速電波バーストは「未知の未知」だったのである。それによく似た別の短いパルス状現象が見つかったのは、高速電波バーストを探すために世界中の電波望遠鏡の観測データを注意深く調べているときだった。この現象は「ペリュトン」と呼ばれ、観測データからみて、天の川銀河内で発生している現象のようだった。この発見を知って、高速電波バーストの研究者たちは混乱状態に陥った。この二種類のシグナルはあまりに似ていて、銀河系外起源という高速電波バーストの性質が疑わしくなったからだ。唯一の違いが、ペリュトンは実在しないことだった。

ペリュトンを詳しく調べてきた科学者グループは、上質なユーモアと品の良さにあふれた素晴らしい論文を発表し、その中で「のちに実施したテストの結果、電子レンジのドアを加熱途中で開けたとき、電波望遠鏡がちょうどよい角度を向いていた場合に、一・四ギガヘルツという周波数でペリュトンが生成されることが明らかになった。マグネトロンシャットダウン段階で電子レンジから漏れた電波放射によって、観測されたペリュトンシグナルの性質をすべてすっきりと説明できる」と述べている[3]。ああ、残念。彼らは新しい天体物理学現象を発見していたのではなかったのだ。望遠鏡でデータを取っている間に、近くにいた誰かさんが空腹になっただけだったのだ。未知の未知には、なんだって起こりうる。

既知の未知

私たちの研究では、多くの「既知の既知」と「既知の未知」をどうにか扱ってきた。星やブラックホール、銀河など起源はなんであれ、暗黒時代の最初の光へと続く多くの道をたどってきた。シミュレーション技術の大幅な進歩によって、分裂が進んだガス雲での個々の星の誕生を発見し、星の家族全体が形成され、合体したり、飛び去ったり、爆発したりするところまで追いかけられるようになった。ここまで詳細なシミュレーションは一〇年前には考えられなかった。そして、そうやって詳細さのレベルがあがったからこそ、ファーストスターは単独で生まれ、短い一生をさびしく過ごす運命にあるという説は捨て去られることになった。今では、ファーストスターは集団で形成されていた、つまり連星だった可能性のほうが高くなっている。同じシミュレーションのおかげで、大質量の種族Ⅲ星だけでなく、もっと質量の小さい種族Ⅲ星が形成されていた可能性もあることがわかっている。そんな低質量の種族Ⅲ星は、探すつもりさえあれば、現在でもどこかで生き残っているのが見つかるかもしれない。恒星考古学者は低金属星を探すことに挑戦し、金属量の少なさの記録を塗り替え続けている。この分野はまだファーストスターを発見していないかもしれないが、それにつぐ大物を見つけている。第二世代の星だ。それだけをみても、最も古い祖先の星々の構成を推測できるようになるし、天の川銀河にある数十億個の星からもっと多くのことがわかるのは間違いない。天の川銀河の外に目を向ければ、局所銀河群内には矮小銀河の群れがある。望遠鏡の性能が向上して、空の中で特に暗い星を効率的にサーベイできるようになれば、そうした矮小銀河は将来の銀河系外恒星考古学の対象として理想的かもしれない。

私たちは、ファーストスターを直接探すだけでなく、間接的な方法も取っている。第一世代星の検視解剖もその一つだ。ファーストスターが死ぬというのは、観測機会が失われることを意味すると考えるかもしれないが、実はその反対だ。ファーストスターは、超高光度の対不安定型超新星か、ブラックホールへの直接収縮のどちらかという、非常にドラマチックなプロセスによって死ぬので、ジェイムズ・ウェッブ宇宙望遠鏡やＬＩＳＡなどの望遠鏡で検出される可能性がある。ファーストスターの生と死、さらにブラックホールは周囲の環境に持続的な影響を与えるので、この影響を観測して、そこからプロセスを反対方向にたどるリバースエンジニアリングをおこなえば、ファーストスターについて知ることができる。

ファーストスターの時代は三つの大きな章からなっている。暗黒時代、宇宙の夜明け、そして宇宙再電離期だ。暗黒時代は、宇宙が暗闇に包まれ、目に見える構造がまったく存在しない時代である。ガス雲の結合は進みつつあったものの、十分に収縮し、その中で核融合反応が始まってようやく、宇宙の夜明けが訪れ、数億年ぶりに宇宙が明るくなった。西オーストラリアの砂漠に金属製テーブルのような装置を設置しておこなわれたEDGESは、ビッグバンの一億八〇〇〇万年後の水素の温度を割り出し、暗黒時代の終わりと宇宙の夜明けの始まりの時期を突き止めた。それればかりか、初期宇宙におけるガス進化についての私たちの理解もくつがえした。冷淡さで知られるダークマターが、どうにかしてガスと衝突し、冷却していたということだろうか？　それとも、観測装置の中にいる幽霊が余計なシグナルを追加したとかいう、地球側の問題で説明できるだろうか？　いずれにしろ、未踏の時代へのドアがついに開いたのである。

宇宙再電離期は、ファーストスターやブラックホール、銀河の数や力が、周囲の水素を電離できる域に達し、電離水素のバブルが形成された時代だ。このプロセスによって中性水素の海の中にスイスチーズのようなパターンができるので、中性水素からの二一センチメートル放射を介してそのパターンを観測することができる。世界各地の電波望遠鏡は、宇宙再電離期からの電波に耳を傾けてきたが、そのシグナルは天の川銀河やほかの銀河が生み出す不協和音に埋もれてしまっている。私たちは一〇年近くかけてデータからノイズを取り除く作業をしてきており、シグナルの初検出に近づいている。電離水素のバブルの成長や合体の状況を観測することで、私たちはその中にある、遠い昔に死んだ見えない星の姿を描き出すことができる。現在ある望遠鏡では、統計的検出というものをおこなうことになる。これは、理想であるバブルそのものの撮影ではなく、EDGESのようにファーストスターが誕生した時期を突き止める作業だ。

次は何だ？　これは天文学者がいつも口にする疑問だ。現代の天文観測プロジェクトはとてつもない規模になっているので、数十年前から計画を立て、準備に打ち込むことが必要とされている。そして観測が始まるやいなや、次の観測プロジェクトの準備もしっかり始めている。私たち天体物理学者はつねに、次のステップを考えざるをえない。私たちがLOFARやEDGESのような現世代の望遠鏡を使って踏み込めるのは、今のところ宇宙再電離期と宇宙の夜明けに限られており、暗黒時代にはほとんど立ち入ることができない。ファーストスターの時代の後期、つまり宇宙の夜明けや宇宙再電離期については、最新の地上観測技術だけでさらに先に進むことができる。しかし暗黒時代を観測するには、月の助けを借りる必要もある。

スクエア・キロメートル・アレイ

この分野で次に注目されているのが、スクエア・キロメートル・アレイだ[4]（略称「SKA」の発音は「エスケーエー」であって、音楽ジャンルの「スカ」と同じではない）。私は、SKA設計の後半段階に参加して、山ほどの調整業務や協同作業をじかに目撃するという幸運に恵まれた。そうした作業は、三〇年後に新しいデータや新しい研究成果、そして新たな理解を手に入れ続けられるよう、何年もかけて世界中でおこなう必要があるものだ。SKAという名称は、空の観測領域の広さ（集光面積）が一平方キロメートル（スクエア・キロメートル）以上である電波望遠鏡（アンテナの列《アレイ》）というところからきている。SKAは二組の観測装置からなっている。パラボラアンテナ群（SKA－MID）と、LOFARのような固定アンテナアレイ（SKA－LOW）だ。二〇一二年に南アフリカとオーストラリアの両方にSKAが設置され、本部を英国のマンチェスター近くのラヴェル望遠鏡のそばに置くことが決まったことを受けて、SKAプロジェクトは観測装置だけでなく、観測サイトも二つに分けられることになった。

南アフリカでは、カルー砂漠にSKA－MIDが建設される予定だ。二〇〇基近くのパラボラアンテナが最大一五〇キロメートル間隔で設置され、重力波の探索や、パルサー〔訳注：周期的な電磁パルスを発する中性子星〕の観測による一般相対性理論の検証、さらには地球外生物の兆候を探すサーベイ観測などをおこなうことになっている。私が特に面白いと思うのが最後の観測目標だ。宇宙化学者は、形成中の惑星の周りの領域で、生命の基本成分であるアミノ酸を探索しようとしている。[5] そうした惑星形成領域の外側では、アミノ酸が彗星に取り込まれ、内側の岩石惑星に生命の材料として運ばれる可能性がある。さらに、地球外文明が発している可能性のある電波シグナルを探索することで、地球外知的生命体のより直接的な証拠を探すという案もある。SKAはわずか一〇〇〇時間の観測時間で、地球に特に近い一〇〇〇の恒星系を精査し、数十光年先の惑星で発生している空港レーダーほどの弱さのシグナルを探すことができる。もしそこに誰かいて、ちょうど良い周波数で電波を発していたら、SKAはそのシグナルを簡単に拾い上げるだろう。

しかし宇宙の夜明けについていえば、私たちが関心を持っているのは、西オーストラリアの砂漠地帯に位置するマーチソン地域に設置されるSKA–LOWだ。これは開口アレイであり、つまりはたくさんの固定アンテナを接続したものなので、アンテナの向きを変えて空に向けることはできない。複数のアンテナを接続した電波望遠鏡としては、現在はLOFARが最も大きく、最大規模の観測では数千基のアンテナが使用される。これに対して、SKAは一三万一〇〇〇基のアンテナを設置し、アンテナ間の距離は最大六五キロメートルになる。さらに第二フェーズではアンテナの数が一〇〇万基近くになる予定だ。望遠鏡の可動部を少なくすることがSKAの設計作業の基本方針の一つであり、その理由は設置と維持の費用を節約するためだ。このアンテナがどれだけ設置しやすいかは、私自身が証明できる。私のオフィスの共用スペースにそのアンテナを一基置いてあるからだ。注文して届いたアンテナの説明書には、短時間で組

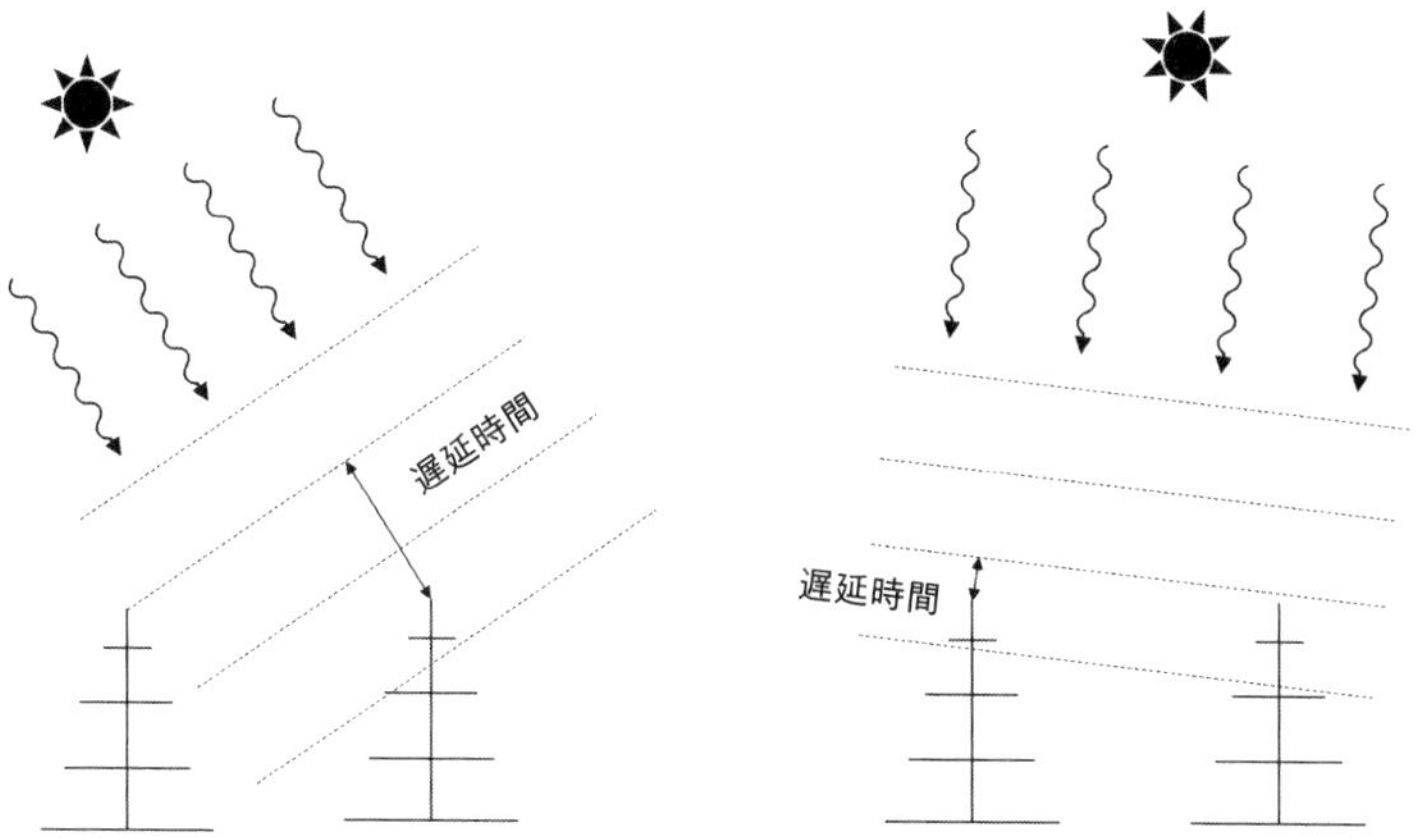

図 26　２つのアンテナのシグナル受信の遅延時間は、電波源の位置によって異なる。観測したい方向に対応する適切な遅延時間を持つシグナルだけを観測するようにすれば、シグナルをリバースエンジニアリングできる。

み立てられるようなことが書いてあった。それは明らかに、理論を専門とする天体物理学者の手作業のスキル（のなさ）を計算に入れていなかった。組み立て作業は四人がかりで数時間かかった。そしてこのアンテナはびっくりするほど安く、電子機器なしでわずか二〇〇ユーロだ。アンテナの最終設計はまだ承認されていないが、有力な設計案ではクリスマスツリーのような形をしているので、私たちはそれをクリスマスツリーアンテナと呼んでいる（そして一二月にはそれらしく飾り付けしている）。

ＬＯＦＡＲやＳＫＡのような開口アレイでは、パラボラアンテナの方向を変えるのではなく、アンテナで受信したシグナルを組み合わせることでさまざまな方向を観測できる。図26は、二つの異なる宇宙電波源からの放射がアンテナに届く様子を示している。この図では、放射は二基のアンテナで検出されるが、それぞれのアンテナへの到達時刻はずれている。その到達時刻の差を遅延時間という。この遅延時間は、電波源が空のどこにあるかで変わる。そのため、開口アレイを特定の方向に向けるには、観測したい方向に対応する遅延時間を持つシグナルだけを選択すればいい。この方法を使えば、アレイはビーム（空での観測範囲）の方向を変えられることになる。とはいえ、一三万一〇〇〇基のアンテナがある場合、運用はきわめて複雑で、アンテナが受信するデータ量は莫大になる。SKAは、予測されるデータ要件に対応し続けるために技術的進歩を加速させており、同時に最高性能の記録をいくつも書き換えようとしている。オーストラリアと南アフリカに一台ずつ設置されるスーパーコンピューターには、一年でノートパソコン一〇〇万台を一杯にするほどのデータが格納される見込みだ。SKA－LOWのアンテナにデータが流れ込む速度は、二〇二二年に予測されるブロードバンド速度の一〇万倍に相当する。すべてのアンテナをスーパーコンピューターにつなぐ光ケーブルは、地球を二周するほどの長さだ。SKAは信じられないような観測装置になろうとしているのである。今後数年間で設置作業がおこなわれ、二〇二七年には最初の科学観測を実施する予定だ。SKAは、LOFARに続いて私の研究キャリアを形作る二つ目の観測プロジェクトであり、最初のデータが私たちのシステムに急流のごとく流れ込んでくる日が待ちきれない。私たちは、データが多すぎるという、人がうらやむような状況に直面することになる。すべてのデータを取っておける保存領域はないから、何を保存して何を消去するのかを素早く決定しなければならない。

私たちはLOFARやMWAのような現世代の望遠鏡によって、宇宙再電離期の初検出をぜひとも達成したいと考えている。すなわち、バブルが形成されて、その後重なっていく様子を示している、水素の温度を測定するということだ。こうした観測は、シグナルの上に乗っている、観測装置自体や宇宙からのノイズの量によって根本的に制限される。観測を積み重ねれば、あるいは電波望遠鏡に使うアンテナの数を増やせば、そうしたノイズを克服できる。バブルの画像を取得しようと思ったら、シグナル－ノイズ比を一以上にする必要がある。つまり、シグナルが少なくともノイズと同じくらい強くなければならない。現世代の望遠鏡ではそこまで届かないので、初検出は統計的なもので我慢しなければならない。しかし、一三万一〇〇〇基のアンテナがあるＳＫＡなら、ノイズがはるかに小さくなるので、観測開始からほどなくシグナル－ノイズ比を一にすることができる。望遠鏡の較正作業が多少必要だが、二〇二〇年代末に科学観測の準備ができたときには、霧の中からバブルの画像が現れてくるだろう。そして本当に素晴らしいのは、こうした画像を取得できる期間は一〇億年弱にわたっており、そこから宇宙の進化をはっきりと描き出せることだ。それは言ってみれば、一〇億年にわたる宇宙の成長を間近で追いかけた映画だ。

　では、そうしたバブルはどんなふうに見えるのだろうか？　実をいえば、その点を左右する不確定要素は、天体物理学的なもの（ガスに関連する要素）と、宇宙論的なもの（ダークマターや宇宙の構造に関連する要素）の両方で数多くある。そこでほかの望遠鏡との連携という道を探れば、バブルの内側を理解する手助けになる。たとえば、ＳＫＡと光学望遠鏡で宇宙の同じ領域を調べることができれば、電波で観測された特定のバブルと、光学望遠鏡で観測された銀河を比較して、バブルの形状やサイズと、その内部にあるものとの関係を明らかにできるかもしれない。さらに背後にあるダークマターの分布も、ファーストスターやブラックホールが形成される場所に影響するだろう。ダークマターの密度が高いほど、ガスに与える重力が大きくなり、星が形成される可能性が高くなるからだ。このことから、初期宇宙に内在するダークマターの分布をトレースする手段としてバブル分布を用いるという可能性が出てくる。[6] 実際にはかなりの長時間にわたる観測が必要になるが、宇宙論に大きく貢献できるだろう。天体物理学的にみれば、バブルの形状はその中心にある電離光子源の種類に大きく関係している。星形成銀河が作り出すバブルがきれいな球形であるのに対して、クエーサー（ブラックホール）のバブルはそれより大きく、不規則な形をしている可能性が高い。そして観測されるバブルのほとんどが、内部に複数の電離光子源を持っているだろう。これは、バブルの中には星が一個だけ、またはブラックホールが一個だけあるというのではなく、多くの星かブラックホール、またはその両方があるという意味だ。バブルの形状から、その中にある見えない電離光子源を描き出せるのだ。

ＳＫＡの第一フェーズでは、一三万一〇〇〇基のアンテナを使って、ビッグバンの一億年後から一〇億年後を探る予定だ。それは宇宙再電離期をさかのぼり、宇宙の夜明けに到達しようという時期だ。ＳＫＡの第二フェーズでは、約一〇〇万基のアンテナで空を見上げて、さらに遠くにある暗黒時代の画像を得る。ただしＳＫＡの第一フェーズでも、観測可能な宇宙の広い領域をマッピングする。現在の観測は、銀河サーベイ観測のように比較的近くのものか、あるいは宇宙マイクロ波背景放射のように、宇宙の最初期をピンポイントでねらった観測かのどちらかだ。ＳＫＡに参加している科学者たちが言っているように、現在の私たちは「その間には何も奇妙なことが起こっていない」という前提に立って、宇宙論にかんする多くの結論を導き出している。[6] 実に不完全なデータセットを根拠に、たとえばダークマターの存在量や性質について結論を出すとしたら、たいした考え方だ。不完全なデータは不完全な結論を意味するのだから。ＳＫＡはこれまでよりもはるかに広い宇宙を観測する。そうすることで、天文学でほかに見られないほど広範囲の時間と空間から得られた、ずっと大規模なデータに基づいて既存のモデルを検証するのに最適な宇宙論望遠鏡になるだろう。

地球から月へ、そして地球へ

ＳＫＡがとても面白いのは、バブルを撮影するだけの性能があり、宇宙の夜明けを探る能力があるからだ。人口密度が低く、人工的な電波が少ない地域に設置されるため、私たちの仕事は少し楽になるだろう。通常は携帯電話や風車、航空機、ラジオなどからの人工的なノイズを取り除くのに、かなりの労力を費やさねばならない。とはいえ砂漠の真ん中でも、そういった作業はやはりある程度は必要だ（電子レンジの件があるし）。このことは将来的に、ファーストスター以前の、ビッグバンの一億年後あたりの暗黒時代を観測する場合には特に重要になる。これほど遠い過去からの光を検出するには、電波望遠鏡の周波数を非常に低い〇・一〜三〇メガヘルツまで下げなければならず、これが地上にある望遠鏡では問題になる。私たちの頭上には大気の層がいくつもあり、その上層にあるのが電離層だ。電離層では太陽放射によって空気分子が電離しており、この層で生じる原子の乱流が電波の伝わり方に大きく影響する。LOFARやSKAのような望遠鏡では、かなりの労力を割いて、電離層が観測データに与える影響を取り除く較正作業をおこなうが、この問題はつねに状況が変化している。電離の原因である太陽風が変化するため、電離層は毎日、あるいは毎時間変化するのだ。そのため、ある周波数以下の電波は電離層を通過することができず、その境界が一〇メガヘルツという、暗黒時代の観測周波数のど真ん中にくる可能性もある。これより周波数が低い電波は電離層で跳ね返されてしまい、どこから来たかによって、宇宙に戻っていったり、地球に返ってきたりする。電波工学分野ではこの効果をうまく使って、地上から発したシグナルを電離層で反射させることで大陸間で電波シグナルを伝送している。そのせいで、暗黒時代の観測周波数帯は悪夢のような電波障害に見舞われており、人工電波が届かない静かなエリアは地球上のどこにも見つからないほどひどい状況になっている。そうなれば……目指すべきは宇宙だ。

宇宙ミッションというものが電波天文学者にとってどれほど心躍るものか、私にはうまく説明できない。ほかの研究者たちが作業するクリーンルームや、ロケット打上げの様子を、顔をしかめながら眺めるのは、私たちは慣れっこだ。一方でこっちは、組み立て式のアンテナを取り出して、それをトラックの荷台に載せて砂漠に運んでいく用意をしている。電波天文学者たちにはこの機会に思い切りやってほしいものだ。最もわくわくする案の一つが、月の裏側に電波望遠鏡を設置するという案だ。月は、裏側がいつでも裏側になっていて、つねに地球から見えない「ダーク」サイドであるため、隠れるのには手ごろな天体だ。これは、月が一回自転する時間と、地球を一周する時間が等しい、「潮汐ロック」という現象が原因だ。そのため月は自転していて、「ダーク」サイドも同じように太陽光を受けているにもかかわらず、私たちには月の片方の面しか見えない。月の裏側は永遠に私たちから見えないので、反対にいえば、月の裏側に電波望遠鏡を設置すれば、地球が発する不協和音からつねに隠されていることになる。米国で構想されているFARSIDE（月の裏側での暗黒時代・系外惑星電波観測[7]）は、ローバー（探査車）を使って一〇キロメートルの範囲に一二八基のアンテナを設置するものだ。一方、LUFAR（月面低周波電波望遠鏡[8]）は、アンテナを搭載した五〇台以上のローバーを月に送ることを提案している（名前から分かるように、LOFARの関係者による計画だ）。アンテナ間の距離はやはり最大一〇キロメートルで、ローバーは月面を走り回って、必要とされるアンテナ配置を作ることになる。月を見上げたときに、月の裏側では五〇台の小さな車がダンスをしているというのは、どんな気分だろうか。LUFAR実現に向けた予備段階がすでに、中国の月探査機である嫦娥《じょうが》計画によって進められているのは、わくわくする話だ（嫦娥は中国の月の女神）。嫦娥計画は複数の探査機によって段階的に進められている。嫦娥1号と2号は月軌道に入ることに成功し、嫦娥3号では月面への軟着陸をおこなった（何も壊れなかった）。そして嫦娥4号は二〇一九年一月三日に、完全な自動制御によって、史上初となる月の裏側への着陸に成功した。この探査計画の主な目的は、太陽系で最も深くて大きいクレーターの一つに着陸して、月の地質を詳しく調べることだ。

このクレーターは非常に深いため、月のマントルまで達しているのである。月の裏側の地質学的性質は表側とは異なると考えられており、それを調べることで、太陽系の最初期段階に起こった月の形成プロセスを理解するための手がかりが増える。嫦娥4号は地球と通信するのに、月の裏側と地球の両方が見通せる、月と地球のL2ラグランジュ点〔訳注：本書二〇八ページの図21で、太陽の位置に地球を、地球の位置に月を置いた場合のL2〕にある中継衛星を使っている。この中継衛星は鵲橋《じゃっきょう》と呼ばれている。この名称は、天の川の両岸に離ればなれにされた恋人たちが年に一度、かささぎ（鵲）がかける橋を渡ってわずかな間だけ会うことができるという、中国の伝説にちなんでいる。この中継衛星には、月の裏側での電波干渉や通常の背景ノイズの性質を調べることを目的とした、長さ五メートルのアンテナ二本からなるオランダ－中国低周波観測装置（NCLE）[9]が搭載されている。この本の執筆時点では、NCLEはデータ取得の最中だ。月の裏側で聞こえる電波に一生懸命耳を傾けて、提案中の実験をおこなえるほど静かな環境かどうかを確認しているのである。これは、月面に探査車ダンスチームを送り込むための野心的な実現に向けたロードマップの第一歩だ。

＊＊＊

二一センチメートルシグナルの電波観測は、今後数十年で宇宙へと飛躍するだろうか？　私はそうなることを期待している。宇宙に行くことは、暗黒時代のマップを正確に描き出せる、唯一の真のチャンスだ。そして天体物理学と宇宙論についての私たちの理解を深めるには、暗黒時代の観測は欠かせない。暗黒時代は宇宙の歴史上、最も汚染のない時代だったからだ。恒星や銀河、惑星が存在する複雑な環境ができあがる前の時代であり、そこにはダークマターと水素に満ちた静かな宇宙だけがあった。そのような条件では、たとえばダークマターの状態について正確な予測をすることができ、もしその予測がわずかでも違っていれば、それは現在の標準モデルで表せない物理学が存在することを意味している。

現在の電波天文学の素晴らしいところは、これまでの地道な観測という側面と、科学の最先端研究が一つになっていることだ。一方で、いまだに硬い地面に立って、へんぴな土地で地面に金属の棒を立てている私たちがいる。しかしそうしたアンテナが集めるデータは、現在の技術で扱える量を上回っている。その点で、私たちの研究は光ファイバーケーブルやデータ記憶装置、冷却システムの技術発展を加速させているといえる。

私たちが、何十年にもわたるシミュレーションや数値計算の成果を受けて、宇宙の夜明けや宇宙再電離期のモデルに制限を与えていくなかで、どのモデルも「正しい」モデルではないことがわかることもきっとある。ここで、二〇〇四年に作成されたＳＫＡの観測計画案の一部を引用しよう。

歴史から何かわかるとすれば、ＳＫＡがもたらす刺激は、古い疑問に答えることではなく、ＳＫＡだけが可能にする新たな種類の観測によって、新しい疑問を生み出すことにある。ＳＫＡ－ＭＩＤは、まだ生まれていないユーザーのためのツールであり、その設計チームには、ＳＫＡによる未知の探求を可能にするという責務がある。

ＳＫＡの観測期間は約五〇年なので、私が引退してからも長い間観測は続くだろう。観測期間が終わるころにＳＫＡを扱う専門家たちは、現時点でまだこの世に生まれていないことを考えてみると、それは本当にすごいことだ。彼らは、私たちがまだ考えてもいないような疑問に答えを出すようになるのだろう。

私が二〇一九年に中学校で講演をしたとき、一人の生徒が手を挙げて、「宇宙の研究をしていて気が滅《め》入《い》りませんか?」と質問してきた。私は講演のなかで、目の前に広がっている宇宙の前では私たちはとても小さく、その年齢に比べれば私たちの人生は一瞬だということを強調していて、彼の質問はその部分のことをいっていた。自分がいかにちっぽけな存在かということを毎日のように思い知らされる仕事をしていると、ときどきうんざりする。しかし私と宇宙の研究の結びつきは前向きなものだ。宇宙を研究していると、自分は幸運だと感じる。人間が存在するようになるまでの道のりが大変な綱渡りだったことや、宇宙についての理解が現在のレベルに達するまでには、セレンディピティの助けがあったことを私は知っている。私たちはいつでも機略に富んでいて、地球の周りを回る岩、つまり月を、遠い過去を理解するための入口にして、その過去をもうすぐ自分たちの目で確かめようとしている。この小さくてちっぽけな生物はどういうわけか、数十年先の観測計画を立てられるくらい長い間、仲間割れをしないでいられるようになった。さあ、私は世界最高のショーのチケットをもらった気分だ。気が滅入ったりはしない。わくわくしている。さあ、ショーを楽しもう。

謝辞

この本を執筆するのは大変だった。本当に。出版契約を結んだ直後に妊娠がわかったので、赤ちゃんと本を両方産むことになった。どちらが大変だったかよくわからない。やりとげられた理由はただ一つ、次にあげるみなさんの協力と愛のおかげだ。

本書の執筆は、ドロシー・ホジキン・フェローシップの多大な支援がなかったら不可能だっただろう。これは手本となるような学術研究を柔軟におこなえるようにする、王立協会のキャリア支援制度だ。ブルームズベリーの編集者であるジム・マーティンとアンナ・マクダイアミッドがいなかったら、この本は存在しなかった。ふたりがいちかばちかで挑戦してくれたことに感謝する。私からのたくさんの質問にたっぷり時間を割いて答えてくれたレオン・クープマンス、エイブラハム・ローブ、ハワード・ボンドにお礼を申し上げる。グラフや写真、作品の転載を許可してくれた、マティス・マグ、ポール・クラーク、ジョシュア・サイモン、ケイティ・パターソン、マヌ・パロメケ、リチャード・ポーカス、NASA、ESO、ESA、マイケル・ゴー、ICRAR、イラストリスプロジェクトにも感謝したい。ライアン・スティンプソン、フィル・パーカー、ブレット・ハンドレー、ポール・ウッズ、スティーヴン・チャップマンがしてくれた、原稿へのとても貴重なコメントと提案をありがたく思っている。時間を割いてくださり、本当にありがとう。ジョナサン・プリチャードは、どのような科学者になるべきか考えるための場を与えてくれた。あなたのサポートがなければ、私は天文学の世界にとどまることも、この本を書き上げることもできなかっただろう。ありがとう。

スティーヴ、あなたは料理や掃除、そして子どもたちの応援といったことをかなり多く、不平も言わずに分担してくれた。あなたを愛しているし、人生を愛しているのはあなたのおかげだ。ありがとう。ライラ、キャシー、オリーヴ、私の三人のお星さまたち。ライラ、あなたの好奇心にはいつもはっとさせられる。私が複雑なことにばかり目を向けてしまいがちなとき、あなたは科学がこんなにもすばらしいことを思い出させてくれる。キャシー、あなたが人生にかける情熱をみると、ちょっと休んで、楽しい時間を過ごさなくちゃと思う。オリーヴ、あなたがくすくす笑うと、私はうれしくてたまらなくなる。お母さんとお父さん、あらゆるものを不思議に思うように、そして何より疑問を抱き続けるように私を育ててくれてありがとう。マキシン、サラ、フィル、ビル、私が仕事をしている間、子どもたちの相手をしたり、お泊まり会をしてくれたり、家族との夕食を用意してくれたり、本当にありがとう。レイチェル、クリスティーン、スー、素晴らしい友人でいてくれたこと、そして私が本を書くことの複雑さについて愚痴を言うたび、理解を示してくれてありがとう。

そしてもちろん、この本を買って、さらにここまで読んでくれた読者のみなさんに感謝したい。私がこの本を書くのを楽しんだのと同じくらい、みなさんがこの本を読むのを楽しんでくれたらいいのだけど。そう思うのは、この本を書くのは大変だったけれど、何よりも素晴らしい経験だったからだ。

訳者あとがき

私たちの身の回りにあるものは、すべて原子からできている。手の中のスマートフォン。冷蔵庫のトマト。道を走る自動車。私たち人間の体もそうだし、夜空に浮かぶ月もそうだ。そうした原子はどこから来たのだろうか。宇宙の星だ。恒星内部や超新星爆発で合成された原子が、宇宙にまき散らされ、あらゆるものの材料になったのだ。

では、そうした星を作った材料は、どこから来たのだろうか。それもやはり、一世代前の星の中で作られた。その一世代前の星の材料も、さらにもう一世代前の星で作られた。そうやって星の祖先をさかのぼると、この宇宙で最初に光を放った第一世代の星、「ファーストスター」(初代星とも)にたどりつく。

私たちのルーツというべきファーストスターはどんな星だったのだろう。最近ではハッブル宇宙望遠鏡のような高性能の望遠鏡があるのだから、はるか遠くの宇宙を観測すれば(つまりはるか遠い過去を見れば)ファーストスターはすぐに見えるのではないか。そう考えたくなる。しかしファーストスターはまだ見つかっていない。ファーストスターがいつ、どこで、どのように誕生したのか。それは宇宙の歴史における大きな謎のひとつであり、現在の天文学の重要な研究テーマだ。

本書『ファーストスター　宇宙最初の星の光』は、そうしたファーストスター研究の最前線を紹介する、

二〇二〇年刊行の *First Light: Switching on Stars at the Dawn of Time* の全訳である。著者のエマ・チャップマンは、イギリスのノッティンガム大学でファーストスター探索にたずさわる天体物理学者だ。著者にとって本書は初めての著書になる。

本書ではまず、ファーストスター探索の土台となる研究の歴史を振り返る。星は、そして宇宙は、どのように生まれ、どのように進化してきたのか。探すべきファーストスターが本当に存在すると自信を持って言うには、そういった基本的な事柄の理解が欠かせない。

そのうえでいよいよ実際のファーストスター探索の話になる。そのアプローチはいくつもある。ファーストスターが最初に放った光が、真っ暗な宇宙に与えたかすかな変化を探る方法。星の成分を調べることで、考古学者のように、より古い星を探していく方法（実際に「恒星考古学」とよばれる）。数多く存在すると考えられる小さな「化石銀河」を探す方法。いずれも複雑かつたくみな方法だ。そしてファーストスターは単に一番古い星というだけではない。その光のエネルギーによって、宇宙空間の分子が電離し、「宇宙再電離期」が始まった。著者の言葉を借りるなら、これは「宇宙が動き始めた時期」だ。この宇宙再電離期が著者の研究テーマであり、本書では、この時代から届く電波を観測し、その中に隠れたファーストスターのシグナルを探す試みについて詳しく紹介している。

ファーストスターは初期宇宙について明らかにするだけでなく、現在の宇宙についてのさまざまな謎を解き明かす鍵にもなる。ビッグバン後の数億年の間に何が起こったのかは、意外なほどわかっていない。宇宙の「幼児期」のことがわかれば、成長後の宇宙についての理解も深まると著者は言う。研究は現在進行中であり、新たな成果が続々と報告されている。二〇二一年末に打上げに成功したジェイムズ・ウェッブ宇宙望遠鏡でも、ファーストスターの手がかりが見つかるかもしれないと期待されている。

こうした最先端の研究内容は難解になりがちだが、著者のエマ・チャップマンは、わかりやすいたとえをたくみに使って説明する。その文章のあちこちに顔を出すユーモアにはそのたびくすりと笑わされ、ときには思わず噴き出してしまうこともあった。そして研究をめぐる数々のエピソードからは、研究のあり方に対する著者自身の姿勢もうかがえる。チャップマンは天体物理学の研究に加えて、セクシャルハラスメントなど研究現場で女性が抱える問題についても積極的に取り組んでいる。科学普及にも熱心で、講演や執筆活動をおこなっている。

ファーストスターがなかったら、宇宙は今とは違った姿になっていただろうし、私たち人間が存在することもなかった。ファーストスター誕生の物語にはいぜんとして謎が多いが、本書を読み終わったときには、私たちのルーツである遠い過去の出来事が、霧の向こうに少しずつ浮かび上がってくるのではないだろうか。

私たちは宇宙の歴史をビッグバンまでさかのぼることができる。それならその後の、最初の星が生まれた時代のことはもっとよくわかっているはず。その考えが思い込みに過ぎないことに、この本を通して気づいた。宇宙についての考えが大きく変わったともいえる。そんな本書を翻訳する機会をくださるとともに、訳文を丹念に読み込んでていねいなアドバイスをくださった河出書房新社の渡辺和貴さんに心より感謝申し上げる。そのほか翻訳作業を支えてくださった方々にもお礼を申し上げたい。

二〇二二年二月

熊谷玲美

索引

（太字のページ番号は、傍注の該当ページを指す）

か行

さ行

た行

な行

は行

ま行

や行

ら行

わ行

アルファベット

参考文献

（各番号は本文中の丸括弧つき番号に対応する。邦訳のあるものについては書誌情報を示したが、本文での引用は特に注記のないかぎり独自訳である）

第１章　虹の彼方へ

(1) Dvorak, J. 2017. *Mask of the Sun: The Science, History and Forgotten Lore of Eclipses.* Pegasus Books Ltd, Cambridge, UK.

(2) www.space.com/37764-new-york-city-1925-total-eclipse.html

(3) Brown, E. W. 1925. The eclipse of January 24, 1925, *Science* 61 (1566): 10–12.

(4) Claridge, G. 1937. Coronium. *Journal of the Royal Astronomical Society of Canada* 31 (8): 337–346.

(5) Nordgren, T. 2016. *Sun Moon Earth: The History of Solar Eclipses from Omens of Doom to Einstein and Exoplanets.* Basic Books, New York, US.

(6) www.space.com/27412-christopher-columbus-lunar-eclipse.html

(7) Marchant, J. 2009. *Decoding the Heavens: Solving the Mystery of the World's First Computer.* Windmill Books, London, UK.〔ジョー・マーチャント『アンティキテラ：古代ギリシアのコンピュータ』、木村博江訳、文春文庫、2011 年。〕

(8) Halley, E. 1714. Observations of the late total eclipse .... *Philosophical Transactions of the Royal Society* 29 (343): 245–262.

(9) Brown, E. W. 1926. Discussion of observations of the moon at and near the eclipse of 1925 January 24. *Astronomical Journal,* 37 (866): 9–19.

(10) *The New York Times,* vol. LXXIV, no. 24, 473, Sunday, 25 January 1925.

(11) www.nasa.gov/feature/goddard/2017/chasing-the-total-solar-eclipse-from-nasa-s-wb-57f-jets

(12) Woolf, V., Olivier Bell, A. 1990. *A Moment's Liberty: Shorter Diary of Virginia Woolf.* Chatto & Windus.

(13) Klimchuk, J. A. 2006. On Solving the Coronal Heating Problem. *Solar Physics,* 234 (1): 41–77.

(14) G Caspi, A. *et al.* 2020. A New Facility for Airborne Solar Astronomy: NASA's WB-57 at the 2017 Total Solar Eclipse. *The Astrophysical Journal,* 895 (2): id. 131.

(15) Gleick, J. 2004. *Isaac Newton.* Harper Perennial.〔ジェイムズ・グリック『ニュートンの海：万物の真理を求めて』、大貫昌子訳、日本放送出版協会、2005 年。〕

(16) 王立協会の司書であるケイス・ムーアとの個人的なやり取りによる。

(17) Herschel, W. 1800. Experiments on the refrangibility of the invisible rays of the Sun. *Philosophical Transactions of the Royal Society of London* 90: 284–292.

(18) Einstein, A. 1905. On a heuristic point of view about the creation and conversion of light. *Annalen Der Physik* 322 (6): 132–148.

(19) Gracheva, E. *et al.* 2010. Molecular basis of infrared detection by snakes. *Nature* 464: 1006–

1011.
(20) Hogg, C. 2011. Arctic reindeer extend their visual range into the ultraviolet. *Journal of Experimental Biology* 214 : 2014–2019.
(21) Lockyer, N. 1869. Spectroscopic observations of the Sun. No. II. *Philosophical Transactions of the Royal Society of London* 159 : 425–444.
(22) www.nasa.gov/content/goddard/parker-solar-probe-humanity-s-first-visit-to-a-star
(23) Sobel, D. 1996. *Longitude.* Fourth Estate, London, UK.〔デーヴァ・ソベル『経度への挑戦』、藤井留美訳、角川文庫、2010 年。〕
(24) Rømer, O. 1676. Démonstration touchant le mouvement de la lumière trouvé par M. Roemer de l'Académie des sciences. *Journal des sçavans:* 233–236.
(25) Rømer, O. 1677. A demonstration concerning the motion of light, communicated from Paris, in the journal des scavans, and here made English. *Philosophical Transactions of the Royal Society of London :* 893–894.
(26) Green, L. 2017. *15 Million Degrees.* Penguin, London, UK.
(27) Gamow, G. 1964. *A Star Called the Sun.* Pelican, London, UK.〔ジョージ・ガモフ「太陽という名の星」、『太陽と月と地球と』(G・ガモフ　コレクション 2) 所収、白井俊明・市井三郎訳、白揚社、1991 年。〕

第２章　種族Ⅲの星はどこに？

(1) https://abcnews.go.com/Business/beanie-babies-mania-ends-bankruptcy/story?id=19785126
(2) Kahneman, D. *et al.* 1991. Anomalies : the endowment effect, loss aversion, and status quo bias. *Journal of Economic Perspectives,* vol. 5, no. 1 : 193–206.
(3) Davis, W. 2009. *The Wayfinders : Why Ancient Wisdom Matters in the Modern World.* House of Anansi Press Ltd, Canada.
(4) Dempsey, F. 2009. Aboriginal sky lore of the constellation Orion in North America. *Journal of the Royal Astronomical Society of Canada,* vol. 103, no. 2 : 65.
(5) Sobel, D. 2017. *The Glass Universe.* Harper Collins Publishers, NewYork, US.
(6) Haramundanis, K. 1996. *Cecilia Payne-Gaposchkin : An Auto biography and Other Recollections.* Cambridge University Press, Cambridge, UK.
(7) Payne, C. 1924. On the spectra and temperatures of the B stars. *Nature,* vol. 113, 2848 : 783–784.
(8) Payne, C. 1925. Stellar atmospheres. PhD thesis, Radcliffe College.
(9) Payne, C. *The Dyer's Hand.* Privately printed autobiography.
(10) Baade, W. 1944. The resolution of Messier 32, NGC 205, and the central region of the Andromeda Nebula. *Astrophysical Journal,* vol. 100 : 137.
(11) Baade, W. 1944. NGC 147 and NGC 185, two new Members of the Local Group of Galaxies. *Astrophysical Journal,* vol. 100 : 147.
(12) Russell, H. 1948. On the distribution of absolute magnitude in Populations I and II. *Publications of the Astronomical Society of the Pacific,* vol. 60, no. 354 : 202–204.

(13) Bond, H. 1981. Where is Population III? *Astrophysical Journal,* v248 : 606–611.

第３章　鳩とビッグバン

(1) Watanabe, S. *et al.* 1995. Pigeons' discrimination of paintings by Monet and Picasso. *Journal of the Experimental Analysis of Behavior,* vol.63 : 165–174.
(2) Scarf, D. *et al.* 2016. Orthographic processing in pigeons (Columba livia). *Proceedings of the National Academy of Sciences Sep 2016,* 201607870.
(3) Scarf, D. *et al.* 2011. Pigeons on par with primates in numerical competence. *Science* 334, (6063) : 1664.
(4) Levenson, R. *et al.* 2015. Pigeons (Columba livia) as trainable observers of pathology and radiology breast cancer images. *PLoS ONE* 10 (11) : e0141357.
(5) Armando, the 'Lewis Hamilton of pigeons' sells for record €1.25m. March 2019. www.bbc.co.uk/news/world-europe-47610896
(6) Blechman, A. 2017. *Pigeons : The Fascinating Saga of the World's Most Revered and Reviled.* Grove Press, New York, US.
(7) For Heavens sake stop it. May 2010. www.lettersofnote.com/2010/05/for-heavens-sake-stop-it.html
(8) 'Mary of Exeter'. www.pdsa.org.uk/get-involved/dm75/the-relentless/mary-of-exeter
(9) The pigeon, the antenna and me : Robert Wilson. October 2015. www.scientificamerican.com/video/the-pigeon-the-antenna-and-me-robert-wilson
(10) Doyle, A. 2015. *The Sign of Four.* Penguin English Library, London, UK.〔アーサー・コナン・ドイル『四つの署名』、駒月雅子訳、角川文庫、2013 年。〕
(11) Chown, M. 1993. *Afterglow of Creation.* Arrow Books, London, UK.〔マーカス・チャウン『宇宙誕生：原初の光を探して』、水谷淳訳、筑摩選書、2011 年。〕
(12) The Big Bang's echo. NPR News. May 2005. www.npr.org/templates/transcript/transcript.php?storyId=4655517
(13) What is a Cosmological Constant? https://wmap.gsfc.nasa.gov/universe/uni_accel.html
(14) Van der Marel, R. *et al.* 2012. The M31 velocity vector. III. Future Milky Way M31–M33 orbital evolution, merging, and fate of the Sun. *The Astrophysical Journal,* 753 (1).
(15) Hubble, E. 1929. A relation between distance and radial velocity among extra-galactic nebulae. *Proceedings of the National Academy of Sciences of the United States of America,* vol.15, issue 3, 168–173.
(16) Lemaître, A. G. 1931. A Homogeneous Universe of Constant Mass and Increasing Radius accounting for the Radial Velocity of Extra-galactic Nebulæ. *Monthly Notices of the Royal Astronomical Society,* vol.91 : 483–490.
(17) The steady-state challenge. www.britannica.com/science/astronomy/The-steady-state-challenge
(18) Dicke, R. *et al.* 1965. Cosmicblack-bodyradiation. *The Astrophysical Journal,* vol.142 : 414–419.

(19) Penzias, A. & Wilson, R. 1965. A measurement of excess antenna temperature at 4080 Mc/s. *The Astrophysical Journal,* vol. 142 : 419–421.

(20) 'The Nobel Prize in Physics 1978'. www.nobelprize.org/prizes/physics/1978/summary

(21) 'The Nobel Prize in Physics 2019'. www.nobelprize.org/prizes/physics/2019/summary

(22) McAllister, A. 2016. *A Year Full of Stories : 52 Folk Tales and Legends from Around the World.* Frances Lincoln Children's Books, London, UK.

(23) Weinberg, S. 1993. *The First Three Minutes : A Modern View of the Origin of the Universe.* Basic Books, New York, US.〔S・ワインバーグ『宇宙創成はじめの 3 分間』、小尾信彌訳、ちくま学芸文庫、2008 年。〕

第４章　星の世界の綱引き

(1) Okinawa's annual tug-of-war requires lots of workers, and rope. October 2006. www.stripes.com/news/okinawa-s-annual-tug-of-war-requires-lots-of-workers-rope-1.54989

(2) Rope breaks for the first time at annual great tug-of-war. October 2019. http://english.ryukyushimpo.jp/2019/10/18/31190

(3) Adams, D. 2016. *The Hitchhiker's Guide to the Galaxy.* Pan, London, UK.〔ダグラス・アダムス『銀河ヒッチハイク・ガイド』、風見潤訳、新潮文庫、1982 年。〕

(4) *The Apollo 15 Hammer-Feather Drop.* July 2018. https://moon.nasa.gov/resources/331/the-apollo-15-hammer-feather-drop

(5) Two lose arms in Taiwan tug-of-war. 25 October 1997. *The Nation.*

(6) Caroll, B. & Ostlie, D. 2017. *An Introduction to Modern Astrophysics.* Cambridge University Press, Cambridge, UK.

(7) Grossman, D., Ganz, C. & Russell, P. 2017. *Zeppelin Hindenburg : An Illustrated History of LZ-129.* The History Press, Cheltenham, UK.

(8) Hydrogen and helium in rigid airship operations. www.airships.net/helium-hydrogen-airships

(9) Green, L. 2017. *15 Million Degrees.* Penguin, London, UK.

(10) Charles 'Don' Albury, 84. *Time Magazine,* 25 July 2005.

(11) Phillips, A. 2010. *The Physics of Stars.* Wiley.

(12) Fukushima melted fuel removal begins 2021, end state unknown. https://abcnews.go.com/International/wireStory/fukushima-melted-fuel-removal-begins-2021-end-state-67426592

(13) www.iter.org

(14) Mužić, K. *et al.* 2017. The low-mass content of the massive young star cluster RCW 38. *Monthly Notices of the Royal Astronomical Society* 471 (3) : 3699–3712.

第５章　暗黒時代

(1) http://katiepaterson.org

(2) http://katiepaterson.org/portfolio/the_cosmic_spectrum〔リンク切れ〕

(3) Baldry, I. *et al.* 2002. The 2dF galaxy redshift survey : constraints on cosmic star formation

history from the cosmic spectrum. *The Astrophysical Journal,* 569 (2).
(4) Falchi, F. *et al.* 2016. The new world atlas of artificial night sky brightness. *Science Advances* 2 (6).
(5) www.theguardian.com/science/2018/feb/28/cosmic-dawn-astronomers-detect-signals-from-first-stars-in-the-universe
(6) https://loco.lab.asu.edu/edges
(7) Bowman, J. *et al.* 2018. An absorption profile centred at 78 megahertz in the sky-averaged spectrum. *Nature* 555 : 67–70.
(8) Barkana, R. 2018. Possible interaction between baryons and dark-matter particles revealed by the first stars. *Nature* 555 : 71–74.
(9) Vogelsberger, M. *et al.* 2014. Introducing the Illustris Project: simulating the coevolution of dark and visible matter in the Universe. *Monthly Notices of the Royal Astronomical Society,* vol. 444, 2: 1518–1547.
(10) This is how much dark matter passes through your body every second. July 2018. www.forbes.com/sites/startswithabang/2018/07/03/this-is-how-much-dark-matter-passes-through-your-body-every-second/#7cb9baaf7ccd
(11) http://katiepaterson.org/portfolio/all-the-dead-stars〔リンク切れ〕
(12) Sidhu, J. S., Scherrer, R. J. & Starkman, G. Death and serious injury from dark matter. *astro-ph/arXiv*:1907.06674.
(13) Bernabei, R. *et al.* 2018. First model independent results from DAMA/LIBRA-Phase 2. *Nuclear Physics and Atomic Energy,* vol. 19, issue 4 : 307–325.
(14) Muñoz, J. B. & Loeb, A. 2018. A small amount of mini-charged dark matter could cool the baryons in the early Universe. *Nature* 557 : 684–686.
(15) Ewall-Wice, A. *et al.* 2018. Modeling the radio background from the first black holes at Cosmic Dawn: implications for the 21cm absorption amplitude. *The Astrophysical Journal,* 868 : 63.
(16) Fixsen, D. J. *et al.* 2011. ARCADE2 Measurement of the absolute sky brightness at 3–90 GHz. *The Astrophysical Journal,* vol. 734 : 11.
(17) Dowell, J. & Taylor, G. B. 2018. The radio background below 100 MHz. *The Astrophysical Journal, Letters,* vol. 858 : 6.
(18) http://katiepaterson.org/portfolio/earth-moon-earth〔リンク切れ〕

第6章　ファーストスターは孤独か

(1) www.epa.gov/greatlakes/facts-and-figures-about-great-lakes
(2) Toledo water clears, but outlook is cloudy. August 2014. *The Wall Street Journal.* www.wsj.com/articles/toledo-mayor-orders-more-drinking-water-tests-1407141074
(3) Kopp *et al.* 2005. The Paleoproterozoic snowball Earth: a climate disaster triggered by the evolution of oxygenic photosynthesis. *Proceedings of the National Academy of Sciences of the United States of America* 102 (32): 11131–11136.

(4) Schirrmeister, B. *et al.* 2013. Evolution of multicellularity coincided with increased diversification of cyanobacteria and the Great Oxidation Event. *PNAS* January 29, 110 (5): 1791–1796.

(5) Jeans, J. 1928. *Astronomy and Cosmogony.* Cambridge University Press, Cambridge, UK.

(6) Phillips, A. C. 2010. *The Physics of Stars.* Wiley.

(7) Whale explodes in Taiwanese city. Jan 2004. http://news.bbc.co.uk/1/hi/sci/tech/3437455.stm

(8) Tajika E. & Harada M. 2019. Great oxidation event and snowball Earth. In: Yamagishi A., Kakegawa T. & Usui T. (eds), *Astrobiology.* Springer, Singapore.

(9) Walker, G. 2014. *Snowball Earth.* Bloomsbury, London, UK. ガブリエル・ウォーカー『スノーボール・アース』、渡会圭子訳、ハヤカワ文庫NF、2011年。]

(10) Clark, P. 2011. The formation and fragmentation of disks around primordial protostars. *Science,* vol. 331, issue 6020: 1040–1042.

(11) Loeb, A. 2010. *How Did the First Stars and Galaxies Form?* Princeton University Press, New Jersey, US.

(12) Susa, H. 2019. Merge or survive: number of Population III stars per minihalo. *The Astrophysical Journal,* vol. 877, issue 2, article id. 99: 10 pp.

(13) Hosokawa, T. *et al.* 2016. Formation of massive primordial stars: intermittent UV feedback with episodic mass accretion. *The Astrophysical Journal,* vol. 824, issue 2, article id. 119: 26 pp.

(14) Greif, T. *et al.* 2012. Formation and evolution of primordial protostellar systems. *Monthly Notices of the Royal Astronomical Society,* vol. 424, issue 1: 399–415.

(15) Stacy, A. & Bromm, V. 2013. Constraining the statistics of Population III binaries. *Monthly Notices of the Royal Astronomical Society,* vol. 433, issue 2: 1094–1107.

(16) Caroll, B. & Ostlie, D. 2017. *An Introduction to Modern Astrophysics.* Cambridge University Press, Cambridge, UK.

(17) Wise, J. *et al.* 2012. The birth of a galaxy: primordial metal enrichment and stellar populations. *The Astrophysical Journal,* vol. 745, issue 1, article id. 50: 10 pp.

(18) Muratov, A. *et al.* 2013. Revisiting the first galaxies: the epoch of Population III stars. *The Astrophysical Journal,* vol. 773, issue 1.

そのほかの参考文献：

Greif, T. 2014. The numerical frontier of the high-redshift Universe. *Computational Astrophysics and Cosmology,* vol. 2, article id. 3: 36 pp.

Hallam, T. 2014. *Catastrophes and Lesser Climates, The Causes of Mass Extinctions.* Oxford University Press.

Klessen, R. 2019. *Formation of the first stars,* Formation of the First Black Holes. Ed Latif, M.; Schleicher, D. World Scientific Publishing Co. Pte. Ltd, Singapore. pp. 67–97.

第7章　恒星考古学

(1) www.nationalgeographic.com/history/magazine/2018/03-04/findingkingtutstomb

(2) Comelli, D. *et al.* 2016. The meteoritic origin of Tutankhamun's iron dagger blade. *Meteoritics & Planetary Science* 51, no. 7 : 1301–1309.
(3) Growth reference data for 5–19 years. www.who.int/growthref
(4) Evolution of adult height over time. www.ncdrisc.org/data-downloads-height.html
(5) Stulp, G. 2015. Does natural selection favour taller stature among the tallest people on Earth? *Proceedings of the Royal Society B.* 282, 1806.
(6) Habicht, M. E. *et al.* 2015. Body height of mummified pharaohs supports historical suggestions of sibling marriages. *American Journal of Physical Anthropology* 157, 3.
(7) Stacy, A. & Bromm, V. 2013. Constraining the statistics of Population III binaries. *Monthly Notices of the Royal Astronomical Society,* vol. 433, issue 2 : 1094–1107.
(8) Stacy, A. *et al.* 2016. Building up the Population III initial mass function from cosmological initial conditions. *Monthly Notices of the Royal Astronomical Society,* vol. 462, issue 2 : 1307–1328.
(9) Asplund, M. *et al.* 2009. The chemical composition of the Sun. *Annual Review of Astronomy & Astrophysics,* vol. 47, issue 1 : 481–522.
(10) Frebel, A. 2015. *Searching for the Oldest Stars : Ancient Relics from the Early Universe.* Princeton University Press, New Jersey, US.
(11) Frebel, A. 2018. From nuclei to the cosmos : tracing heavy- element production with the oldest stars. *Annual Review of Nuclear and Particle Science,* vol. 68, issue 1 : 237–269.
(12) Lawrence Hugh Aller 1913–2003, a biographical memoir. www.nasonline.org/publications/biographical-memoirs/memoir-pdfs/aller-lawrence.pdf
(13) Chamberlain, J. & Aller, L. H. 1951. The atmospheres of A-type subdwarfs and 95 Leonis. *Astrophysical Journal,* vol. 114 : 52.
(14) Roman, N. 1950. A correlation between the spectroscopic and dynamical characteristics of the Late F- and Early G-Type stars. *Astrophysical Journal,* vol. 112 : 554.
(15) Baade, W. 1944. The resolution of Messier 32, NGC 205, and the central region of the Andromeda Nebula. *Astrophysical Journal,* vol. 100 : 137.
(16) Frebel, A. & Norris, J. 2013. *Metal-poor Stars and the Chemical Enrichment of the Universe, Planets, Stars and Stellar Systems 5,* by Oswalt, Terry D. ; Gilmore, Gerard. Springer Science+Business Media Dordrecht, Berlin, Germany. p. 55.
(17) Lucey, M. *et al.* 2019. The COMBS survey – I. Chemical origins of metal-poor stars in the Galactic bulge. *Monthly Notices of the Royal Astronomical Society,* vol. 488, issue 2 : 2283–2300.
(18) Nordlander, T. et al. 2019. The lowest detected stellar Fe abundance : the halo star SMSS J160540.18-144323.1. *Monthly Notices of the Royal Astronomical Society : Letters,* vol. 488, issue 1 : L109–L113.
(19) Keller, S. *et al.* 2014. A single low-energy, iron-poor supernova as the source of metals in the star SMSS J031300.36-670839.3. *Nature,* vol. 506, issue 7489 : 463–466.
(20) Iben, I. 1983. Open questions about the formation of heavy elements in 'Z = O' stars. *Memorie della Societa Astronomica Italiana,* vol. 54 : 321–330.

そのほかの参考文献：
Christlieb, N. *et al.* 2002. A stellar relic from the early Milky Way. *Nature,* vol. 419, issue 6910: 904–906.
Frebel, A. & Norris, J. 2015. Near-field cosmology with extremely metal-poor stars. *Annual Review of Astronomy and Astrophysics,* vol. 53: 631–688.

第8章　共食いする銀河

(1) Willman, B. & Strader, J. 2012. 'Galaxy,' Defined. *The Astronomical Journal,* vol. 144, issue 3, article id. 76L: 12 pp.
(2) Belokurov, V. *et al.* 2007. Cats and dogs, hair and a hero: a quintet of new Milky Way companions. *The Astrophysical Journal,* vol. 654, issue 2: 897–906.
(3) Geha, M. *et al.* 2009. The least-luminous Galaxy: spectroscopy of the Milky Way Satellite Segue 1. *The Astrophysical Journal,* vol. 692, issue 2: 1464–1475.
(4) Simon, J. *et al.* 2011. A complete spectroscopic survey of the Milky Way Satellite Segue 1: the darkest Galaxy. *The Astrophysical Journal,* vol. 733, issue 1, article id. 46: 20 pp.
(5) Fattahi, A. *et al.* 2020. A tale of two populations: surviving and destroyed dwarf galaxies and the build up of the Milky Way's stellar halo. arXiv:2002.12043.
(6) Bromm, V. & Yoshida, N. 2011. The first galaxies. *Annual Review of Astronomy and Astrophysics,* vol. 49, issue 1: 373–407.
(7) Greif, T. *et al.* 2008. The first galaxies: assembly, cooling and the onset of turbulence. *Monthly Notices of the Royal Astronomical Society,* vol. 387, issue 3: 1021–1036.
(8) Jeon, M. *et al.* 2014. Recovery from Population III supernova explosions and the onset of second-generation star formation. *Monthly Notices of the Royal Astronomical Society,* vol. 444, issue 4: 3288–3300.
(9) Wise, J. & Abel, T. 2008. Resolving the formation of protogalaxies. III. Feedback from the first stars. *The Astrophysical Journal,* vol. 685, issue 1: 40–56.
(10) Muratov, A. *et al.* 2013. Revisiting the first galaxies: the epoch of Population III stars. *The Astrophysical Journal,* vol. 773, issue 1, article id. 19: 9 pp.
(11) Gendin, N. & Kravtsov, A. 2006. Fossils of reionization in the Local Group. *The Astrophysical Journal,* vol. 645, issue 2: 1054–1061.
(12) Frebel, A. *et al.* 2014. Segue 1: an unevolved fossil galaxy from the early Universe. *The Astrophysical Journal,* vol. 786, issue 1, article id. 74: 19 pp.
(13) Vargas, L. *et al.* 2013. The distribution of alpha elements in ultra-faint dwarf galaxies, *The Astrophysical Journal,* vol. 767, issue 2, article id. 134: 13 pp.
(14) Webster, D. 2016. Segue 1 – a compressed star formation history before reionization. *The Astrophysical Journal,* vol. 818, issue 1, article id. 80: 11 pp.
(15) Jacobson, H. & Frebel, A., 2014. Observational nuclear astrophysics: neutron-capture element abundances in old, metal- poor stars. *Journal of Physics G: Nuclear and Particle Physics,* vol. 41, issue 4, article id. 044001.

(16) Roederer, I. 2013. Are there any stars lacking neutron-capture elements-? Evidence from strontium and barium. *The Astronomical Journal,* vol. 145, issue 1, article id. 26: 6 pp.

(17) Magg, M. *et al.* 2018. Predicting the locations of possible long- lived low-mass first stars: importance of satellite dwarf galaxies. *Monthly Notices of the Royal Astronomical Society,* vol. 473, issue 4: 5308–5323.

(18) Scott, P. *et al.* 2010. Direct constraints on minimal supersymmetry from Fermi-LAT observations of the dwarf galaxy Segue 1. *Journal of Cosmology and Astroparticle Physics,* issue 01, id. 031.

(19) MAGIC Collaboration. 2016. Limits to dark matter annihilation cross-section from a combined analysis of MAGIC and Fermi- LAT observations of dwarf satellite galaxies. *Journal of Cosmology and Astroparticle Physics,* issue 02, article id. 039.

(20) Ajello, M. *et al.* 2016. Fermi-LAT observations of high-energy gamma-ray emission toward the Galactic center. *The Astrophysical Journal,* vol. 819, issue 1, article id. 44: 30 pp.

(21) Spekkens, K. *et al.* 2013. A deep search for extended radio continuum emission from dwarf spheroidal galaxies: implications for particle dark matter. *The Astrophysical Journal,* vol. 773, issue 1, article id. 61: 16 pp.

(22) Jeltema, T. & Profumo, S. 2016. Deep XMM observations of Draco rule out at the 99% confidence level a dark matter decay origin for the 3.5 keV line. *Monthly Notices of the Royal Astronomical Society,* vol. 458, issue 4: 3592–3596.

(23) Brandt, T. 2016. Constraints on MACHO dark matter from compact stellar systems in ultra-faint dwarf galaxies. *The Astrophysical Journal, Letters,* vol. 824, issue 2, article id. L31: 5 pp.

(24) Bullock, J. & Boylan-Kolchin, M. 2017. Small-scale challenges to the LCDM paradigm. *Annual Review of Astronomy and Astrophysics,* vol. 55, issue 1: 343–387.

(25) Homma, D. *et al.* 2019. Boötes. IV. A new Milky Way satellite discovered in the Subaru Hyper Suprime-Cam Survey and implications for the missing satellite problem. *Publications of the Astronomical Society of Japan,* vol. 71, issue 5, id. 94.

(26) Fattahi, A. *et al.* 2020. The missing dwarf galaxies of the Local Group. *Monthly Notices of the Royal Astronomical Society,* vol. 493, issue 2: 2596–2605.

(27) Simon, J. 2019. The faintest dwarf galaxies. *Annual Review of Astronomy and Astrophysics,* vol. 57: 375–415.

第９章　宇宙の夜明け

(1) www.jwst.nasa.gov

(2) www.youtube.com/watch?v=bTxLAGchWnA

(3) www.theverge.com/2018/8/1/17627560/james-webb-space-telescope-cost-estimate-nasa-northrop-grumman

(4) Surace, M. *et al.* On the detection of supermassive primordial stars – II. Blue supergiants. *Monthly Notices of the Royal Astronomical Society,* vol. 488, issue 3: 3995–4003.

(5) Pawlik, A. *et al.* 2011. The first galaxies: assembly of disks and prospects for direct detection.

The Astrophysical Journal, vol. 731, issue 1, article id. 54 : 17 pp.

(6) James, O. *et al.* 2015. Gravitational lensing by spinning black holes in astrophysics, and in the movie *Interstellar. Classical and Quantum Gravity*, vol. 32, issue 6, article id. 065001.

(7) https://eventhorizontelescope.org

(8) Event Horizon Telescope Collaboration. 2019. First M87 Event Horizon Telescope Results. I. The shadow of the supermassive black hole. *The Astrophysical Journal, Letters,* vol. 875, issue 1, article id. L1 : 17 pp.

(9) Moriya, T. *et al.* 2019. Searches for Population III pair-instability supernovae : predictions for ULTIMATE-Subaru and WFIRST. *Publications of the Astronomical Society of Japan,* vol. 71, issue 3, id. 59.

(10) Hartwig, T. *et al.* 2018. Detection strategies for the first supernovae with JWST. *Monthly Notices of the Royal Astronomical Society,* vol. 479, issue 2 : 2202–2213.

(11) Yue, B. *et al.* 2014. The brief era of direct collapse black hole formation. *Monthly Notices of the Royal Astronomical Society,* vol. 440, issue 2 : 1263–1273.

(12) Natarajan, P. *et al.* 2017. Unveiling the first black holes with JWST : multi-wavelength spectral predictions. *The Astrophysical Journal,* vol. 838, issue 2, article id. 117 : 10 pp.

(13) Bañados, E. *et al.* 2018. An 800-million-solar-mass black hole in a significantly neutral Universe at a redshift of 7.5. *Nature,* vol. 553, issue 7689 : 473–476.

(14) Smith, B. *et al.* 2018. The growth of black holes from Population III remnants in the Renaissance simulations. *Monthly Notices of the Royal Astronomical Society,* vol. 480, issue 3 : 3762–3773.

(15) Woods, T. *et al.* 2017. On the maximum mass of accreting primordial supermassive stars. *The Astrophysical Journal, Letters,* vol. 842, issue 1, article id. L6 : 5 pp.

(16) www.ligo.caltech.edu

(17) Levin, J. 2016. *Black Hole Blues and Other Songs from Outer Space,* Vintage, London, UK. 〔ジャンナ・レヴィン『重力波は歌う：アインシュタイン最後の宿題に挑んだ科学者たち』、田沢恭子・松井信彦訳、ハヤカワ文庫 NF、2017 年。〕

(18) Abbott, B. *et al.* 2016. Observation of gravitational waves from a binary black hole merger. *Physical Review Letters,* vol. 116, issue 6, id. 061102.

(19) https://lisa.nasa.gov

そのほかの参考文献：

Bartusiak, M. 2015. *Black Hole,* Yale University Press, New Haven and London. 〔マーシャ・バトゥーシャク『ブラックホール：アイデアの誕生から観測へ』、山田陽志郎訳、地人書館、2016 年。〕

第 10 章　宇宙再電離期

(1) Schaerer, D. 2002. On the properties of massive Population III stars and metal-free stellar populations. *Astronomy and Astrophysics,* v. 382 : 28–42.

(2) Ahn, K. *et al.* 2012. Detecting the rise and fall of the first stars by their impact on cosmic reionization. *The Astrophysical Journal, Letters,* vol. 756, issue 1, article id. L16: 7 pp.

(3) Mesinger, A. *et al.* 2013. Signatures of X-rays in the early Universe. *Monthly Notices of the Royal Astronomical Society,* vol. 431, issue 1: 621–637.

(4) Fan, X. *et al.* 2001. A Survey of z>5.8 quasars in the Sloan Digital Sky Survey. I. Discovery of three new quasars and the spatial density of luminous quasars at z~6. *The Astronomical Journal,* vol. 122, issue 6: 2833–2849.

(5) Giallongo, E. *et al.* 2015. Faint AGNs at z>4 in the CANDELS GOODS-S field: looking for contributors to the reionization of the Universe. *Astronomy & Astrophysics,* vol. 578, id. A83: 14 pp.

(6) Madau, P. & Haardt, F. 2015. Cosmic reionization after Planck: could quasars do it all? *The Astrophysical Journal, Letters,* vol. 813, issue 1, article id. L8: 6 pp.

(7) Stacy, A. & Bromm, V. 2013. Constraining the statistics of Population III binaries. *Monthly Notices of the Royal Astronomical Society,* vol. 433, issue 2: 1094–1107.

(8) Xu, H. *et al.* 2014. Heating the intergalactic medium by X-rays from Population III binaries in high-redshift galaxies. *The Astrophysical Journal,* vol. 791, issue 2, article id. 110: 17 pp.

(9) Robertson, B. *et al.* 2013. New constraints on cosmic reionization from the 2012 Hubble Ultra Deep Field campaign. *The Astrophysical Journal,* vol. 768, issue 1, article id. 71: 17 pp.

(10) Kaurov, A. *et al.* 2016. The effects of dark matter annihilation on cosmic reionization. *The Astrophysical Journal,* vol. 833, issue 2, article id. 162: 7 pp.

(11) Liu, H. *et al.* 2016. Contributions to cosmic reionization from dark matter annihilation and decay. *Physical Review D,* vol. 94, issue 6, id. 063507.

(12) Schön, S. *et al.* 2018. Dark matter annihilation in the circumgalactic medium at high redshifts. *Monthly Notices of the Royal Astronomical Society,* vol. 474, issue 3: 3067–3079.

(13) Bromley-Davenport, J. 2013. *Space Has No Frontier: The Terrestrial life and Times of Sir Bernard Lovell.* Bene Factum Publishing, London, UK.

(14) www.lofar.org.

そのほかの参考文献：

Furlanetto, S. *et al.* 2006. Cosmology at low frequencies: The 21 cm transition and the high-redshift Universe. *Physics Reports,* Volume 433, Issue 4–6, p. 181–301.

Loeb, A. 2010. *How Did the First Stars and Galaxies Form?* Princeton University Press, New Jersey, US.

Wise, J. 2019. An introductory review on cosmic reionization. *Contemporary Physics* 60, 2: 145–163.

Zaroubi, S. 2013. The epoch of reionization, the first galaxies. *Astrophysics and Space Science Library,* vol. 3: 45.

第 11 章　未知の未知

(1) Lorimer, D. *et al.* 2007. A bright millisecond radio burst of extragalactic origin. *Science,*

vol. 318, issue 5851 : 777–780.
(2) Petroff, E. *et al.* 2019. Fast radio bursts. *The Astronomy and Astrophysics Review,* vol. 27, issue 1, article id. 4 : 75 pp.
(3) Petroff, E. *et al.* 2015. Identifying the source of perytons at the Parkes radio telescope. *Monthly Notices of the Royal Astronomical Society,* vol. 451, issue 4 : 3933–3940.
(4) www.skatelescope.org
(5) Hoare, M. *et al.* SKA and the cradle of life. *Proceedings of Advancing Astrophysics with the Square Kilometre Array PoS(AASKA14)115.* 9–13 June, 2014.
(6) Pritchard, J. *et al.* Cosmology from EoR/Cosmic Dawn with the SKA. *Proceedings of Advancing Astrophysics with the Square Kilometre Array PoS(AASKA14)012.* 9–13 June, 2014.
(7) Burns, J. *et al.* 2019. FARSIDE : A low radio frequency interferometric array on the lunar farside, Astro2020 : Decadal Survey on Astronomy and Astrophysics, APC white papers, no. 178. *Bulletin of the American Astronomical Society,* vol. 51, issue 7, id. 178.
(8) Bentum, M. *et al.* 2020. A roadmap towards a space-based radio telescope for ultra-low frequency radio astronomy. *Advances in Space Research,* vol. 65, issue 2 : 856–867.
(9) www.isispace.nl/projects/ncle-the-netherlands-china-low-frequency-explorer

そのほかの参考文献：

Wild, S. 2012. *Searching African Skies.* Jacana Media (Pty) Ltd., Johannesburg, South Africa.

カラー口絵クレジット

エマ・チャップマン（Emma Chapman）

イギリスの天体物理学者。王立協会研究フェロー。ノッティンガム大学に拠点を置く。ユニヴァーシティ・カレッジ・ロンドンで博士号を取得。ファーストスター（初代星）探査を牽引する研究者のひとり。電波望遠鏡による国際的プロジェクトである「LOFAR」（低周波電波干渉計）、「SKA」（スクエア・キロメートル・アレイ）に参加。

熊谷玲美（くまがい・れみ）

翻訳家。東京大学大学院理学系研究科地球惑星科学専攻修士課程修了。アランナ・ミッチェル『地磁気の逆転』、サラ・パーカック『宇宙考古学の冒険』（以上、光文社）、エリック・アスフォーグ『地球に月が2つあったころ』（柏書房）など科学系の翻訳書多数。

ファーストスター　宇宙最初《うちゅうさいしょ》の星《ほし》の光《ひかり》

2022年3月20日　初版印刷
2022年3月30日　初版発行

著　者　エマ・チャップマン
訳　者　熊谷玲美
装　幀　木庭貴信＋角倉織音（オクターヴ）
発行者　小野寺優
発行所　株式会社河出書房新社
〒151-0051　東京都渋谷区千駄ヶ谷2-32-2
電話03-3404-1201［営業］　03-3404-8611［編集］
https://www.kawade.co.jp/
印　刷　株式会社亨有堂印刷所
製　本　小泉製本株式会社
Printed in Japan
ISBN978-4-309-25443-2